21世纪高等学校计算机规划教材
21st Century University Planned Textbooks of Computer Science

C语言程序设计教程

The C Programming Language

夏容 邹小花 李经亮 江官星 主编
王青松 杨文远 王振 黄卫 龚文辉 编

高校系列

人 民 邮 电 出 版 社
北 京

图书在版编目（CIP）数据

C语言程序设计教程 / 夏容等主编. -- 北京 : 人民邮电出版社, 2016.2(2020.2重印)
21世纪高等学校计算机规划教材. 高校系列
ISBN 978-7-115-41260-7

Ⅰ. ①C… Ⅱ. ①夏… Ⅲ. ①C语言—程序设计—高等学校—教材 Ⅳ. ①TP312

中国版本图书馆CIP数据核字(2016)第017827号

内 容 提 要

本书是为将 C 语言作为入门语言的程序设计课程的初学者所编写的，以培养读者程序设计的基本能力。

本书全面系统地介绍了 C 语言的语法规则和结构化程序设计的方法，并用大量的实例剖析了 C 语言的重点和难点。全书内容包括：程序设计基础与 C 语言概述，C 语言基础与顺序结构程序设计，选择结构程序设计，循环结构程序设计，用数组实现批量数据处理，用函数实现模块化程序设计，用指针实现程序的灵活设计，构造数据类型，预处理命令，C 语言的文件操作，C 语言程序开发实例，共 11 章。

本书结构合理、概念清晰、实例典型，适合作为高校计算机及理工科专业学习 C 语言的教材，也可以作为对 C 语言程序设计感兴趣的读者的自学用书。

◆ 主　　编　夏　容　邹小花　李经亮　江官星
　责任编辑　刘　博
　责任印制　沈　蓉　彭志环

◆ 人民邮电出版社出版发行　　北京市丰台区成寿寺路 11 号
　邮编　100164　　电子邮件　315@ptpress.com.cn
　网址　http://www.ptpress.com.cn
　山东百润本色印刷有限公司印刷

◆ 开本：787×1092　1/16
　印张：15.75　　　　2016 年 2 月第 1 版
　字数：413 千字　　　2020 年 2 月山东第 7 次印刷

定价：39.80 元

读者服务热线：(010)81055256　印装质量热线：(010)81055316
反盗版热线：(010)81055315

前　言

21 世纪是信息时代，是科学技术高速发展的时代。计算机技术与网络技术的结合，使人类的生产方式、生活方式和思维方式发生了深刻的变化。在新世纪，计算机基础教育已发展为对全体大学生的信息技术教育。通过学习计算机知识，能激发学生对先进科学技术的向往，启发学生对新知识的学习热情，培养学生的创新意识，提高学生的自学能力，锻炼学生实践动手能力。

C 语言是目前应用最为广泛的计算机高级程序设计语言之一。它短小精悍，功能齐全，是一种结构化程序设计语言。C 语言能够运行于多种操作系统环境下，不仅编写了著名的操作系统软件 UNIX，在软件史上立下了丰碑，而且也编写了许许多多的应用软件。C 语言程序设计课程也成为各高等院校计算机专业和众多非计算机专业的一门重要的专业基础课程。全国计算机等级考试、全国计算机应用技术证书考试（NIT）和全国各地区组织的大学生计算机统一考试，都将 C 语言纳入考试范围。因此，对广大高校学生而言，学好 C 语言程序设计是非常必要和迫切的。

本书的主要特点可归纳如下。

1. 在文字叙述上力求条理清晰、简洁，以利于读者阅读。

2. 按照循序渐进的原则，逐步引出 C 语言中的基本概念，例如 C 语言中的运算符比较丰富，其优先级也比较复杂，本书根据运算符的种类，把运算符分散在不同的章节中进行讲解，这样将有助于读者的消化和掌握。

3. 在讲解 C 语言中的基本概念时，除了阐述理论之外，还通过典型的例题，着重强调了基本概念在程序设计中的应用，以利于读者理解和掌握。

4. 本书的重点是放在 C 语言的使用上，书中没有深奥的理论和算法，在例题中出现的每一个算法，都给出了比较详细的解释，因此特别适合初学者和自学者使用。

5. 本书的每一章都包括"应用举例"一节，通过精选的典型例题分析，引导读者融会贯通，使读者能够尽快掌握利用 C 语言进行程序设计的技巧和方法。

6. 每章的最后都附有一定数量的习题，这些习题对于读者巩固已学习的内容是大有益处的。

7. 重视实践环节，本书第 11 章详细分析了一个学生成绩管理系统程序的设计与实现过程，并给出了完整的源程序。本书中的所有例题都在 Visual C++ 6.0 编译环境下调试通过，以利于读者边学习边上机参照练习，提高学习效率。

本书由夏容、邹小花、李经亮、江官星主编。其中，第 1 章、第 5 章、第 7 章、第 8 章、第 11 章由夏容编写，第 2 章、第 3 章由邹小花编写，第 4 章、第 6 章由李经亮编写，第 9 章、第 10 章及附录由江官星编写。王青松、杨文远、王振、黄卫、龚文辉也参与了本书部分内容的编写工作。夏容和李经亮负责对本书进行统稿和全面的审阅。

本书是作者根据多年教学经验编写而成的，在内容编排上尽量体现出易学的特点，在文字叙述上力求条理清晰、简洁，以便于读者阅读。

编　者

2015年10月

目 录

第 1 章　程序设计基础与 C 语言概述……1

1.1　程序与程序设计语言……1

1.2　C 语言的发展历史及其特点……3

1.2.1　C 语言的发展历史……3

1.2.2　C 语言的特点……3

1.3　C 程序的基本结构与书写规则……4

1.3.1　C 程序的基本结构……4

1.3.2　C 程序的书写规则……8

1.4　C 程序开发过程及编译环境……9

1.5　程序设计基本方法……10

1.5.1　程序设计方法的发展……10

1.5.2　程序的灵魂——算法……12

习题 1……15

第 2 章　C 语言基础与顺序结构程序设计……16

2.1　C 语言的字符集与标识符……16

2.1.1　C 语言的字符集……16

2.1.2　C 语言的标识符……17

2.2　C 语言的数据类型……18

2.3　常量与变量……19

2.3.1　常量和符号常量……19

2.3.2　变量……20

2.3.3　整型数据……20

2.3.4　实型数据……24

2.3.5　字符型数据……27

2.3.6　字符串常量……30

2.4　运算符及表达式……30

2.4.1　运算符和表达式概述……30

2.4.2　算术运算符和算术表达式……31

2.4.3　赋值运算符和赋值表达式……33

2.4.4　逗号运算符和逗号表达式……35

2.4.5　各类型数据之间的混合运算……36

2.5　C 语句……37

2.6　数据的输入输出……39

2.6.1　输入或输出一个字符型数据……39

2.6.2　输出任意个任意类型的数据（格式输出函数 printf）……41

2.6.3　输入任意个任意类型的数据（格式输入函数 scanf）……43

2.7　顺序结构程序举例……47

习题 2……48

第 3 章　选择结构程序设计……50

3.1　关系运算符及关系表达式……50

3.1.1　关系运算符及其优先次序……50

3.1.2　关系表达式……51

3.2　逻辑运算符及逻辑表达式……51

3.2.1　逻辑运算符及其优先次序……51

3.2.2　逻辑表达式……52

3.3　选择结构控制语句：if 语句……53

3.3.1　if 语句的三种形式……53

3.3.2　if 语句的嵌套……56

3.4　条件运算符及条件表达式……58

3.5　选择结构控制语句：switch 语句……59

3.6　选择结构程序举例……61

习题 3……63

第 4 章　循环结构程序设计……65

4.1　循环结构概述……65

4.2　循环结构控制语句：for 语句……66

4.2.1　for 语句的一般格式……66

4.2.2　for 语句的使用……67

4.3　循环结构控制语句：while 语句与 do…while 语句……69

4.3.1　while 语句……69

4.3.2　do…while 语句……71

4.3.3　while 语句与 do…while 语句的比较……72

4.4 循环的嵌套……73
4.4.1 循环的嵌套……73
4.4.2 break 语句和 continue 语句……75
4.5 循环结构程序举例……76
习题 4……80
第 5 章 用数组实现批量数据处理……82
5.1 数组的概念……82
5.2 一维数组……84
5.2.1 一维数组的定义……84
5.2.2 一维数组的使用……85
5.2.3 一维数组应用举例……86
5.3 二维数组……91
5.3.1 二维数组的定义……92
5.3.2 二维数组的使用……92
5.3.3 二维数组的应用举例……94
5.4 字符数组……95
5.4.1 字符数组的定义……95
5.4.2 字符数组与字符串……95
5.4.3 字符数组的初始化……96
5.4.4 字符数组的输入/输出……97
5.4.5 常用的字符串处理函数……99
5.5 数组的应用举例……101
习题 5……104
第 6 章 用函数实现模块化程序设计……106
6.1 函数概述……106
6.2 函数定义的一般形式……108
6.2.1 无参函数的定义……108
6.2.2 有参函数的定义……109
6.2.3 空函数……109
6.3 函数的参数与函数的值……110
6.3.1 形式参数和实际参数……110
6.3.2 函数的返回值……111
6.4 函数的调用……112
6.4.1 函数调用的一般形式……112
6.4.2 函数调用的方式……112
6.4.3 被调用函数的声明和函数原型……112
6.4.4 函数的嵌套调用……114
6.4.5 函数的递归调用……115
6.5 函数与数组……118
6.5.1 数组元素作函数实参……118
6.5.2 数组名作函数实参……119
6.6 变量的作用域与生存期……122
6.6.1 局部变量和全局变量……122
6.6.2 变量的存储方式和生存期……125
习题 6……129
第 7 章 用指针实现程序的灵活设计……130
7.1 指针的基本概念……130
7.2 指向变量的指针变量……132
7.2.1 指针变量的定义……132
7.2.2 指针变量的引用……132
7.2.3 指针变量作为函数参数……136
7.3 指针与数组……137
7.3.1 指针与一维数组……138
7.3.2 指针与多维数组……143
7.4 字符串与指针……145
7.4.1 字符指针的定义与引用……146
7.4.2 字符指针作为函数参数……148
7.5 指针数组……149
7.5.1 用指针数组处理二维数组……149
7.5.2 用字符指针数组处理一组字符串……150
7.6 指向指针的指针……151
7.7 指针与函数……153
7.7.1 指针型函数……153
7.7.2 指向函数的指针变量……154
7.8 指针应用过程中的注意事项……155
习题 7……158
第 8 章 构造数据类型……160
8.1 结构体的概念和结构体变量……160
8.1.1 结构体的概念……160
8.1.2 结构体类型的定义……161
8.1.3 结构体类型变量的定义……162
8.1.4 结构体变量的引用……163
8.1.5 结构体变量的初始化……164
8.2 结构体数组……165
8.2.1 结构体数组的定义……165
8.2.2 结构体数组的初始化……165
8.2.3 结构体数组举例……166

8.3 结构体指针 ……167
8.3.1 结构体指针与指向结构体变量的指针变量的概念 ……167
8.3.2 用指向结构体变量的指针变量引用结构体变量的成员 ……168
8.3.3 用指向结构体变量的指针变量引用结构体数组元素 ……169
8.3.4 用指向结构体变量的指针变量作为函数参数 ……170
8.3.5 用指向结构体变量的指针变量处理链表 ……170
8.4 枚举类型和共用体类型简介 ……179
8.4.1 枚举类型 ……179
8.4.2 共用体类型 ……181
习题 8 ……183
第 9 章 预处理命令 ……185
9.1 文件包含 ……185
9.2 宏定义 ……186
9.2.1 简单的宏定义 ……186
9.2.2 带参数的宏定义 ……189
9.3 条件编译 ……191
习题 9 ……193
第 10 章 C 语言的文件操作 ……194
10.1 C 文件概述 ……194
10.2 文件的打开与关闭 ……196
10.2.1 文件的打开 ……196
10.2.2 文件的关闭 ……197
10.3 文件的读写 ……198
10.3.1 文件的顺序读写 ……199
10.3.2 文件的随机读写 ……205
10.3.3 文件检测 ……208
10.4 文件操作举例 ……209
习题 10 ……213
第 11 章 C 语言程序开发实例——学生成绩管理系统的设计与实现 ……214
11.1 前言 ……214
11.2 功能描述 ……214
11.3 总体设计 ……215
11.3.1 功能模块设计 ……215
11.3.2 数据结构设计 ……216
11.3.3 函数功能描述 ……216
11.4 程序实现 ……218
11.4.1 程序源代码 ……218
11.4.2 运行结果 ……229
11.5 小结 ……233
附录 1 常用字符与 ASCII 代码对照表 ……234
附录 2 C 语言常用关键字 ……235
附录 3 C 语言运算符优先级与结合性 ……236
附录 4 C 语言常用输入输出库函数 ……238
附录 5 C 语言常用数学库函数 ……340
附录 6 C 语言常用字符函数和字符串函数 ……241
附录 7 C 语言动态存储分配函数 ……243
参考文献 ……244

第 1 章 程序设计基础与 C 语言概述

任何事物的产生和发展都有其历史背景，C 语言作为世界上使用频度最高的程序设计语言，它的产生和发展也有其特定的历史背景。C 语言为何成为程序设计入门语言、它有何特点、C 程序的基本结构是怎样的、如何开发一个 C 程序、什么是算法以及如何表示一个算法等，这些内容就是本章要解决的主要问题。

主要内容：

- 程序和程序设计语言
- C 语言的发展历史及其特点
- C 程序的基本结构与书写规则
- C 程序的开发过程及编译环境
- 程序设计基本方法
- 算法及算法描述工具

学习重点：

- 掌握 C 程序的基本结构
- 掌握 C 程序的开发过程，熟悉 C 语言编译环境
- 掌握算法的概念及常用的算法描述工具

1.1 程序与程序设计语言

计算机是一种能快速而高效地完成信息处理的数字化电子设备，它能快速、准确地按照人们编写的程序对输入的原始数据进行加工、处理、存储或传送，以获得人们所期望的输出信息，从而提高社会生产率并改善人们的生活质量。

计算机系统是由硬件系统和软件系统两大部分构成的。计算机的物理部件称为硬件，是计算机系统的物质基础；而软件则是指计算机系统中的程序以及开发、使用和维护程序所需的所有文档的集合，是计算机的灵魂。没有软件的计算机是一台“裸机”，是什么也干不了的；有了软件，计算机才有了生命，成为一台真正的“电脑”。

所有的软件，都是用计算机语言编写的。软件是包含程序的有机集合体，程序是软件的必要元素。任何软件都有可运行的程序，至少一个。比如：操作系统中的工具软件，很多都只有一个可执行程序。而 Office 办公软件包中包含了很多可执行程序。

1. 程序

程序是用计算机语言描述的、解决某一问题的有限的解决步骤。计算机本身是不会做任何工作的，它是按照程序中的有序指令来完成相应的任务。

2. 程序设计语言

由于计算机不能理解人类的自然语言，所以不能用自然语言编写计算机程序，只能用专门的程序设计语言来编写。

自 1946 年世界上第一台电子计算机问世以来，计算机科学及其应用的发展十分迅猛，计算机被广泛地应用于人类生产、生活的各个领域，推动了人类社会的进步与发展。特别是随着国际互联网（Internet）日益深入千家万户，传统的信息收集、传输及交换方式正被革命性地改变，计算机已将人类带入了一个新的时代——信息时代。掌握计算机的基本知识和基本技能已经成为人们应该具备的基本素质。

计算机程序设计语言的发展，经历了从机器语言、汇编语言到高级语言的历程。

（1）机器语言

机器语言，是第一代计算机语言，是用"0"和"1"这样的二进制代码表示的计算机能直接识别和执行的一种机器指令的集合。由于机器语言使用的是针对特定型号计算机的语言，故而运算效率是所有语言中最高的。但是机器语言的使用复杂、烦琐、费时、易出差错，并且，由于每台计算机的指令系统往往各不相同，所以，用机器语言编写的程序很难实现推广应用。

（2）汇编语言

汇编语言也是面向机器的程序设计语言。但是，汇编语句用助记符代替操作码，用地址符号或标号代替地址码。比如，用"ADD"代表加法，用"MOV"代表数据传递等等。这样一来，人们很容易读懂并理解程序在干什么，纠错及维护都变得方便。使用汇编语言编写的程序，机器不能直接识别，要由汇编程序将汇编语言翻译成机器语言。

汇编语言同样十分依赖于机器硬件，所以移植性不好，但是效率仍十分高。针对计算机特定硬件而编制的汇编语言程序，能准确发挥计算机硬件的功能和特长，程序精炼而质量高，所以至今仍是一种常用而强有力的软件开发工具。

由于机器语言和汇编语言都依赖于机器硬件，所以属于低级语言的范畴。

（3）高级语言

由于汇编语言也依赖于硬件体系，且助记符量大、难记，于是人们又发明了更加易用的"高级语言"。高级语言的语法和结构更类似普通英文，表示方法要比低级语言更接近于待解决问题的表示方法。高级语言易学、易用、易维护，并且它的出现使得计算机程序设计语言不再过度地依赖某种特定的机器或环境。这是因为用高级语言编写的程序，在不同的平台上会通过"编译系统"被编译成不同的机器语言，而不是直接被机器执行。

自 1954 年，第一个完全脱离机器硬件的高级语言 FORTRAN 问世以来，共有几百种高级语言出现。有重要意义的有 100 多种，影响较大、使用较普遍的有 FORTRAN、ALGOL、COBOL、BASIC、LISP、PL/1、Pascal、C、Ada、C++、Visual C++、Visual Basic、Delphi、Java 等。

从早期语言到结构化程序设计语言，从面向过程的程序设计语言到面向对象的程序设计语言，高级语言的发展经历了一个漫长的进化过程。

1.2 C 语言的发展历史及其特点

1.2.1 C 语言的发展历史

当人们已经具有解决某类问题的方法以后，总是会想再将这个方法改进、简化，以提高处理和解决问题的效率。C 语言就是在这样的思想下产生的。

在 C 语言产生之前，系统软件主要是用汇编语言来编写的。由于汇编语言依赖于计算机硬件，使用汇编语言编写的程序可移植性很差，因此人们就想找到一种既具有高级语言可移植性强的特点，又能像汇编语言那样对硬件进行直接操作的语言，C 语言在这种指导思想下应运而生。

C 语言是在 B 语言的基础上发展起来的，其根源可追溯到 1960 年出现的 ALGOL 60 语言（也称为 A 语言）。1963 年，剑桥大学将 ALGOL 60 语言发展成为 CPL（Combined Programming Language）语言。1967 年，剑桥大学的 Matin Richards 对 CPL 语言进行了简化，于是产生了 BCPL 语言。1970 年，美国贝尔实验室的 Ken Thompson 将 BCPL 进行了修改，并为它起了一个有趣的名字“B 语言”，意思是将 CPL 语言浓缩，提炼出它的精华。并且他用 B 语言写了第一个 UNIX 操作系统。1973 年美国贝尔实验室的 Dennis M.Ritchie 在 B 语言的基础上最终设计出了一种新的语言，他取了 BCPL 的第二个字母作为这种语言的名字，这就是 C 语言。1977 年 Dennis M.Ritchie 发表了不依赖于具体机器系统的 C 语言编译文章《可移植的 C 语言编译程序》。1978 年 Brian W.Kernighian 和 Dennis M.Ritchie 出版了名著《The C Programming Language》，从而使 C 语言成为目前世界上最流行的一种高级程序设计语言。

1.2.2 C 语言的特点

C 语言之所以能够迅速地成为风靡全世界的应用最广泛的程序设计语言之一，这与它的特点是密不可分的。C 语言的主要特点如下：

（1）C 语言的语言简洁、紧凑，使用方便、灵活。C 语言一共只有 37 个关键字（详见附录 2）、9 种控制语句，程序书写形式自由，主要用小写字母表示，压缩了一切不必要的成分，使程序简洁明了。和其他许多高级语言相比，C 语言语法简洁，源程序较短，减少了录入程序的工作量，极大地提高了人们的工作效率。比如，表 1-1 中是将 C 语言与 Pascal 语言进行的简单语法比较，可以看出，C 语言比 Pascal 语言的表达就要简洁得多。

表 1-1 C 语言和 Pascal 语言的简单语法比较

C 语言	Pascal 语言	语句功能
int x;	VAR x:INTEGER	定义 x 为整型变量
int a[10];	VAR a:ARRAY[1..10] OF INTEGER	定义 a 为整型一维数组
int *p;	VAR p: ↑ INTEGER	定义 m 为指向整型变量的指针变量

（2）C 语言的数据类型丰富。C 语言具有高级语言的各种数据类型。C 语言提供的数据类型有：整型、浮点型（实型）、字符型、数组类型、指针类型、结构体类型、共用体类型（联合）、枚举类型等。因此，C 语言能够实现对各种复杂数据结构（如链表、栈、树、图等）的运算。

（3）C 语言的运算符丰富。C 语言共有 45 个标准运算符（详见附录 3）。括号、赋值、强制类型转换等在 C 语言中都被作为运算符处理，从而使 C 语言的运算符类型极其丰富，表达式类型多样化。灵活地使用各种 C 语言运算符可以实现强大、复杂的功能。

（4）C 语言可直接对硬件进行操作。C 语言能够直接访问物理地址，能进行位（bit）运算，可以直接对硬件进行操作，能够实现汇编语言的很多功能。所以，C 语言既具有高级语言的特点，又具有低级语言的许多功能，可以用来编写系统软件，比如著名的系统软件 FoxPro 就是用 C 语言来编写的。

（5）C 语言是一种结构化程序设计语言。C 语言是一种符合结构化程序设计思想的语言，它具有结构化控制语句，如 if…else 语句、switch 语句、while 语句、do…while 语句、for 语句等。并且，C 语言用函数作为程序模块单位，实现程序的模块化，这一特点为实现大型软件模块化、集体共同开发软件提供了有力支持。

（6）C 语言程序具有良好的可移植性。

C 语言程序本身不依赖于计算机硬件系统，从而便于在硬件结构不同的机种间和各种操作系统中实现程序的移植。即 C 语言程序可以在不同硬件的计算机上很好地运行，而无需改动程序。

（7）C 语言生成的目标代码质量高、程序执行效率高。

C 语言编译生成的目标代码体积小、质量高、速度快。实验表明，C 语言代码效率只比汇编语言代码效率低 10%～20%，C 语言是描述系统软件和应用软件比较理想的工具。

（8）C 语言程序中可以使用如#define、#include 等编译预处理语句，能进行字符串或特定参数的宏定义，以及实现对外部文本文件的读取和合并，同时还具有#if、#else 等条件编译预处理语句。这些功能的使用有利于提高程序质量和软件开发的工作效率。

（9）C 语言语法限制少，程序设计自由度大。

C 语言的语法限制少，增强了程序设计的自由度，使程序设计更灵活。例如，在 C 语言中虽然事先定义了数组的大小，但是并不对数组下标进行检查。而且，C 语言中数据类型的使用比较灵活，比如整型、字符型和逻辑型数据可以通用。

C 语言的优点很多，但也有其不足之处。

（1）由于 C 语言语法限制少，程序设计自由度大，在某种程度上降低了程序的安全性，因此对程序员也提出了更高的要求。

（2）C 语言适用于底层开发和小型精巧程序的开发（如硬件驱动、手机应用软件等），不适合用于开发大型软件。

1.3 C 程序的基本结构与书写规则

1.3.1 C 程序的基本结构

为了说明 C 语言源程序的结构，下面先介绍几个简单的 C 语言程序。这几个程序由易到难，表现了 C 语言源程序在组成结构上的特点。虽然有关内容还未介绍，但读者可以从这些例子中了解到组成一个 C 语言源程序的基本部分和书写格式。

【例 1-1】 在屏幕上显示出一行信息：The first C program!

程序源代码：

```
#include<stdio.h>                        //编译预处理，包含头文件“stdio.h”
/*以下 5 行是对主函数 main 的定义*/
int main()                               //主函数的函数首部
{                                        //以下“{”至“}”处为主函数的函数体
    printf("The first C program!\n");    //调用 C 系统函数 printf 直接输出字符
    return 0;                            //使函数返回值为 0
}
```

程序运行结果：

```
The first C program!
Press any key to continue
```

程序说明：

以上程序运行结果是在 VC++6.0 编译环境下运行程序时屏幕上显示的信息。其中，第一行“The first C program!”是运行程序输出的结果；第二行的“Press any key to continue”是 VC++6.0 系统显示的系统提示信息，提示用户“按任意键继续”，当用户在键盘上按任意键后，系统返回程序窗口，以便用户进行下一步工作。

注意　每一个 C 程序运行结束后，VC++6.0 系统都将提示“Press any key to continue”信息，在后续的介绍过程中，本书在程序运行结果中将不再包括此行信息。

以上这个程序虽然很简单，但是包含了 C 程序的基本成分，下面我们对这些基本成分进行逐一说明：

（1）注释

C 语言中的注释用来向用户（程序阅读人员）提示或解释代码的含义，提高代码的可读性。注释分为以“//”开始的单行注释和以“/*”开始，以“*/”结束的块式注释；注释部分可以出现在程序的任何位置。需要注意的是：注释是给用户看的，不是给计算机看的。注释不会被编译，也不会生成目标程序，即注释部分对程序的运行不起任何作用。

（2）编译预处理命令

在 C 程序中，以“#”开头的命令行是 C 程序的编译预处理命令，即在程序被编译之前就由编译预处理程序对其进行预处理。

例 1-1 程序中的第 1 行就是一个编译预处理命令。“include”表示文件包含。“stdio.h”是系统提供的一个文件，其中文件名“stdio”是“standard input&output”的缩写（译成中文“标准输入输出”），文件后缀“.h”表示该文件的性质是头文件（这些文件都要放在程序各文件模块的开头）。“stdio.h”表示的就是“标准输入输出头文件”，该文件存放的是有关标准输入输出的 C 系统库函数的信息。读者必须记住：只要在程序中用到了 C 系统库函数中的输入/输出函数，就一定要在程序的开头写一行：#include <stdio.h>

（3）函数

在 C 语言中，函数是程序的基本组成单元，函数由函数首部和函数体两部分组成。函数首部，主要说明函数的类型、函数名以及函数的形式参数。函数体是由一对花括号“{}”括起来的多条语句构成，是对程序功能的描述。

每一个 C 程序都必须有且只有一个主函数，是程序执行的入口。例 1-1 程序中的第 3 行至第 7 行就是对主函数的定义。

程序第 3 行“int main()”是主函数的函数首部。“main”是一个函数名，表示这是一个“主函数”。“main”前面的“int”（integer 的缩写）是一个类型说明符（关键字），表示 main 函数的类型是整型，即 main 函数执行结束后，会产生一个整数型的函数值。“main”后面的“()”表示函数的形式参数列表，由于 main 函数没有形式参数，所以圆括号中什么也没写，但是“()”是不能省略的。

程序第 4 行开始到第 7 行，是主函数的函数体。

（4）语句

C 语言中每条语句都必须以分号（;）结束，分号是 C 语句的一部分。如例 1-1 程序中的第 5 行和第 6 行就是两条 C 语句。

程序第 5 行“printf("The first C program!\n");”是一条函数调用语句，调用了 C 系统库函数中的标准输出函数 printf，在显示屏上输出双撇号中的全部字符。其中，双撇号中的“\n”是一个转义字符，表示换行符，即将显示屏上光标移至下一行的开头。因此，输出“The first C program!”之后执行了回车换行。有关 printf 函数以及转义字符的内容在此暂不深究，在本书第 2 章中将作详细介绍。

程序第 6 行“return 0;”表示在程序结束前将整数 0 作为函数值。如果 main 函数执行出现异常，程序就会中断，也就不会执行到“return 0;”，函数值就会是一个非零的整数。

注意 main 函数的值是返回给调用 main 函数的操作系统的。操作人员可以根据 main 函数返回的值是否为零来判断 main 函数是否正常执行，据此作出相应的后续操作。有的 C 编译系统允许在 main 函数的开头不写“int”、在 main 函数体最后一句不写“return 0;”，编译系统会自动加上，也能得到正确结果。但为了程序的规范化和通用性，建议读者养成良好习惯：在 main 函数的开头写出类型说明符“int”、在 main 函数的函数体最后一句写“return 0;”。

【例 1-2】 输出两个整数中的较大数。

程序源代码：

```
#include<stdio.h>                   //编译预处理，包含头文件“stdio.h”
int main()                          //主函数
{
    int x,y,z;                      //定义三个整型变量 x,y,z
    x=10;                           //对 x 赋值为 10
    y=20;                           //对 y 赋值为 20
    if(x>y)                         //以下 4 行是将 x 和 y 中的较大值赋给 z
        z=x;
    else
        z=y;
    printf("max=%d\n",z);           //输出 z 的值
    return 0;                       //使函数返回值为 0
}
```

程序运行结果：

```
max=20
```

程序说明：

以上程序中主函数 main 的函数体内的语句分为了两部分，一部分为声明语句，另一部分为执行语句。声明语句是指程序第 4 行“int x,y,z;”，是对变量 x、y、z 进行定义，说明它们都是整型变量。例 1-1 中未使用任何变量，因此无说明语句。声明部分是 C 源程序结构中很重要的组成部分，C 语言规定，源程序中所有用到的变量都必须先声明，后使用，否则将会出错。本例中函数体内的其他语句均为执行语句。

程序第 5 行和第 6 行对变量 x 和 y 分别赋值为 10、20。

程序第 7 行至第 10 行通过一个“if…else”控制语句，对 x 和 y 作比较，并将其中的较大值赋给 z。对“if…else”控制语句将在本书第 3 章中作详细介绍，读者暂且不必深究。

程序第 8 行“printf("max=%d\n",z);”是在显示屏上输出结果。双撇号中“max=”为普通字符，被原样输出；“%d”是输入/输出时的格式控制符，用来向编译系统指定输入/输出时的数据类型和格式（详见第 2 章），此处“%d”表示输出时采用十进制整数形式；“\n”表示回车换行。双撇号后逗号右边的“z”是要输出的变量，本例中 z 的值为 20，在输出结果时用 z 的值对应代替双撇号中的“%d”，在“%d”的位置显示出它的值 20。所以输出结果为“max=20”。

【例 1-3】 输入三个学生的年龄，输出其中最小年龄值。

程序源代码：

```
#include<stdio.h>                           //编译预处理，包含头文件“stdio.h”
int main()                                  //主函数
{
    int min(int a,int b);                   //对被调函数 min 作函数声明
    int age1,age2,age3,result;              //定义 4 个整型变量 age1,age2,age3 和 result
    printf("请输入三个学生的年龄：");
    scanf("%d,%d,%d",&age1,&age2,&age3);//从键盘输入变量 age1,age2,age3 的值
    result=min(age1,age2);
    result=min(result,age3);
    printf("最小年龄值为%d\n",result);      //输出 result 的值
    return 0;                               //使函数返回值为 0
}

int min(int a,int b)                        //定义 min 函数，函数值为整型，形式参数 a、b 为整型
{
    int c;                                  //定义变量 c
    if(a<b)c=a;                             //以下 2 行将 a,b 中的较小值赋给 c
    else c=b;
    return c;                               //将 c 的值返回到 min 函数的被调用处
}
```

程序运行结果：

请输入三个学生的年龄：20,19,21

最小年龄值为：19

程序说明：

以上程序中包含两个函数的定义：主函数 main 和被调用的函数 min。min 函数的功能是将两个形式参数中的较小值返回给主调函数（调用 min 函数的函数即为 min 的主调函数）。

C 语言中规定，程序中有且只有一个名为 main 的主函数，可以包含一个 main 函数和若干个其他函数。程序总是从 main 函数开始执行，main 函数可以调用其他函数，其他函数之间也可以相互调用，但是其他函数不能调用 main 函数，被调用的函数执行结束之后要返回到被调用处。因此，在初学 C 语言阶段，我们通常从主函数开始阅读程序。

下面对例 1-3 程序中的主要语句逐一说明。

程序第 4 行 main 函数中“int min(int a,int b);”是对被调用的函数 min 作声明，将它的类型、名称、形式参数的类型及形式参数的个数等信息通知编译系统，以便在遇到函数调用时，编译系统能正确识别函数并检查函数调用是否合法。

程序第 5 行定义了 4 个整型变量 age1,age2,age3 和 result，分别用于存放三个学生的年龄及计算结果。

程序第 6 行原样显示提示信息“请输入三个学生的年龄:”。

程序第 7 行“scanf("%d,%d,%d",&age1,&age2,&age3);”是一条函数调用语句，调用了 C 系统库函数中的标准输入函数 scanf，将从键盘输入的 3 个数值分别存入变量 age1、age2、age3 的内存单元中。其中，双撇号中的“%d”指定输入时的数据采用十进制整数形式，逗号原样输入。因此，用户输入数据时应该输入 3 个十进制整数并且要用逗号分隔，如“20,19,21”，如果输入“20 19 21”就会出错（因为数据间必须原样输入逗号）。双撇号后逗号右边的“&age1,&age2,&age3”是接收数据的变量的地址列表。“&”是一个运算符，功能是计算变量的内存单元地址，如“&age1”表示计算变量 age1 的内存单元地址。本例中如果用户从键盘输入的是“20,19,21”，这三个值将依次对应存入变量 age1、age2、age3 的内存单元中，也就是说变量 age1 的值为 20，变量 age2 的值为 19，变量 age3 的值为 21。

程序第 8 行用变量 age1 和 age2 作为实际参数，将它们的值依次传递给被调函数 min 的两个形式参数 a 和 b，min 函数将两个形式参数中的较小值返回到被调用处，作为结果赋给了变量 result。至此，age1 和 age2 中的较小值保存到了变量 result 中。

程序第 9 行又再次调用函数 min，将 age3 和 result 中的较小值保存到变量 result 中。至此，三个学生中的最小年龄值保存到了 result 中。

程序第 10 行，调用 C 系统库函数中的标准输出函数 printf，在显示屏输出结果。

本例中，用到了函数声明、函数调用、函数形式参数、函数实际参数、主调函数以及被调函数等概念。本书将在第 6 章对函数知识作详细介绍，读者暂且不必深究，只需通过这个例子对 C 程序的结构有一个初步了解即可。

通过以上几个例子可以看出C程序的基本结构特征，下面对C程序的基本结构规范作简要总结：

（1）一个 C 语言源程序可以由一个或多个源文件组成。

（2）每个源文件可由一个或多个函数组成。

（3）一个源程序不论由多少个文件组成，都有一个且只能有一个 main 函数（主函数）和若干个其他函数。“其他函数”可以是 C 系统库函数（如例题中所使用的 printf 函数、scanf 函数等），也可以是用户自定义函数（如例 1-3 中的 min 函数）。main 函数可以调用其他函数，其他函数之间也可以相互调用，但是其他函数不能调用 main 函数，被调用的函数执行结束之后要返回到被调用处。

（4）一个函数的定义由两个部分组成：函数首部和函数体。

函数首部主要说明函数的类型、函数名、函数形式参数的类型及函数形式参数的名称等。

函数体由一对花括号“{}”括起来的多条语句构成，是对程序功能的描述。函数体中先写声明语句，再写执行语句。

（5）不论 main 函数的定义在程序的任何位置，C 程序总是从 main 函数开始执行，其他函数通过调用得以执行，并且通常在 main 函数中结束整个程序的运行。

（6）源程序中用“#”开头的命令行是 C 程序的编译预处理命令（本章介绍的 include 命令仅为其中的一种），预处理命令通常应放在源文件或源程序的最前面。

（7）C 语言中应当使用必要的注释，以便向用户提示或解释代码的含义，提高代码的可读性。注释分为以“//”开始的单行注释和以“/*”开始，以“*/”结束的块式注释；注释部分可以出现在程序的任何位置。编译程序时，对注释部分不作任何处理，即注释部分对程序的运行不起任何作用。

1.3.2 C 程序的书写规则

从书写清晰，便于阅读，理解，维护的角度出发，在书写 C 程序时应遵循以下规则。

（1）C 语言中严格区分大小写英文字母，通常采用小写字母。

（2）每一条语句都必须以分号结尾。但预处理命令，函数首部和花括号“}”之后不加分号。

（3）C 语言中用大括号“{”和“}”来标识一个语句组，即一个复合语句，通常表示程序的某一层次结构。为使程序结构更加清晰，增加程序的可读性，编写程序时提倡使用“缩进”方式：“{”和“}”一般与该结构语句的第一个字母对齐，并单独占一行。低一层次的语句或说明可比高一层次的语句或说明缩进若干格后书写。

（4）C 语言书写自由，多条语句可以写在同一行上，也可一条语句写在多行上，且允许使用空行。但为了提高程序的可读性，提倡一个说明或一个语句占一行。

（5）标识符、关键字之间必须至少加一个空格以示间隔。若已有明显的间隔符，也可不再加空格来间隔。

读者在编写程序时应力求遵循这些规则，以养成良好的编程风格。

1.4　C 程序开发过程及编译环境

如 1.1 节所述，高级语言编写的程序，在不同的平台上会通过“编译系统”被编译成不同的机器语言，而不是直接被机器执行。

开发一个 C 程序的上机过程一般经历以下 4 个步骤：编辑 C 源程序（.c）→编译 C 源程序，生成目标程序（.obj）→连接目标程序，生成可执行程序（.exe）→运行可执行程序，得到运行结果。具体过程如图 1-1 所示。

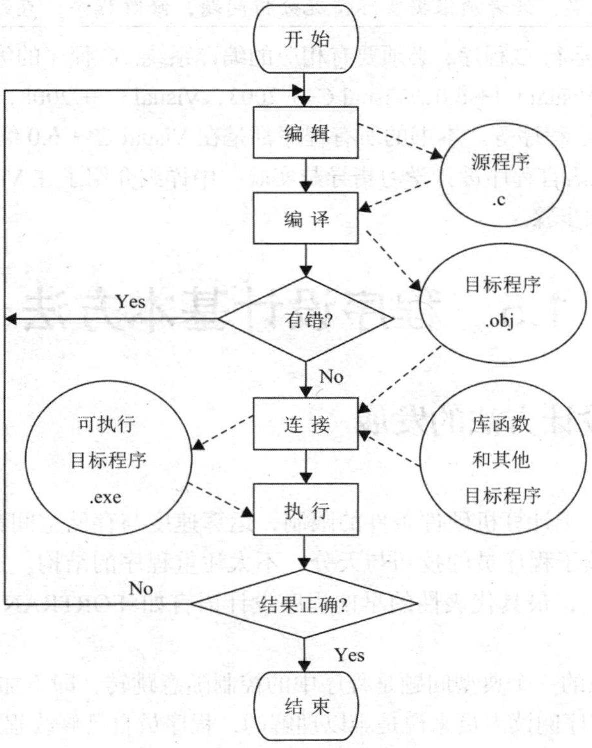

图 1-1　开发 C 程序的流程图

1. 编辑 C 源程序

编辑 C 源程序就是利用编辑软件（通常是 C 编译系统的编辑器），先建立一个文件，文件名自定，后缀名必须为“.c”，再从键盘输入 C 程序，检查是否有录入错误并改正错误，最后将该源程序存放到指定位置。

2. 编译 C 源程序，生成目标程序

编译是指将编辑好的 C 源程序通过 C 编译系统翻译成二进制目标代码的过程。编译时，系统首先检查源程序中是否存在语法错误，如发现语法错误就会在屏幕上显示出错信息，以便用户使用编辑器作修改。用户修改程序后须再次编译，直到排除源程序中的所有语法错误。编译阶段系统将生成一个和源程序相同位置、相同名称的目标程序，其后缀名是“.obj”。如源程序名为“例 1-1.c”，则目标程序名为“例 1-1.obj”。

3. 连接目标程序，生成可执行程序

目标程序是可重定位的程序模块，不是一个可执行程序，计算机不能直接运行。连接目标程序就是指将（一个或多个）目标程序模块和系统提供的标准库函数连接成一个适应具体操作系统的整体，生成一个可执行程序。可执行程序的后缀名为“.exe”。如源程序名为“例 1-1.c”，目标程序名为“例 1-1.obj”，可执行程序名为“例 1-1.exe”。

4. 运行可执行程序，得到运行结果

通过“连接”生成可执行程序后，就可以开始运行和测试程序了。

注意 一个程序从编辑到运行成功，往往要经过多次反复操作。而且，有时编译过程中没有发现错误，并且还能生成可执行程序，但是运行结果却不一定正确。此时，程序往往出现了逻辑上的错误，读者须根据实际情况分析问题，修改程序，直到获得正确结果为止。

为了编译、连接和运行 C 程序，必须要有相应的编译系统。C 程序的编译环境很多，有 Turbo C，Win TC，My TC，Visual C++ 6.0，Visual C++ 2003，Visual C++ 2008，在 UNIX/Linux 系统中使用 GCC 编译器开发 C 程序等。本书的所有程序都是在 Visual C++ 6.0 编译环境下调试运行的。本书的学习指导书《C 语言程序设计学习指导与实验》中详细介绍了在 Visual C++ 6.0 编译环境下开发 C 程序的方法和步骤。

1.5 程序设计基本方法

1.5.1 程序设计方法的发展

1. 早期程序设计

程序设计初期，由于计算机硬件条件的限制，运算速度与存储空间都迫使程序员追求高效率，编写程序过分依赖于程序员的技巧与天分，不太注重程序的结构。这一时期可以说是无固定程序设计方法的时期，最具代表性的早期程序设计语言如 FORTRAN、COBOL、ALGOL、BASIC 等。

早期程序设计存在的一个典型问题是程序中的控制随意跳转，即不加限制地使用“GOTO”语句，这样的程序对程序阅读人员来说是难以理解的，程序员自己修改程序也尤其困难。

2. 结构化程序设计

随着程序规模与复杂性的不断增长，人们认识到：大型程序的编制不同于写小程序，它应该是一项新的技术，应该像处理工程一样处理软件研制的全过程；程序的设计应易于保证正确性，也便于验证正确性。人们不断探索规范的程序设计方法，最终证明了只用三种基本的控制结构（顺序、选择、循环）就可以实现任何单入口/单出口的程序。瑞士著名计算机科学家、图灵奖获得者沃思（Nikiklaus Wirth）于 1971 年首次提出了“结构化程序设计”（structured programming）方法，标志着结构化程序设计时期的开始。

结构化程序设计的步骤如图 1-2 所示。

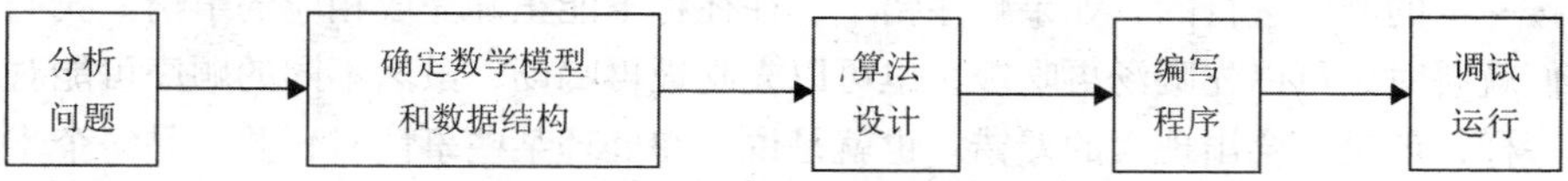

图 1-2　结构化程序设计的步骤

结构化程序设计方法是进行以模块功能和处理过程设计为主的详细设计的基本原则。它的主要观点是：

（1）严格控制 GOTO 语句的使用。仅当在某种可以改善而不是损害程序可读性的情况下或当用一个非结构化的程序设计语言去实现一个结构化的构造时才可使用 GOTO 语句。

（2）采用自顶向下，逐步求精的程序设计方法。在需求分析和概要设计中，都采用了自顶向下，逐层细化的方法。

（3）使用三种基本控制结构构造程序。任何程序都可由顺序、选择、循环三种基本控制结构构造。选用的控制结构只准有一个入口和一个出口。

① 用顺序方式对过程分解，确定各部分的执行顺序。

② 用选择方式对过程分解，确定某个部分的执行条件。

③ 用循环方式对过程分解，确定某个部分进行重复的开始和结束的条件。

④ 对处理过程仍然模糊的部分反复使用以上分解方法，最终可将所有细节确定下来。

（4）主程序员组的组织形式。开发程序的人员组织方式应采用由一个主程序员（负责全部技术活动）、一个后备程序员（协调、支持主程序员）和一个程序管理员（负责事务性工作，如收集、记录数据，文档资料管理等）三个为核心，再加上一些专家（如通信专家、数据库专家）、其他技术人员组成小组。

结构化程序设计语言（如 Pascal、C、Visual Basic 等）都有与三种基本结构对应的控制语句，编写结构化程序是不困难的。

3. 面向对象程序设计

20 世纪 80 年代初开始，在程序设计思想上，又产生了一次革命，其成果就是面向对象程序设计（Object Orient Programming，OOP）方法。在此之前的高级语言，几乎都是面向过程的（如 Pascal、C 等），程序的执行是流水线似的，在一个模块被执行完成前，人们不能干别的事，也无法动态地改变程序的执行方向。面向对象的方法就是软件的集成化，好比硬件的集成电路一样，生产一些通用的、封装紧密的功能模块，称之为软件集成块，它与具体应用无关，但能相互组合，完成具体的应用功能，同时又能重复使用。对使用者来说，只关心它的接口（输入量、输出量）及能实现的功能，至于如何实现的，那是它内部的事，使用者完全不用关心。C++、Visual Basic、Delphi 就是典型的面向对象程序语言。

相对结构化程序设计而言，面向对象程序设计是一个全新的概念。在面向对象程序设计中，引入了类、对象、属性、事件和方法等一系列概念和前所未有的编程思想。在面向对象程序设计中，最重要的思想是将数据与处理这些数据（或称数据成员）与处理这些数据的例程（或称成员函数）全部封装在一个类中。只有属于该对象的成员函数才能访问自己的数据成员，从而达到保护数据的目的。

1.5.2 程序的灵魂——算法

生活中，我们处理任何一件事情总是有一定步骤的，例如，去超市购物，首先选取商品，然后结账付款，索要发票；学生到学校学习，要先报到，缴费，注册，学习，考试等。这些事情的步骤都是按一定的顺序进行的，如果顺序错了，往往将不能正确完成相应的事情。我们再看一个例子，我们就餐时，可以先喝汤再吃饭，也可以先吃饭再喝汤，虽然不同的顺序可能对身体健康的影响不一样，但是不会出现大的差错。也就是说，在处理某些事情时，并不是每个步骤的先后次序都是确定的，我们要考虑的是如何安排各个步骤，使得解决事情的效率更高，效果更好。程序设计也是如此，完成某个功能的程序代码并不是唯一的，不同的人可能设计得不一样，谁的程序设计得更好，关键是看谁的算法更好。

1. 算法的概念

什么是算法呢?

算法（Algorithm）就是为解决一个具体问题而采取的方法和有限的步骤。

图灵奖获得者瑞士著名计算机科学家沃思（Nikiklaus Wirth）提出一个重要公式：

程序=数据结构+算法

这个公式展示了程序的本质，一个计算机程序应该包括以下两方面的内容：

（1）对数据的描述：在程序中要指定数据的类型和数据的组织形式，即数据结构（data structure）。程序的声明部分的功能就是提供这方面的信息。

（2）对操作的描述：即操作步骤，也就是算法（algorithm）。

实际上，一个程序除了以上两个主要的要素外，还应当采用结构化程序设计方法进行设计，并用一种计算机语言来表示。因此，算法、数据结构、程序设计方法和语言工具这四个方面是一个程序员所应具备的知识。

可以说，程序是遵循一定规则的、为完成指定工作而编写的代码，而算法是程序的灵魂。

2. 算法的特性

一个算法的质量优劣将影响到算法乃至程序的效率。如果一个算法有缺陷，或不适合于某个问题，执行这个算法将不会解决这个问题。

一个算法应该具有以下七个重要的特性：

（1）有穷性：算法必须能在执行有限个步骤之后终止，即算法是可达的。

（2）确定性：算法的每一步骤必须有确切的含义，目的明确，无二义性。

（3）输入项：一个算法有零个或多个输入。

（4）输出项：一个算法有一个或多个输出，以反映对数据加工后的结果。没有输出的算法是毫无意义的。

（5）可行性：算法中执行的任何计算步骤都可以被分解为基本的可执行的操作步，即每个计算步都可以在有限时间内完成（也称之为有效性）。

（6）高效性：执行速度快，占用资源少。

（7）健壮性：对数据响应正确。

3. 算法的描述工具

描述算法有多种工具，包括自然语言、传统流程图、N-S 流程图、判定表、判定树、伪代码等。本书只简单介绍前三种算法描述工具。

（1）用自然语言描述算法

自然语言就是人们日常使用的语言。自然语言描述的算法通俗易懂，不用做专门的训练。

但是，用自然语言描述算法存在很多缺点：①由于自然语言的歧义性，容易导致算法执行的不确定性；②自然语言的语句一般较长，导致描述的算法文字冗长；③当一个算法中循环和分支较多时就很难清晰地用自然语言表示出来；④自然语言表示的算法不便翻译成计算机程序设计语言。

因此，除了一些特别简单的问题以外，一般不使用自然语言来表示算法。

（2）用传统流程图描述算法

传统流程图是一种描述算法的控制流程和指令执行情况的有向图，是比较直观的描述方式，符合人们思维习惯。常见的传统流程图图形符号如表 1-2 所示。

表 1-2　　常见的传统流程图图形符号

符号	名称	功能说明
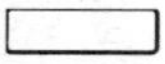	起止框	表示算法的开始或结束位置。
	输入/输出框	表示算法中输入数据或输出结果的操作。
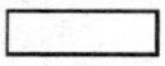	处理框	表示算法中各种一般处理功能的操作。
	判断框	表示算法中的条件判断操作，根据给定的条件是否成立，决定后续操作的流向，具有一个入口，两个出口。
↓→	流程线	表示算法中处理步骤的顺序。
○	连接点	当流程图较大，需要分多页绘制时，用“连接点”来标识与其他流程图之间的连接出入口位置。

传统流程图表达三种基本结构的一般形式如下：顺序结构（如图 1-3 所示），选择结构（如图 1-4 所示），循环结构（当型循环如图 1-5（a）所示、直到型循环如图 1-5（b）所示）。

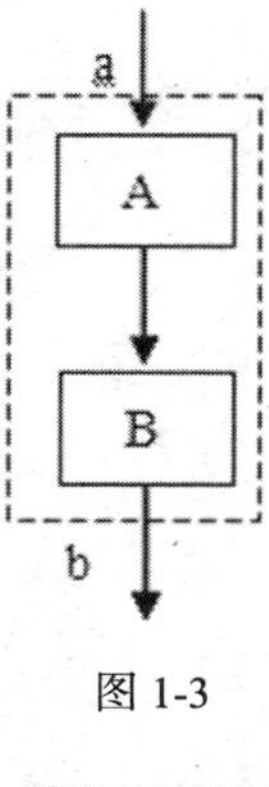

图 1-3

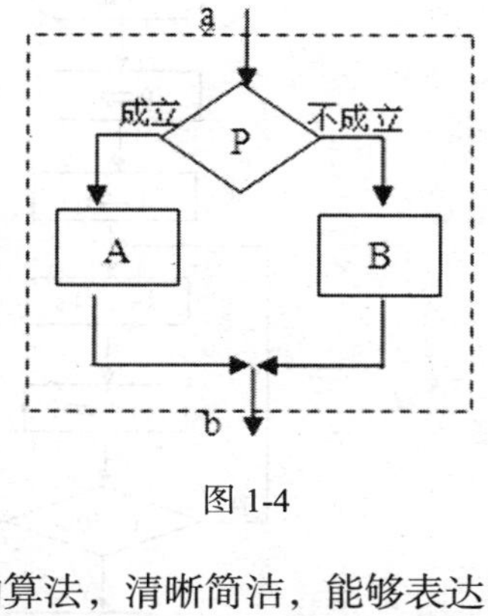

图 1-4

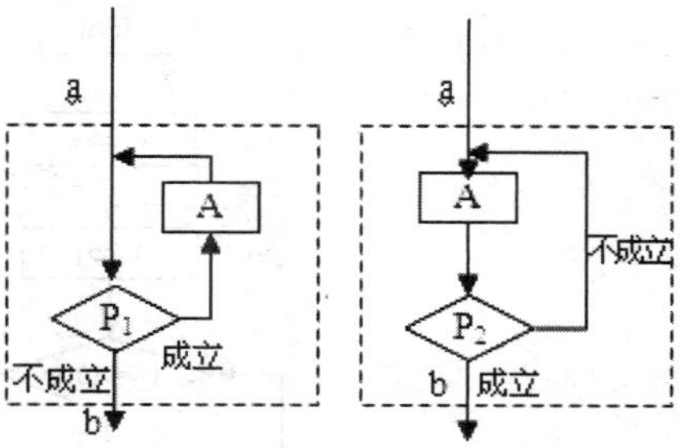

(a)　　(b)

图 1-5

传统流程图描述的算法，清晰简洁，能够表达出结构化程序设计中的三种基本结构（顺序、选择、循环），并且它不依赖于任何具体的计算机和计算机程序设计语言，从而有利于不同环境的程序设计。但是，传统流程图不易书写，修改起来也较费事，最好借助于专用的流程图制作软件来绘制和修改。

（3）用 N-S 流程图（结构化流程图）描述算法

传统流程图用流程线指定各框的执行顺序，对流程线的使用没有严格控制。当算法流程比较复杂时，传统流程图中可能出现许多流程线互相交叉、理不出头绪的情况。

1973 年美国学者 I.Nassi 和 B.Shneiderman 提出了一种新型流程图——结构化流程图，通常称为 N-S 流程图。这种流程图中，不出现流程线，全部算法都写在一个框形图中，该框内可以包含其他从属于它的框。

N-S 流程图常用以下的流程图符号：①顺序结构：如图 1-6 所示。②选择结构：如图 1-7 所示。③循环结构：当型循环结构如图 1-8（a）所示；直到型循环结构如图 1-8（b）所示。

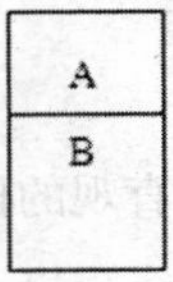

图 1-6

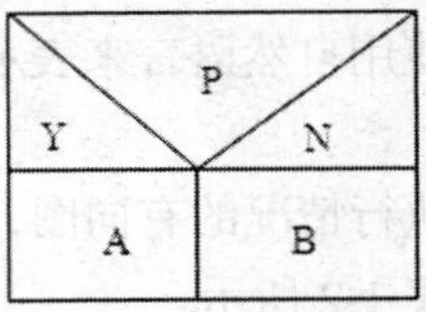

图 1-7

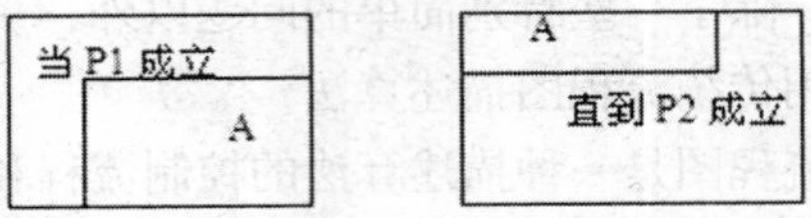

(a) (b)

图 1-8

N-S 流程图易于描述较复杂的选择结构和循环结构。

3. 算法的描述举例

【例 1-4】 用算法描述工具表达“计算并输出 s=1+2+3+100”的算法。

（1）自然语言描述

S1：使 s 为 0，可表示为 0=>s;

S2：使 i 为 1，可表示为 1=>i;

S3：使 s+i 的和仍然放在变量 sum 中，可表示为 s+i=>s;

S4：使 i 的值+1，可表示为 i+1=>i;

S5：如果 i≤100，重新返回步骤 S3；否则，输出 s 的值，算法结束。

（2）传统流程图描述

传统流程图描述如图 1-9 中（a）、（b）所示。

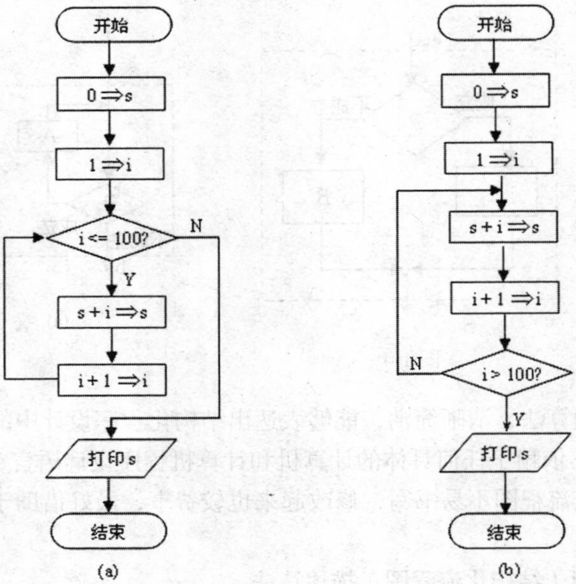

(a) (b)

图 1-9 传统流程图

其中图 1-9（a）中的循环为当型（while 型）循环结构，图 1-9（b）中的循环为直到型（until 型）循环结构。菱形框两侧的“Y”和“N”分别代表“是”（Yes）和“否”（No）。

（3）N-S 流程图描述

N-S 流程图描述如图 1-10 中（a）、（b）所示。

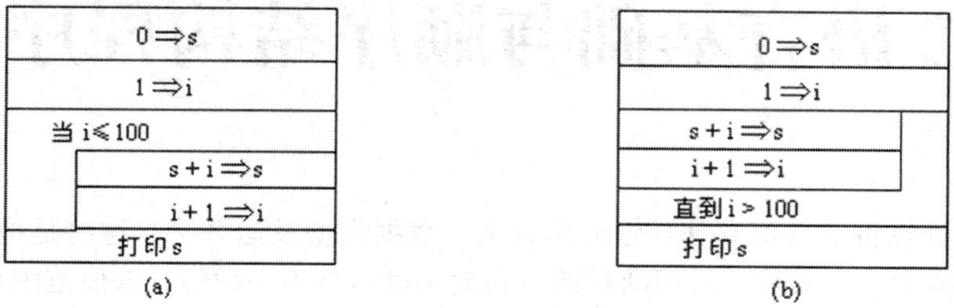

图 1-10 N-S 流程图

其中图 1-10（a）中的循环为当型循环结构，图 1-10（b）中的循环为直到型循环结构。

本章初步介绍了有关算法的基本知识，读者可暂且不对如何设计各种类型的算法作深入研究，本书在后续各章中将结合程序设计实例陆续介绍有关算法。

习 题 1

1. 输入并运行本章 3 个例题的程序，掌握开发 C 程序的方法和步骤，熟悉 Visual C++6.0 编译环境。

2. 编写一个 C 程序，输出以下信息：

```
**********************************************
          一分耕耘，一分收获
**********************************************
```

3. 编写一个 C 程序，实现功能：输入三个整数，输出其中最大者。

第 2 章 C 语言基础与顺序结构程序设计

任何一门计算机语言都有其特定的字符集、数据类型及运算符，这些是构成一门语言的基础。不同数据类型的数据，占用的存储空间大小可能是不一样的，取值范围也是不相同的。本章将主要介绍 C 语言的字符集、常用的数据类型和它们的取值范围、常用的运算符及简单的表达式，并介绍通过不同的数据类型和表达式语句编写简单的顺序结构程序，为以后各章的学习打下基础。

主要内容

- C 语言的字符集与标识符
- 常量和变量
- 常用的运算符，表达式，C 语句
- 字符输入/输出函数：getchar 和 putchar
- 格式输入/输出函数：scanf 和 printf

学习重点

- 掌握 C 语言的数据类型，运算符和表达式
- 掌握常用运算符的优先级和结合性
- 掌握表达式语句，空语句，复合语句
- 掌握数据的输入与输出，输入输出函数的调用
- 能够编写简单顺序结构的程序

2.1 C 语言的字符集与标识符

一个 C 语言程序就好比一篇英语文章，它的各种语言成份，如表达式、语句等都是由一些基本字符和标识符按照语法规则组合到一起的。这些基本字符和词汇是语言最基本的语法单位。

2.1.1 C 语言的字符集

C 语言规定了允许使用的字符集，以便处理系统能够正确识别它们。字符和字符代码并不是任意写一个字符，程序都能识别的。例如圆周率的表示符号 π 在程序中是不能识别的，只能使用系统的字符集中的字符，目前大多数系统采用 ASCII 字符集。各种字符集（包括 ASCII 字符集）的基本集都包括了 127 个字符。其中包括：

（1）大写英文字母：A B C……X Y Z。

（2）小写英文字母：a b c……x y z。

（3）数字：0 1 2……9。

（4）空白符：空格符、换行符、水平制表符（tab）、垂直制表符、换行、换页。

（5）特殊字符：+-*/ < > ( ) [ ] { } _ = ! # % . , ; : ' " | & ? $ ^ \ ～。

（6）不能显示的字符：空（null）字符（以'\0'表示）、警告（以'\a'表示）、退格（以'\b'表示）、回车（以'\r'表示）等。

详见附录 1 常用字符与 ASCII 代码对照表，这些字符用来写英文文章、材料或编程序基本够用了。

2.1.2　C 语言的标识符

标识符由字母、数字和下划线组成的字符序列，用来标识变量名、符号常量名、函数名、数组名、类型名、文件名的有效字符序列。

C 语言对标识符的规定：用户定义标识符必须以字母或下划线"_"开头，不能含有除字母、数字和下划线"_"外的其他字符。

C 语言中的标识符分成三类：

（1）关键字

关键字，是语言中具有特定含义的一些单词，对关键字不能重新定义，也不能用作一般的标识符，使用小写字母表示。C 语言有如下关键字（列举部分）：

数据类型：

int、char、float、double、short、long、void、signed、unsigned、enum、struct、union、const、typedef、volatile

存储类别：

auto、static、register、extern

语句命令字：

break、case、continue、default、do、else、for、goto、if、return、switch、while

运算符：

sizeof

其中，sizeof 是一个运算符，其他都用作类型说明和基本控制结构的标记。以后章节会讲述，关键字不要随意使用。

（2）系统预定义的标识符

系统标准库函数 scanf、printf、putchar、getchar、strcpy、strcmp、sqrt 等。

编译预处理命令 include、define 等。

（3）用户定义标识符

用于对用户使用的变量、数组、函数等操作对象进行命名。

注意

（1）标识符中大小写字母含义不同。例如，Sum 和 SUM 是两个不同的变量名。

（2）变量名用小写字母表示，与人们日常习惯一致，以增加程序可读性。

（3）不允许使用关键字为变量、数组、函数等操作对象命名。

（4）预定义标识符允许用户对它们重新定义，当重新定义后将改变它们原来的含义。

根据上述规则，下面的标识符是合法的：

```
A,b2c,High,small,_xy, sum,SUM
```

下面则是不合法的标识符：

```
5a,#hello,a+b, .exe,printf
```

2.2 C 语言的数据类型

数据类型是按被定义变量的性质，表示形式，占据存储空间的多少，构造特点来划分的。不同的类型分配不同的长度和存储形式。C 语言中允许使用的数据类型如图 2-1 所示，图中有*的是 C99 所增加的。

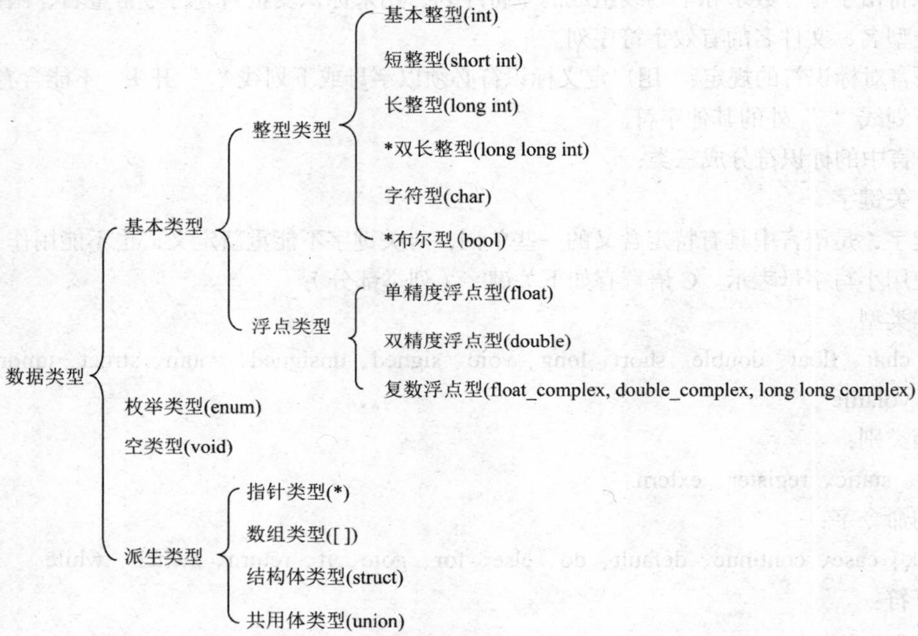

图 2-1　数据类型分类

基本类型：最主要的特点是，其值不可以再分解为其他类型。其中基本类型（包括整型和浮点型）和枚举类型变量的值都是数值，统称为算术类型（arithmetic type）。算术类型和指针类型统称为纯量类型（scalar type），因为其变量的值是以数字来表示的。

枚举类型：程序中用户定义的整数类型。

派生类型：派生数据类型是根据已定义的一个或多个数据类型用构造的方法来定义的。也就是说，一个构造类型的值可以分解成若干个“成员”或“元素”。每个“成员”都是一个基本数据类型或又是一个构造类型。在 C 语言中，派生类型有以下几种：指针类型、数组类型、结构体类型、共用体（联合）类型。指针是一种特殊的，同时又是具有重要作用的数据类型，其值用来表示某个变量在内存储器中的地址。虽然指针变量的取值类似于整型量，但这是两个类型完全不同的量，因此不能混为一谈。

2.3　常量与变量

对于基本数据类型量，按其取值是否可改变又可分为常量和变量两种。在程序执行过程中，其值不发生改变的量称为常量，其值可变的量称为变量。它们可与数据类型结合起来分类。例如，可分为整型常量与整型变量、浮点型常量与浮点型变量、字符常量与字符变量等。

在程序中，常量是可以不经说明而直接引用的，而变量则必须先定义后使用。

2.3.1　常量和符号常量

在程序执行过程中，其值不发生改变的量称为常量。

常用的常量有以下几类：

（1）整型常量：12、0、-3

（2）实型常量：有两种表示形式。

① 十进制小数形式，由数字和小数点组成的。如:123.456、12.0、0.123

② 指数形式,如 3.14e2，-25.34E3（e 或 E 代表以 10 为底的指数），且 e 或 E 之前必须有数字，且 e 或 E 之后必须为整数。

（3）字符常量：有两种形式的字符常量。

① 普通字符，用单引号括起来的一个字符，如：'a'，'0'，'?'。不能写成'ab'或'12'。需要注意的是，单引号只是界限符，字符常量是单引号中的那个字符，不包括单引号。

② 转义字符，除了字符常量外，C 还允许用一种特殊形式的字符常量，就是以字符\开头的字符序列。'\n'就是一个转义字符，其意义是“回车换行”。

（4）字符串常量：如"boy"用双引号把若干个字符括起来，字符串常量是双引号中的全部字符（但不包括双引号本身）。需要注意的是，不要写成'boy'，'123'。单引号内只能包括一个字符，双引号内可以包含一个字符串。

（5）符号常量：在 C 语言中，可以用一个标识符来表示一个常量，称之为符号常量。

符号常量在使用之前必须先定义，其一般形式为：

#define 标识符 常量

其中#define 也是一条预处理命令（预处理命令都以"#"开头），称为宏定义命令（在本书第 9 章中将作详细介绍），其功能是把该标识符定义为其后的常量值。一经定义，以后在程序中所有出现该标识符的地方均代之以该常量值。

习惯上符号常量的标识符用大写字母，变量标识符用小写字母，以示区别。

注意

（1）符号常量与变量不同，它的值在其作用域内不能改变，也不能再被赋值。

（2）使用符号常量的好处是：含义清楚,能做到“一改全改”。

【例 2-1】 符号常量的使用。

程序源代码：

```
#define PI 3.1415926        //定义符号常量
#include <stdio.h>
int main()
{
```

```
    double r,area;              //定义各变量
    r=2.0;                      //对半径 r 赋值
    area=PI* r* r;              //计算 area
    printf("area=%f",area);     //输出面积 area 的值
    return 0;
}
```

程序运行结果：

```
area=12.566370
```

程序说明：#define PI 3.1415926,经过以上指定后，本文件中从此行开始所有的 PI 都代表 3.1415926，在对程序进行编译前，预处理器先对 PI 进行处理，把所有 PI 全部置换为 3.1415926。这种符号名代表一个常量，称为符号常量。符号常量与变量不同，它的值在其作用域内不能改变，也不能再被赋值。

2.3.2 变量

在程序运行过程中，其值可以被改变的量称为变量。一个变量应该有一个名字，在内存中占据一定的存储单元，在该存储单元中存放变量的值。

1. 变量的定义

变量定义必须放在变量使用之前。一般放在函数体的开头部分。定义变量的一般形式是：

<类型名> <变量列表>；

<类型名>必须是有效的 C 语言数据类型，如 int、float 等；<变量列表>可以由一个或多个由逗号分隔的标识符名构成，如：

```
int i,j,number;
float r,area;
```

注意

（1）变量必须先定义，后使用。在定义时指定该变量的名字和类型。一个变量应该有一个名字，以便被引用。

（2）变量名和变量值是两个不同的概念。变量名实际上是以一个名字代表的一个存储地址，如 i,j,number。在对程序编译连接时由编译系统给每一个变量名分配对应的内存地址。从变量中取值，实际上是通过变量名找到相应的内存地址，从该存储单元中读取数据。

2. 变量的初始化

在程序中常常需要对变量赋初值，以便使用变量。C 语言程序中可有多种方法为变量提供初值。在这里先介绍在作变量定义的同时给变量赋以初值的方法，这种方法称为初始化。在对变量进行初始化的一般形式为：

类型说明符 变量 1=值 1，变量 2=值 2，……；

例如：

```
int a=3;                  //定义整型变量 a 并赋初始值为 3
float b,c=0.75;           //定义单精度浮点型变量 b 和 c，并对变量 c 赋初始值为 0.75
char ch1='K',ch2;         //定义字符型变量 ch1 和 ch2，并对变量 ch1 赋初始值为字符 K
```

注意

在定义变量的过程中不允许连续赋值，如 int a=b=c=5;是不合法的。

2.3.3 整型数据

1. 整型常量的表示方法

整型常量就是整常数。在 C 语言中，使用的整常数有十进制、八进制和十六进制三种。

（1）十进制整常数：十进制整常数没有前缀。其数码为 0～9。

例如，以下各数是合法的十进制整常数：

237、-568、65535、1627

再如，以下各数不是合法的十进制整常数：

023（不能有前导 0）、23D（含有非十进制数码）

在程序中是根据前缀来区分各种进制数的。因此在书写常数时不要把前缀弄错造成结果不正确。

（2）八进制整常数：八进制整常数必须以 0 开头，即以 0 作为八进制数的前缀。数码取值为 0～7。八进制数通常是无符号数。

例如，以下各数是合法的八进制数：

015（十进制为 13）、0101（十进制为 65）、0177777（十进制为 65535）

再如，以下各数不是合法的八进制数：

256（无前缀 0）、03A2（包含了非八进制数码）、-0127（出现了负号）

（3）十六进制整常数：十六进制整常数的前缀为 0X 或 0x。其数码取值为 0～9，A～F 或 a～f。

例如，以下各数是合法的十六进制整常数：

0X2A（十进制为 42）、0XA0（十进制为 160）、0XFFFF（十进制为 65535）

再如，以下各数不是合法的十六进制整常数：

5A（无前缀 0X）、0X3H（含有非十六进制数码）

2. 整型常量的后缀

在 Visual C++中，系统把-2147483648～2147483647 之间的不带小数点的数都默认为 int 类型，把超出此范围的整数，而又在 long long 类型数据的范围内的整数，默认 long long 类型。若要将整数指明为其他整型可使用相应的后缀。

（1）长整型数用后缀"L"或"l"来表示。

十进制无符号整常数的范围为 0～4294967295，有符号数为-2147483648～2147483647。八进制无符号数的表示范围为 0～0177777。十六进制无符号数的表示范围为 0X0～0XFFFF 或 0x0～0xFFFF。如果使用的数超过了上述范围，就必须使用后缀"L"或"l"来将其表示为长整型数。

例如：

158L（十进制为 158）、012L （十进制为 10）、077L（十进制为 63）、0X15L（十进制为 21）、0XA5L（十进制为 165）

长整数 158L 和短整常数 158 在数值上并无区别。但对 158L，因为是长整型量，C 编译系统将为它分配 4 个字节存储空间。而对 158，因为是短整型，只分配 2 个字节的存储空间。因此在运算和输出格式上要予以注意，避免出错。

（2）无符号数也可用后缀表示，整型常数的无符号数的后缀为"U"或"u"。

例如：358u, 0x38Au, 235Lu 均为无符号数。

需要说明的是，可同时使用前缀（如 0x 等）和后缀（如 L、U 等）以表示各种类型的数。

3. 整型变量

（1）整型数据在内存中的存放形式

整型数据在存储单元中的存储方式是：用整数的补码形式存放。正数的补码和原码相同；负数的补码是将该数的绝对值的二进制形式按位取反再加 1。

有关补码的知识不属于本书范围，在此不深入介绍，如需进一步了解，可参考有关计算机原理的书籍。

（2）整型变量的分类

基本整型：类型说明符为 int，在内存中占 2 个字节或 4 个字节（由具体的编译系统自行决定）。如 Turbo C 2.0 为每一个整型数据分配 2 个字节（16 个二进制位），而 Visual C++为每一个整型数据分配 4 个字节（32 位）。

短整型：类型说明符为 short int 或 short，在内存中占 2 个字节。

长整型：类型说明符为 long int 或 long，在内存中占 4 个字节。

双长整型：类型说明符为 long long int 或 long long，一般分配 8 个字节。这是 C99 新增的类型，但许多 C 编译系统尚未实现。

以上介绍的 4 种类型，变量值在存储单元中都是以补码的形式存储的。一般情况下，存储单元中的第一个二进制位代表符号位，而在实际应用中，有的数据范围常常只有正值（如学号、年龄等）。为了充分利用变量的值的范围，可以加上修饰符“unsigned”将变量定义为“无符号整数”类型；加上修饰符“signed”（可缺省），则表示将变量定义为“有符号整数”。因此，以上 4 种整型数据可以扩展为以下 8 种整型数据。即：

有符号基本整型	[signed] int
有符号短整型	[signed] short [int]
有符号长整型	[signed] long [int]
有符号双长整型*	[signed] long long [int]
无符号基本整型	unsigned int
无符号短整型	unsigned short [int]
无符号长整型	unsigned long [int]
无符号双长整型*	unsigned long long [int]

以上有“*”的是 C99 增加的，方括号表示其中的内容是可选的，既可以有，也可以没有。**如果既未指定为 signed 也未指定为 unsigned 的，默认为“有符号类型”。**如 signed int 和 int a 等价。

整型数据常见的存储空间和取值范围如表 2-1 所示。

表 2-1　整型数据常见的存储空间和值的范围

类型说明符	数值范围	字节数
int(基本整型)	−32768～32767　即 -2^{15}～（$2^{15}-1$）	2
	−2147483648～2147483647　即 -2^{31}～（$2^{31}-1$）	4
unsigned int（无符号基本整型）	0～4294967295　即 0～（$2^{32}-1$）	4
short（短整型）	−32768～32767　即 -2^{15}～（$2^{15}-1$）	2
unsigned short（无符号短整型）	0～65535　即 0～（$2^{16}-1$）	2
long（长整型）	−2147483648～2147483647　即 -2^{31}～（$2^{31}-1$）	4
unsigned long（无符号长整型）	0～4294967295　即 0～（$2^{32}-1$）	4
long long（双长型）	−9223372036854775808～9223372036854775807　即 -2^{63}～（$2^{63}-1$）	8
unsigned long long（无符号长整型）	0～18446744073709551615　即 0～（$2^{64}-1$）	8

（3）整型变量的定义

变量定义的一般形式为：

类型说明符　变量名标识符，变量名标识符，...;

例如：

int a,b,c; (a,b,c 为整型变量)

long x,y; (x,y 为长整型变量)

unsigned p,q; (p,q 为无符号整型变量)

在书写变量定义时，应注意以下几点：

① 允许在一个类型说明符后，定义多个相同类型的变量。各变量名之间用逗号间隔。类型说明符与变量名之间至少用一个空格间隔。

② 最后一个变量名之后必须以“;”号结尾。

③ 变量定义必须放在变量使用之前。一般放在函数体的开头部分。

【例 2-2】　整型变量的定义与使用。

程序源代码：

```
#include <stdio.h>
int main()
{
    int  a,b,c,d;   //指定 a、b、c、d 为整型变量
    unsigned u;     //指定 u 为无符号整型变量
    a=12;b=-24;u=10;
    c=a+u;d=b+u;
    printf("a+u=%d,b+u=%d\n",c,d);
    return 0;
}
```

程序运行结果：

```
a+u=22,b+u=-14
```

程序说明：可以看到不同种类的整型数据可以进行算术运算。在本例中是 int 型数据与 unsigned int 型数据进行相加运算。

（4）整型数据的溢出

【例 2-3】　整型数据的溢出。

程序源代码：

```
#include <stdio.h>
int main()
{   int a,b;
    a=2147483647;
    b=a+1;
    printf("%d,%d\n",a,b);
    return 0;
}
```

程序运行结果：

```
2147483647, -2147483648
```

程序说明：变量 a 的最高位为 0，后 31 位全为 1。加 1 后变成第 1 位为 1， 后面 31 位全为 0。而它是-2147483648 的补码形式，所以输出变量 b 的值为-2147483648。请注意：一个整型变量只能容纳-2147483648～2147483647 范围内的数，无法表示大于 2147483647 的数。遇此情况就发生“溢出”， 但运行时并不报错。

【例 2-4】　不同类型的整数求和。

程序源代码：

```
#include <stdio.h>
int main( )
{
    long x,y;
    int  a,b,c,d;
    x=5;
    y=6;
    a=7;
    b=8;
    c=x+a;
    d=y+b;
    printf("c=x+a=%d,d=y+b=%d\n",c,d);
    return 0;
}
```

程序运行结果：

```
c=x+a=12,d=y+b=14
```

程序说明：从程序中可以看到：x, y是长整型变量，a, b是基本整型变量。它们之间允许进行运算，运算结果为长整型。但c，d被定义为基本整型，因此最后结果为基本整型。本例说明，不同类型的整型变量可以参与运算并相互赋值。其中的类型转换是由编译系统自动完成的。有关类型转换的规则将在本章2.4.1节中作详细介绍。

2.3.4 实型数据

1．实型常量的表示方法

实型也称为浮点型。实型常量也称为实数或者浮点数。在C语言中，实数只采用十进制。它有二种形式：十进制小数形式，指数形式。

（1）十进制数形式：由数字0～9和小数点组成。

例如：0.0、25.0、5.789、0.13、5.0、-267.8230等均为合法的实数。

（2）指数形式：由十进制数，加阶码标志“e”或“E”以及阶码（只能为整数，可以带符号）组成。

其一般形式为：

a E n（a为十进制数，n为十进制整数）

所表示的数据值为 $a*10^n$。

例如，以下均是合法的实数：

2.1E5（等于 $2.1*10^5$）

3.7E-2（等于 $3.7*10^{-2}$）

0.5E7（等于 $0.5*10^7$）

-2.8E-2（等于 $-2.8*10^{-2}$）

再如，以下都不是合法的实数：

345（无小数点）

E7（阶码标志E之前无数字）

-5（无阶码标志）

53.-E3（负号位置不对）

2.7 E（无阶码）

规范化的指数形式：在字母e（或E）之前的小数部分中，小数点左边应有一位（且只能有一位）非零的数字。

例如: 123.456 可以表示为:

123.456e0,　12.3456e1,　1.23456e2, 0.123456e3,　0.0123456e4, 0.00123456e5

其中的 1.23456e3 称为“规范化的指数形式”。一个实数只有一个规范化的指数形式，在程序以指数形式输出一个实数时，必须以规范化的指数形式输出。

注意

（1）指数形式表示的浮点数，字母 e（或 E）前后都必须有数字，且 e 后面的指数必须为整数。

（2）系统对实型常量默认为 double 类型，标准 C 允许浮点数使用后缀“f”或“F”以表示该数为 float 类型。如 3.56f 和 3.56F 是等价的。

【例 2-5】　实型常量的两种表示方法（浮点计数法、科学计数法）。

程序源代码:

```
#include <stdio.h>
int main()
{
    printf("123.456 的浮点数表示: %f\n ",123.456);
    printf("1.23456E2 的浮点数表示: %f\n ",1.23456e2);
    printf("12345.6E-2 的浮点数表示: %f\n ",12345.6e-2);
    printf("12345.6 的科学计数法表示: %e\n ",12345.6);
    return 0;
}
```

程序运行结果:

```
123.456 的浮点数表示: 123.456000
1.23  456E2 的浮点数表示: 123.456000
12345.6E-2 的浮点数表示: 123.456000
12345.6 的科学计数法表示: 1.23456E+004
```

程序说明: 实型常量的两种不同表示法，结果都是一样的。一般情况下，对太大或太小的数，采用科学计数法，如 7.36E-7。

2. 实型变量

（1）实型数据在内存中的存放形式

实型数据一般占 4 个字节（32 位）内存空间,按指数形式存储。例如，实数 3.14159 在内存中的存放形式如图 2-2 所示:

+	.314159	1
数符	小数部分	指数

图 2-2　实型数据在内存中的存放形式

小数部分占的位（bit）数越多，数据的有效数字越多，精度越高。

指数部分占的位数越多，则能表示的数值范围越大。

（2）实型变量的分类

实型变量分为: 单精度（float）、双精度（double）和长双精度（long double）三类。

在 Visual C++ 6.0 中单精度型占 4 个字节(32 位)内存空间,其数值范围为-3.4E-38～3.4E+38,只能提供七位有效数字。双精度型占 8 个字节（64 位）内存空间，其数值范围为-1.7E-308～1.7E+308，可提供 16 位有效数字。不同的编译系统对 long double 型的处理方法不同，Turbo C 对 long double 型分配 16 个字节。而 Visual C++ 6.0 则对 long double 型和 double 型做相同处理，分配 8 个字节。请注意使用不同的编译系统时的差别。表 2-2 列出实型数据的有关情况。

表 2-2　　　　　　　　　　　　实型数据有关情况

类型说明符	比特数（字节数）	有效数字	数值范围
float	32（4）	6	0 以及 1.2×10^{-38}～3.4×10^{38}
double	64(8)	15	0 以及 2.3×10^{-308}～1.7×10^{308}
long double	64(8)	15	0 以及 2.3×10^{-308}～1.7×10^{308}
	128(16)	19	0 以及 3.4×10^{-4932}～1.1×10^{4932}

实型变量定义的格式和书写规则与整型相同。

例如：

```
float x,y;          //x,y 为单精度实型量
double a,b,c;       //a,b,c 为双精度实型量
```

（3）实型数据的舍入误差

由于实型变量是由有限的存储单元组成的，因此能提供的有效数字总是有限的。

【例 2-6】　实型数据的舍入误差。

程序源代码：

```
#include <stdio.h>
int main()
{    float a,b;
     a=123456.789e5;
     b=a+20;
     printf("%f\n",a);
     printf("%f\n",b);
     return 0;
}
```

程序运行结果：

```
12345678848.000000
12345678848.000000
```

程序说明：一个 float 类型的浮点型变量只能保证 7 位有效数字，后面的数字是无意义的，并不能准确地表示该数。应当注意，要避免将一个很大的数和一个很小的数直接相加或相减，否则就会“丢失”小的数。

【例 2-7】　实型数据的舍入误差。

程序源代码：

```
#include <stdio.h>
int main()
{    float a;
     Double b;
     a=33333.33333;
     b=33333.3333333333333;
     printf("%f\n%f\n",a,b);
     return 0;
}
```

程序运行结果：

```
33333.332031
33333.333333
```

程序说明：从本例可以看出，由于 a 是单精度浮点型变量，其有效位数只有前 7 位，而 a 的值 33333.33333 中，整数部分已占 5 位，故输出结果中小数点 2 位之后的均为无效数字。b 是双精

度浮点型变量，其有效位为 15 位，但由于 Visual C++ 6.0 对输出结果默认保留 6 位小数，其余部分四舍五入，因此输出变量 b 的值为 33333.333333。

2.3.5　字符型数据

字符型数据包括字符常量和字符变量。由于字符是按其 ASCII 代码（整数）形式存储的，因此 C99 把字符型数数据作为整数类型的一种。

1. 字符常量

字符常量是用单引号括起来的一个字符。

例如：'a'、'b'、'='、'+'、'?' 都是合法字符常量。

在 C 语言中，字符常量有以下特点：

① 字符常量只能用单引号括起来，不能用双引号或其他括号等。

② 字符常量只能是单个字符，不能是字符串。

③ 单引号中的字符可以是字符集中任意字符。

④ 数字字符与对应的数字含义是不同的。

如'5'和 5 是不同的。'5'是字符常量，5 是整型常量。

在 C 语言中，字符是按其所对应的 ASCII 的值来存储的，一个字符占一个字节。表 2-3 所示为部分字符所对应的 ASCII 的值。

表 2-3　部分字符的 ASCII 的值

字符	0	1	9	A	B	A	b	\0
ASCII 的值（十进制）	48	49	57	65	66	97	98	0

2. 转义字符

转义字符是一种特殊的字符常量。转义字符以反斜线“\”开头，后跟一个或几个字符。转义字符具有特定的含义，不同于字符原有的意义，故称“转义”字符。例如，在前面各例题 printf 函数的格式串中用到的' \n' 就是一个转义字符，其意义是“回车换行”。转义字符主要用来表示那些用一般字符不便于表示的控制代码。如表 2-4 所示。

表 2-4　常用的转义字符及其含义

转义字符	转义字符的意义	ASCII 代码
\n	回车换行	10
\t	横向跳到下一制表位置	9
\b	退格	8
\r	回车	13
\f	走纸换页	12
\\	反斜线符"\"	92
\'	单引号符	39
\"	双引号符	34
\a	鸣铃	7
\ddd	1～3 位八进制数所代表的字符	
\xhh	1～2 位十六进制数所代表的字符	

广义地讲，C 语言字符集中的任何一个字符均可用转义字符来表示。表中的\ddd 和\xhh 正是为此而提出的。ddd 和 hh 分别为八进制和十六进制的 ASCII 代码。如\101 表示字母 A，\102 表示字母 B，\134 表示反斜线，\XOA 表示换行等。

【例 2-8】 转义字符的使用。

程序源代码：

```
#include <stdio.h>
int main()
{   int a,b,c;
    a=5; b=6; c=7;
    printf("1234567812345678\n");
    printf("ab c\tde\rf\n");
    printf("hik\tL\bM\n");
    return 0;
}
```

程序运行结果：

```
1234567812345678
fb c    de
hik     M
```

程序说明：

（1）程序代码第 5 行调用 printf 函数原样输出“1234567812345678”之后换行。

（2）程序代码第 6 行调用 printf 函数先输出“ab c”，此时已打印了 4 列，遇到转义字符'\t' 跳转到下一制表位置，即空 4 列，继续输出“de”，遇到转义字符'\r'，回到本行行首，继续输出“f”覆盖了原有字符 a，之后换行。

（3）程序代码第 7 行调用 printf 函数先输出“hik”，此时已打印了 3 列，遇到转义字符'\t' 跳转到下一制表位置，即空 5 列，继续输出“L”，遇到转义字符'\b' 退格，即删除了前一字符 L，而后继续输出“M”并换行。

3. 字符变量

字符变量用来存储字符常量（即单个字符）。

字符变量的类型说明符是 char。char 是英文 character（字符）的缩写，见名即可知其意。变量类型定义的格式和书写规则都与整型变量相同。

例如：

```
char c='a';
```

定义字符型变量 c 并使其初值为字符'a'。c 是一个字符变量，但实质上是一个字节的整型变量，由于它常用来存放字符，所以称为字符变量。比如，上例中'a' 的 ASCII 代码为 97，系统实质上是把整数 97 赋给变量 c。

前面介绍了整型变量可以用 signed 和 unsigned 修饰符表示符号属性。字符类型也属于整型，也可以用 signed 和 unsigned 修饰符进行修饰。字符型数据的存储空间和值的范围如表 2-5 所示。

表 2-5　　字符型数据的存储空间和值的范围

类型	字节数	取值范围
signed char(有符号字符型)	1	-128～127 即 -2^7～（2^7-1）
usigned char(无符号字符型)	1	0～255 即 0～（2^8-1）

注意

(1) 在使用有符号字符型变量时，允许存储的值为−128～127，但字符的代码不可能为负值，所以在存储字符时实际上只用到 0～127 这一部分，其第 1 位都是 0。

(2) 如果在定义变量时既不加 signed,又不加 unsigned，C 标准并未规定是按 signed char 处理还是按 unsigned char 处理，由各编译系统自己决定。这是和其他整型变量处理方法不同的，如 int 默认等同于 signed int。

4. 字符数据在内存中的存储形式及使用方法

每个字符变量被分配 1 个字节的内存空间，因此只能存放一个字符。字符值是以 ASCII 码的形式存放在变量的内存单元之中的。

如'x'的十进制 ASCII 码是 120，'y'的十进制 ASCII 码是 121。对字符变量 a,b 赋予'x'和'y'值：

```
a='x';b='y';
```

实际上是在 a,b 两个单元内存放 120 和 121 的二进制代码 。

注意

C 语言允许对整型变量赋以字符值，也允许对字符变量赋以整型值。在输出时，允许把字符变量按整型量输出，也允许把整型量按字符量输出。

【例 2-9】 向字符变量赋以整数。

程序源代码：

```
#include <stdio.h>
int main()
{
    char a,b;
    a=120;
    b=121;
    printf("%c,%c\n",a,b);
    printf("%d,%d\n",a,b);
    return 0;
}
```

程序运行结果：

```
x,y
120,121
```

程序说明： 本程序中定义 a，b 为字符型，但在赋值语句中赋以整型值。从结果看，a，b 值的输出形式取决于 printf 函数格式串中的格式符，当格式符为%c 时，对应输出的变量值为字符，当格式符为%d 时，对应输出的变量值为整数。

【例 2-10】 大小写字母转换。

程序源代码：

```
#include <stdio.h>
int main()
{   char a,b;
    a='a';
    b='b';
    a=a-32;
    b=b-32;
    printf("%c,%c\n%d,%d\n",a,b,a,b);
    return 0;
}
```

程序运行结果：

```
A,B
65,66
```

程序说明：

程序的作用是将两个小写字母 a 和 b 转换成大写字母 A 和 B。从 ASCII 代码表中可以看到每一个小写字母比它相应的大写字母的 ASCII 码大 32。C 语言允许字符数据与整数直接进行算术运算。然后分别以整型和字符型输出。

2.3.6 字符串常量

字符串常量是由一对双引号括起的字符序列。例如："CHINA"，"C program"，"$12.5"等都是合法的字符串常量。

双引号中的字符个数称为字符串的长度。

字符串常量和字符常量是不同的量。它们之间主要有以下区别：

① 字符常量由单引号括起来，字符串常量由双引号括起来。

② 字符常量只能是单个字符，字符串常量则可以包含一个或多个字符。

③ 可以把一个字符常量赋予一个字符变量，但不能把一个字符串常量赋予一个字符变量。在 C 语言中没有相应的字符串变量。这是与 C++ 语言不同的。但是可以用一个字符数组来存放一个字符串常量（本书第 5 章中将作详细介绍）。

④ 字符常量占一个字节的内存空间；字符串常量占用的内存字节数等于字符串长度加 1。这是因为系统在存储字符串的时候会在其末尾增加一个字节用于存放字符串的结束标志'\0'（字符'\0'的 ASCII 码值为 0)。

例如：

字符串"C program"的长度为 9，在内存中所占的字节为 10，其存储结构示意图所下：

C		p	r	o	g	r	a	m	\0

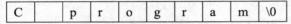

字符常量'a'和字符串常量"a"的定界符内虽然都只有一个字符，但它们在内存中的存储情况是不相同的。

'a'在内存中占 1 个字节，可表示为：

a

"a"在内存中占 2 个字节，可表示为：

a	\0

2.4 运算符及表达式

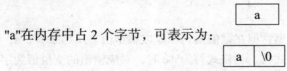

C 语言中的运算符和表达式数量之多，在高级语言中是少见的。正是丰富的运算符和表达式使 C 语言功能十分完善。这也是 C 语言的主要特点之一。

2.4.1 运算符和表达式概述

1. C 运算符的分类

C 语言的运算符可分为以下几类：

（1）算术运算符：用于各类数值运算。包括加（+）、减（-）、乘（*）、除（/）、求余（或称模运算，%）、自增（++）、自减（--）共七种。

（2）关系运算符：用于比较运算。包括大于（>）、小于（<）、等于（==）、大于等于（>=）、小于等于（<=）和不等于（!=）六种。

（3）逻辑运算符：用于逻辑运算。包括与（&&）、或（||）、非（!）三种。

（4）位操作运算符：参与运算的量，按二进制位进行运算。包括位与（&）、位或（|）、位非（～）、位异或（^）、左移（<<）、右移（>>）六种。

（5）赋值运算符：用于赋值运算，分为简单赋值（=）、复合算术赋值（+=,-=,*=,/=,%=）和复合位运算赋值（&=,|=,^=,>>=,<<=）三类共十一种。

（6）条件运算符：这是一个三目运算符，用于条件求值（?:）。

（7）逗号运算符：用于把若干表达式组合成一个表达式（，）。

（8）指针运算符：用于取内容（*）和取地址（&）两种运算。

（9）求字节数运算符：用于计算数据类型所占的字节数（sizeof）。

（10）特殊运算符：有括号()，下标[]，成员（→，.）等几种。

2. 表达式

表达式是由常量、变量、函数和运算符组合起来的式子。一个表达式有一个值及其类型，它们等于计算表达式所得结果的值和类型。表达式求值按运算符的优先级和结合性规定的顺序进行（详见本书附录 3）。单个的常量、变量、函数可以看作是表达式的特例。

比如："(x+r)*8-(a+b)/7" 是一个算术表达式，"x=a+b" 是一个赋值表达式，"a > b" 是一个关系表达式。

3. 运算符的优先级和结合性

C 语言的运算符不仅具有不同的优先级，而且还有一个特点，就是它的结合性。在表达式中，各运算量参与运算的先后顺序不仅要遵守运算符优先级别的规定，还要受运算符结合性的制约，以便确定是自左向右进行运算还是自右向左进行运算。这种结合性是其他高级语言的运算符所没有的，因此也增加了 C 语言的复杂性。

（1）运算符的优先级：C 语言中，运算符的运算优先级共分为 15 级。1 级最高，15 级最低。在表达式中，优先级较高的先于优先级较低的进行运算。而在一个运算量两侧的运算符优先级相同时，则按运算符的结合性所规定的结合方向处理。

（2）运算符的结合性：C 语言中各运算符的结合性分为两种，即左结合性（自左至右）和右结合性（自右至左）。例如算术运算符的结合性是自左至右，即先左后右。如表达式 x-y+z，则 y 应先与 "-" 号结合，执行 x-y 运算，然后再执行+z 的运算。这种自左至右的结合方向就称为 "左结合性"。而自右至左的结合方向称为 "右结合性"。最典型的右结合性运算符是赋值运算符。如 x=y=z，由于 "=" 的右结合性，应先执行 y=z 再执行 x=(y=z)运算。C 语言运算符中有不少为右结合性，应注意区别，以避免理解错误。

2.4.2　算术运算符和算术表达式

具有算术运算功能的符号称为算术运算符。用算术运算符和括号将运算对象（也称操作数）连接起来的、符合 C 语法规则的式子被称为算术表达式。

1. 基本的算术运算符

（1）加法运算符 "+"：加法运算符为双目运算符，即应有两个量参与加法运算。如 a+b,4+8 等。具有右结合性。

（2）减法运算符 "−"：减法运算符为双目运算符。但 "−" 也可作负值运算符，此时为单目运算，如-x,-5 等具有左结合性。

（3）乘法运算符“*”：双目运算，具有左结合性。

（4）除法运算符“/”：双目运算，具有左结合性。参与运算量均为整型时，结果也为整型，舍去小数。如果运算量中有一个是实型，则结果为双精度实型。

（5）求余运算符（模运算符）“%”： 双目左结合性的运算符，与乘法运算符优先级相同。要求参与运算的量均为整型。求余运算的结果等于两数相除后的余数。

【例 2-11】 算术运算符------除法运算符“/”

程序源代码：

```
#include <stdio.h>
int main()
{
    printf("%d,%d\n",5/2,-5/2);
    printf("%f,%f,%f\n",5.0/2,5/2.0,5.0/2.0);
    return 0;
}
```

程序运行结果：

```
2,-2
2.50  0000, 2.500000,2.500000
```

程序说明：

本例中，5/2，-5/2 的结果均为整型，小数全部舍去。而 5.0/2 和-5.0/2 由于有实数参与运算，因此结果也为实型。

【例 2-12】 算术运算符------求余运算符“%”

程序源代码：

```
#include <stdio.h>
int main( )
{   printf("%d\n",100%3);
    return 0;
 }
```

程序运行结果：

```
1
```

程序说明：

求余运算符（模运算符）“%”：双目运算，具有左结合性。要求参与运算的量均为整型。求余运算的结果等于两数相除后的余数。本例输出 100 除以 3 所得的余数 1。

2. 自增、自减运算符

自增 1，自减 1 运算符:自增 1 运算符记为“++”，其功能是使变量的值自增 1。

自减 1 运算符记为“--”，其功能是使变量值自减 1。

自增 1，自减 1 运算符均为单目运算，都具有右结合性。可有以下几种形式：

++i　　i 自增 1 后再参与其他运算。

--i　　i 自减 1 后再参与其他运算。

i++　　i 参与其他所有运算后，i 的值再自增 1。

i--　　i 参与其他所有运算后，i 的值再自减 1。

在理解和使用上容易出错的是 i++和 i--。特别是当它们出在较复杂的表达式或语句中时，常常难于弄清，因此应仔细分析。建议不要随意滥用自增、自减运算符，以避免含糊不清的表达，如++a++;、--++a;等都是错误的表达式，但(a++)+(++b)是符合语法规则的。

【例 2-13】　自增、自减运算符的使用。

程序源代码：

```
#include <stdio.h>
int main()
{    int i=6;
    printf("%d,",++i);
    printf("%d,",--i);
    printf("%d,",i++);
    printf("%d,",i--);
    printf("%d,",-i++);
    printf("%d,",-i--);
    printf("%d\n",i);
    return 0;
}
```

程序运行结果：

```
7,6,6,7,-6,-7,6
```

程序说明：

i 的初值为 6，程序第 4 行 i 先自增 1 后再输出，故为 7；第 5 行 i 先自减 1 后再输出,故为 6；第 6 行先输出 i 的当前值 6，再使 i 自增 1（i 值改变为 7）；第 7 行先输出的当前值 7，使 i 自减 1（i 值改变为 6）；第 8 行先输出-i 的结果-6，再使 i 自增 1（i 值改变为 7）；第 9 行先输出-i 的结果-7，再使 i 自减 1（i 值改变为 6）；第 10 行输出 i 的当前值 6。

【例 2-14】　自增运算符的使用。

程序源代码：

```
#include <stdio.h>
int main()
{    int i,j,m,n;
    i=8;
    j=10;
    m=++i;
    n=j++;
    printf("%d,%d,%d,%d\n",i,j,m,n);
    return 0;
}
```

程序运行结果：

```
9,11,9,10
```

程序说明：

以上程序中，m=++i;相当于两条语句的作用：i=i+1;和 m=i;。n=j++;也相当于两条语句的作用 n=j;和 j=j+1;。

2.4.3　赋值运算符和赋值表达式

完成赋值运算功能的符号称为赋值运算符。用赋值运算符和括号将运算对象（也称操作数）连接起来的、符合 C 语法规则的式子就被称为赋值表达式。

1．简单赋值运算符

简单赋值运算符记为“=”。其一般形式为：

变量=表达式

例如：

```
x=a+b
w=sin(a)+sin(b)
```

赋值表达式的功能是计算表达式的值再赋予左边的变量。赋值运算符具有右结合性，其优先级为 14 级。因此，a=b=c=5 可理解为 a=(b=(c=5))。

在其他高级语言中，赋值构成了一个语句，称为赋值语句。而在 C 语言中，把“=”定义为运算符，从而组成赋值表达式。凡是表达式可以出现的地方均可出现赋值表达式。

例如：x=(a=5)+(b=8)是合法的。它的意义是把 5 赋予 a，8 赋予 b，再把 a,b 相加和赋予 x，故 x 应等于 13。

在 C 语言中也可以组成赋值语句。

按照 C 语言规定，任何表达式在其末尾加上分号就构成为语句。

因此，以下

```
x=8;a=b=c=5;
```

都是赋值语句，在前面各例中我们已大量使用过了。

2. 赋值运算中的类型转换

如果赋值运算符两边的数据类型不相同，系统将自动进行类型转换，即把赋值号右边的类型换成左边的类型。具体规定如下：

（1）实型赋予整型，舍去小数部分。前面的例子已经说明了这种情况。

（2）整型赋予实型，数值不变，但将以浮点形式存放，即增加小数部分（小数部分的值为 0)。

（3）字符型赋予整型，将字符的 ASCII 码值赋给整型变量。如：

```
x='A';//已定义 i 为整型变量
```

由于'A'字符的 ASCII 代码为 65，因此赋值后 i 的值为 65。

（4）占字节多的整型赋予字符型或占字节少的整型，只将其低字节原封不动地送到被赋值的变量（即发生“截断”）。例如：

```
int i=289;
char c='a';
c=i;
```

执行以上 3 条语句后，变量 c 的值为 33，如果用%c 输出变量 c 的值，将得到字符'!'（其 ASCII 码为 33）。

【例 2-15】 赋值运算中类型转换规则的使用。

程序源代码：

```
#include <stdio.h>
int main()
{
    int a,b=322;
    float x,y=8.88;
    char c1='k',c2;
    a=y;
    x=b;
    c2=b;
    b=c1;
    printf("%d,%f,%c,%d",a,x,c2,b);
    return 0;
}
```

程序运行结果：

```
8,322.000000,B,107
```

程序说明：

（1）程序第 7 行，a 为整型，赋予 a 实型量 y 的值 8.88 后只取整数 8。

（2）程序第 8 行，x 为实型，赋予 x 整型量 b 的值 322 后增加了小数部分。

（3）程序第 9 行，赋予 c2 整型量 b 的值 322 后取其存储空间中低八位成为字符型（b 的低八位为 01000010，即十进制 66，按 ASCII 码对应于字符 B)。

（4）程序第 10 行，赋予 b 字符型量 c1 的值'k'后变为整型（字符'k'的 ASCII 码值为 107）。

3. 复合赋值运算符

在赋值符“=”之前加上其他二目运算符可构成复合赋值运算符。

复合赋值运算符有：+=,-=,*=,/=,%=,<<=,>>=,&=,^=,|=。

构成复合赋值表达式的一般形式为：

变量 双目运算符=表达式

它等价于

变量=变量 双目运算符 表达式

例如：

```
a+=5        等价于 a=a+5
x*=y+7      等价于 x=x*(y+7)
r%=p        等价于 r=r%p
```

复合赋值符这种写法，对初学者可能不习惯，但十分有利于编译处理，能提高编译效率并产生质量较高的目标代码。

【例 2-16】 复合赋值运算符的使用。

程序源代码：

```
#include <stdio.h>
int main()
{
    int a,b,c,d;
    a=b=c=d=5;
    a+=a; printf("%d,",a);
    b-=2; printf("%d,",b);
    c*=2+3; printf("%d,",c);
    d+=d-=d*=d; printf("%d\n",d);
    return 0;
}
```

程序运行结果：

```
10,3,25,0
```

程序说明：

赋值表达式是右结合性运算符，程序第 5 行依次给 d、c、b、a 变量赋值，赋值后变量初值均为 5。程序第 6 行 a+=a 等价于 a=a+a，即 a=5+5，a 为 10。程序第 7 行 b-= 2 等价 b=b-2，b=5-2，为 3。程序第 8 行 c*=2+3 等价于 c=c*(2+3)，结果 c 为 25。程序第 9 行 d+=d-=d*=d 等价于 d=d+(d=d-(d=5*5))，即 d=d+(d=d-(d=25))，d=d+(d=25-25)，d=d+(d=0)，d=(0+0)，最终 d 的值为 0。

2.4.4　逗号运算符和逗号表达式

在 C 语言中逗号“,”也是一种运算符，称为逗号运算符 ，其优先级最低，为 15 级。它的功能是把两个表达式连接起来组成一个表达式，称为逗号表达式。

其一般形式为：

表达式 1，表达式 2，……，表达式 n

其求值过程是自左向右，依次计算各表达式的值，并以“表达式 n”的值作为整个逗号表达式的值。

【例 2-17】 逗号运算符的使用。

程序源代码：

```
#include <stdio.h>
int main()
{
    int a=2,b=4,c=6,x,y;
    y=(x=a+b,b+c);
    printf("y=%d,x=%d\n",y,x);
    return 0;
}
```

程序运行结果：

```
y=10,x=6
```

程序说明：

程序第 5 行，对 y 赋值为“=”右端整个逗号表达式的值，也就是“b+c”；对 x 赋值为“a+b”。

对于逗号表达式还要说明两点：

① 程序中使用逗号表达式，通常是要分别求逗号表达式内各表达式的值，并不一定要求整个逗号表达式的值。

② 并不是在所有出现逗号的地方都组成逗号表达式，如在变量说明中，函数参数表中逗号只是用作各变量之间的间隔符。

2.4.5 各类型数据之间的混合运算

当各类型数据之间进行混合运算时，C 编译系统会先将不同类型转换成同类型，再进行运算。数据类型转换的方法有两种，一种是自动转换，一种是强制转换。

1. 自动类型转换

自动类型转换发生在不同数据类型的量混合运算时，由编译系统自动完成。遵循以下规则：

（1）转换按数据长度增加的方向进行，以保证精度不降低。如 int 型和 long 型运算时，先把 int 型转成 long 型后再进行运算。

（2）所有的浮点运算都是以双精度进行的，即使仅含 float 单精度量运算的表达式，也要先转换成 double 型，再作运算。

（3）char 型和 short 型参与运算时，必须先转换成 int 型。

（4）在赋值运算中，赋值号两边量的数据类型不同时，赋值号右边量的类型将转换为左边量的类型。如果右边量的数据类型长度比左边长时，将丢失一部分数据，这样会降低精度，丢失的部分按四舍五入向前舍入。

2. 强制类型转换运算符

其一般形式为：

(类型说明符)(表达式)

其功能是把表达式的运算结果强制转换成类型说明符所表示的类型。

例如：

```
(float)a          //把 a 的值转换为实型
(int)(x+y)        //把 x+y 的结果转换为整型
```

注意

（1）类型说明符和表达式都必须加括号(单个变量可以不加括号)，如把(int)(x+y)写成(int)x+y 则成了把 x 的值转换成 int 型之后再与 y 相加了。

（2）无论是强制转换或是自动转换，都只是为了本次运算的需要而对变量的数据长度进行的临时性转换，而不改变数据说明时对该变量定义的类型。

【例 2-18】 类型转换举例。

程序源代码：

```
#include <stdio.h>
int main()
{
    float f=5.76;
    int x;
    printf("(int)f=%d,f=%f\n",(int)f,f);
    x=f;
    printf(“x=%d\n”,x);
    return 0;
}
```

程序运行结果：

```
(int)f=5,f=5.760000
x=5
```

程序说明：

程序输出结果表明：程序第 6 行中，f 虽强制转为 int 型，但只在运算中起作用，是临时的，而 f 本身的类型并不改变。因此，(int)f 的值为 5（删去了小数部分），而 f 的值仍为 5.76。程序第 7 行中将 float 型变量 f 的值 5.76 赋予 int 型变量 x，此时赋值号两边量的数据类型不同，系统自动将赋值号右边量的类型转换为左边量的类型，即只截取了整数部分 5。

【融会贯通】

设有定义：int a=2,b=3; float x=3.5,y=2.5;

计算下面表达式的值，并分析在运算过程中的类型转换：

```
(float)(a+b)/2+(int)x%(int)y
```

2.5　C 语句

从程序流程的角度来看，程序可以分为三种基本结构，即顺序结构、分支结构、循环结构。这三种基本结构可以组成所有的复杂程序。C 语言提供了多种语句来实现这些程序结构。本节介绍这些基本语句及其在顺序结构中的应用，使读者对 C 程序有一个初步的认识，为后续内容的学习打下基础。

前面我们已经介绍过 C 程序的基本结构，如图 2-3 所示。

由图 2-3 可见，一个 C 语言源程序可以由一个或多个源文件组成。每个源文件可由一个或多个函数、预处理命令以及全局变量的声明组成。一个函数包括数据声明部分和执行语句部分。

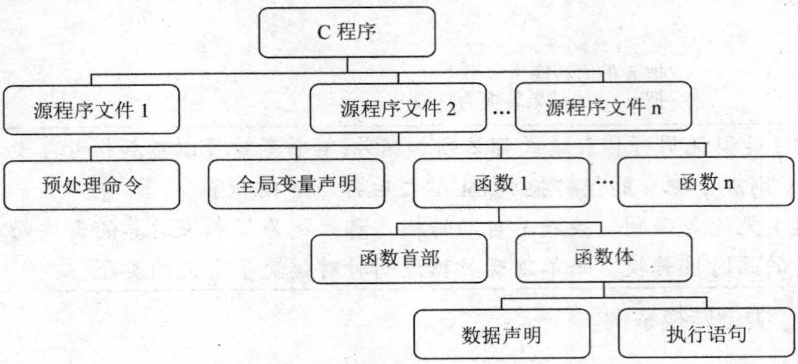

图 2-3　C 程序的结构

一个函数中，数据声明部分不是语句，不产生机器指令，仅对有关数据作声明；执行部分是由语句组成的，程序的功能也是由执行语句实现的。

C 语句可分为以下五类：

（1）表达式语句

表达式语句由表达式加上分号“;”组成。其一般形式为：

表达式;

执行表达式语句就是计算表达式的值。例如：

```
x=y+z;    //是赋值语句
y+z;      //是加法运算语句，但计算结果不能保留，无实际意义
i++;      //自增 1 语句，i 值增 1。
```

（2）函数调用语句

由函数名、实际参数加上分号“;”组成。其一般形式为：

函数名（实际参数表）;

执行函数语句就是调用函数体并把实际参数赋予函数定义中的形式参数，然后执行被调函数体中的语句，求取函数值（本书第 6 章将作详细介绍）。

例如：

```
printf("C Program"); //调用库函数，输出字符串。
```

（3）控制语句

控制语句用于控制程序的流程，以实现程序的各种结构。它们由特定的语句定义符组成。C 语言有 9 种控制语句，可分成以下三类：

① 条件判断语句：if 语句、switch 语句；

② 循环执行语句：do while 语句、while 语句、for 语句；

③ 转向语句：break 语句、goto 语句、continue 语句、return 语句。

（4）复合语句

把多个语句用括号{}括起来组成的一个语句称为复合语句。

需要注意的是，在程序中应把复合语句看成是单条语句，而不是多条语句。

例如：

```
{ t=a;
  a=b;
  b=t;
  printf( “%d%d”, a, b);
}
```

是一条复合语句。

（5）空语句

只有分号“;”组成的语句称为空语句。空语句是什么也不执行的语句。在程序中空语句可用来作空循环体。

```
例如：
while(getchar()!='\n')
;
```

这里的循环体为空语句。该 while 循环语句的功能是，只要从键盘输入的字符不是回车则重新输入。

2.6　数据的输入输出

所谓输入输出是以计算机为主体而言的。本节介绍的是向标准输出设备显示器输出数据的语句。需要说明以下几点：

（1）在 C 语言中，所有的数据输入/输出都是由库函数完成的。因此都是函数调用语句。

（2）在使用 C 语言库函数时，要用预处理命令#include，将有关“头文件”包括到源文件中。使用标准输入输出库函数时要用到　“stdio.h”文件（stdio 是 standard input &outupt 的意思），因此源文件开头应有以下预编译命令：

```
#include< stdio.h >
```

或

```
#include "stdio.h"
```

（3）考虑到 printf 和 scanf 函数使用频繁，系统允许在使用这两个函数时可不加

```
#include< stdio.h >
```

或

```
#include "stdio.h"
```

2.6.1　输入或输出一个字符型数据

1. putchar 函数（字符输出函数）

putchar 函数是字符输出函数，其功能是在显示器上输出单个字符。

其一般形式为：

putchar(字符变量或字符常量)

例如：

```
putchar('A');          //输出大写字母 A
putchar(x);            //输出字符变量 x 的值
putchar('\101');       //输出字符 A
putchar('\n');         //输出换行
```

说明　对控制字符则执行控制功能，不在屏幕上显示。使用本函数前必须要用文件包含命令#include<stdio.h>或#include“stdio.h”。

【例 2-19】　输出单个字符。

程序源代码：

```
#include <stdio.h>
int main()
{
    char a='G',b='O',c='O',d='D';
    putchar(a);putchar(b);putchar(c);putchar(d);putchar('\t');
    putchar(a);putchar(b);
    putchar('\n');
    putchar('a');putchar('b');
    return 0;
}
```

程序运行结果：

```
GOOD    GO
ab
```

程序说明：

putchar 函数只能输出 1 个字符，它的参数可以是字符变量或字符常量。需要注意的是，用 putchar 函数输出字符常量时，须用单引号括起来，如 putchar('\n');、putchar('a');等。

2. getchar 函数（键盘输入函数）

getchar 函数的功能是从键盘上输入一个字符。其一般形式为：

```
getchar();
```

通常把输入的字符赋予一个字符变量，构成赋值语句，如：

```
char c;
   c=getchar();
```

【例 2-20】 输入单个字符。

程序源代码：

```
#include <stdio.h>
int main()
{
    char c;
    printf("请输入一个字符:\n");
    c=getchar();
    putchar(c);
    return 0;
}
```

程序运行结果：

```
请输入一个字符:A
A
```

程序说明：

使用 getchar 函数还应注意几个问题：

（1）getchar 函数只能接收单个字符，输入数字也按字符处理。输入多于一个字符时，只接收第一个字符。

（2）使用本函数前必须包含头文件“stdio.h”。

（3）程序第 6 行和第 7 行两行可用下面两行的任意一行代替：

```
putchar(getchar());
printf("%c",getchar());
```

2.6.2 输出任意个任意类型的数据（格式输出函数 printf）

printf 函数称为格式输出函数，其关键字最末一个字母 f 即为“格式”(format) 之意。其功能是按用户指定的格式，把指定的数据显示到显示器屏幕上。在前面的例题中我们已多次使用过这个函数。

1. printf 函数的一般形式

printf 函数是一个标准库函数，它的函数原型在头文件“stdio.h”。在使用 printf 函数之前必须包含 stdio.h 文件。

printf 函数调用的一般形式为：

printf("格式控制字符串"，输出表列)

其中格式控制字符串用于指定输出格式控制串可由格式字符串和非格式字符串两种组成。格式字符串是以%开头的字符串，在%后面跟有各种格式字符，以说明输出数据的类型、形式、长度、小数位数等。如：

"%d"表示按十进制整型输出；

"%ld"表示按十进制长整型输出；

"%c"表示按字符型输出等。

非格式字符串在输出时原样显示，通常在显示中起提示作用。

输出表列中给出了各个输出项，要求格式字符串和各输出项在数量和类型上应该一一对应。

【例 2-21】 使用 printf 函数输出 a,b 的值。

程序源代码：

```
#include <stdio.h>
int main( )
{
    int a=97,b=98;
    printf("%d %d\n",a,b);
    printf("%d,%d\n",a,b);
    printf("%c,%c\n",a,b);
    printf("a=%d,b=%d",a,b);
    return 0;
}
```

程序运行结果：

```
97 98
97,98
a,b
a=97,b=98
```

程序说明：

本例中四次输出了 a,b 的值，但由于格式控制串不同，输出的结果也不相同。程序第 5 行的输出语句格式控制串中，两格式串%d 之间加了一个空格（非格式字符），所以输出的 a、b 值之间有一个空格。程序第 6 行的 printf 语句格式控制串中加入的是非格式字符逗号，因此输出的 a、b 值之间加了一个逗号。程序第 7 行的格式串要求按字符型输出 a、b 值。程序第 8 行中为了提示输出结果又增加了非格式字符串。

2. printf 中的格式字符串

在 Visual C++中，格式字符串的一般形式为：

[标志][输出最小宽度][.精度][长度]类型

其中方括号[]中的项为可选项。

各项的意义介绍如下：

（1）类型：类型字符用以表示输出数据的类型，其格式符和意义如表 2-6 所示。

表 2-6　printf 函数中用到的格式字符

格式字符	意义
d	以十进制形式输出带符号整数（正数不输出符号）
o	以八进制形式输出无符号整数（不输出前缀 0）
x,X	以十六进制形式输出无符号整数（不输出前缀 Ox）
u	以十进制形式输出无符号整数
f	以小数形式输出单、双精度实数
e,E	以指数形式输出单、双精度实数
g,G	以%f 或%e 中较短的输出宽度输出单、双精度实数
c	输出单个字符
s	输出字符串

在格式声明中，在%和上述格式字符间可以插入表 2-7 中列出的几种附加符号（又称为修饰符）。

表 2-7　printf 函数中用到的格式附加字符

附加说明符	说明
l 或 L	用于长整数，可加在格式符 d、o、x、X、u 的前面，表示长度
M(N 整数)	数据的最小宽度
M，N(M，N 正整数)	对浮点数，表示输出 N 位小数；对字符串，表示截取的字符个数
-	输出的数字或者字符在域内左对齐
+	输出的数字或者字符在域内右对齐（默认为右对齐）

（2）输出最小宽度：用十进制整数来表示输出的最少位数。若实际位数多于定义的宽度，则按实际位数输出，若实际位数少于定义的宽度则补以空格。

（3）精度：精度格式符以“.”开头，后跟十进制整数。本项的意义是：如果输出数字，则表示小数的位数；如果输出的是字符，则表示输出字符的个数；若实际位数大于所定义的精度数，则截去超过的部分，并自动四舍五入。

（4）长度：长度格式符为 h,l 两种，h 表示按短整型量输出，l 表示按长整型量输出。

【例 2-22】　按照不同格式输出变量的值。

程序源代码：

```
#include <stdio.h>
int main( )
{
    int a=15;
    float b=123.1234567;
    double c=12.1234567;
    char d='p';
    printf("a=%d,%5d,%o,%x\n",a,a,a,a);
    printf("b=%f,%.2f,%5.2f,%e\n",b,b,b,b);
    printf("c=%f,%-8.4f,%8.4f\n",c,c,c);
```

```
    printf("d=%c,%8c\n",d,d);
    return 0;
}
```

程序运行结果：

```
a=15,   15,17,f
b=123.123459,123.12,123.12,1.231235e+002
c=12.123457,12.1235 , 12.1235
d=p,       p
```

程序说明：

（1）程序第 8 行中以四种格式输出整型变量 a 的值，其中“%5d”要求输出宽度为 5，而 a 值为 15 只有两位故补三个空格。

（2）程序第 9 行中以四种格式输出实型量 b 的值。“%5.2f”指定输出宽度为 5，精度为 2，由于实际长度超过 5 故应该按实际位数输出，小数位数超过 2 位部分被截去并自动四舍五入。

（3）程序第 10 行输出双精度实数，%8.4f：数据占 8 位，其中 4 位小数，实际数长度小于 8，左边补空格。%-8.4f 与%8.4f 相同，只是输出向左对齐，在右端补空格。

（4）程序第 11 行输出字符量 d，其中，“%8c”指定输出宽度为 8，故在输出字符 p 之前补加 7 个空格。

2.6.3　输入任意个任意类型的数据（格式输入函数 scanf）

scanf 函数称为格式输入函数，即按用户指定的格式从键盘上把数据输入到指定的变量中。

1. scanf 函数的一般形式

scanf 函数是一个标准库函数，它的函数原型在头文件“stdio.h”中，与 printf 函数相同，在使用 scanf 函数之前包含 stdio.h 文件。

scanf 函数的一般形式为：

scanf("格式控制字符串"，地址表列);

其中，格式控制字符串的作用与 printf 函数相同，但不能显示非格式字符串。也就是说，如果在 scanf 的格式控制字符串中出现非格式字符串，则用户须原样输入非格式字符串，而不能作为提示字符串显示出来。地址表列中给出各变量的地址。地址是由地址运算符“&”后跟变量名组成的。例如:&a、&b 分别表示变量 a 和变量 b 的地址。这个地址就是编译系统在内存中给 a,b 变量分配的地址。

在 C 语言中，使用了地址这个概念，这是与其他语言不同的。应该把变量的值和变量的地址这两个不同的概念区别开来。变量的地址是 C 编译系统分配的，用户不必关心具体的地址是多少。变量的地址和变量值的关系如下：

在赋值表达式中给变量赋值，如：a=567，则 a 为变量名，567 是变量的值，&a 是变量 a 的地址。需要注意的是，在赋值号左边是变量名，不能写地址，而 scanf 函数在本质上也是给变量赋值，但要求写变量的地址，如&a。这两者在形式上是不同的。&是一个取地址运算符，&a 是一个表达式，其功能是求变量的地址。

2. scanf 中的格式字符串

格式字符串的一般形式为：

%[*][输入数据宽度][长度]类型

其中有方括号[]的项为任选项。各项的意义如下：

（1）类型：表示输入数据的类型，其格式符和意义如表 2-8 所示。

表 2-8　　scanf 函数中用到的格式字符

格式	字符意义
d	输入十进制整数
o	输入八进制整数
x	输入十六进制整数
u	输入无符号十进制整数
f 或 e	输入实型数（用小数形式或指数形式）
c	输入单个字符
s	输入字符串

（2）"*"符：用以表示该输入项，读入后不赋予相应的变量，即跳过该输入值。

例如：

```
scanf("%d %*d %d",&a,&b);
```

当输入为：1　2　3 时，把 1 赋予 a，2 被跳过，3 赋予 b。

（3）宽度：用十进制整数指定输入的宽度（即字符数）。

例如：

```
scanf("%5d",&a);
```

当输入为：12345678 时，只把 12345 赋予变量 a，其余部分被截去。

又如：

```
scanf("%4d%4d",&a,&b);
```

当输入为：12345678 时，将把 1234 赋予 a，而把 5678 赋予 b。

（4）长度：长度格式符为 l 和 h，l 表示输入长整型数据（如%ld）和双精度浮点数（如%lf）。h 表示输入短整型数据。

注意

（1）scanf 中要求给出变量地址，如给出变量名则会出错。如 scanf("%d",a);是非法的，应改为 scnaf("%d",&a);才是合法的。

（2）scanf 函数中没有精度控制，如：scanf("%5.2f",&a);是非法的。不能企图用此语句输入小数为 2 位的实数。

（3）若“格式控制”字符串中除了格式说明外，还有其他字符，则在输入数据时，在对应的位置也输入同样的字符。

（4）若“格式控制”字符串中两格式符之间用空格作间隔，则输入时可以用一个以上的空格或回车键或 Tab 键作为分隔符。

（5）在输入多个数值数据时，若格式控制串中没有非格式字符作输入数据之间的间隔，则须使用一个以上的空格或回车键或 Tab 键作间隔。

（6）在输入字符数据时，若格式控制串中没有非格式字符，则认为所有输入的字符均为有效字符，例如：空格、回车等。

（7）当输入的数据与输出的类型不一致时，虽然编译能够通过，但结果将不正确。

【例 2-23】　输入和输出函数的使用：输入和输出整型数据。

程序源代码：

```
#include <stdio.h>
int main( )
```

```
{
    int a,b,c;
    printf("input a,b,c:\n");
    scanf("%d%d%d",&a,&b,&c);
    printf("a=%d,b=%d,c=%d",a,b,c);
    return 0;
}
```

程序运行结果：

```
input a,b,c:
3 4 5
a=3,b=4,c=5
```

程序说明：

在本例中，由于 scanf 函数本身不能显示提示串，故先用 printf 语句在屏幕上输出提示，请用户输入 a、b、c 的值。执行 scanf 语句，进入用户屏幕等待用户输入。用户输入 3　4　5 后按下回车键，显示结果。在 scanf 语句的格式串中由于没有非格式字符在"%d%d%d"之间作输入时的间隔，因此在输入时要用一个以上的空格或回车键或 Tab 键作为两个输入数之间的间隔。

【例 2-24】　输入和输出函数的使用：输入和输出字符型数据。

程序源代码：

```
#include <stdio.h>
int main( )
{
    char a,b;
    printf("input character a,b: \n");
    scanf("%c%c",&a,&b);
    printf("%c%c\n",a,b);
    return 0;
}
```

程序运行结果：

```
input character a,b:
M N
M
```

程序说明：

由于 scanf 函数"%c%c"中没有空格，若输入“M　N”，则变量 a 接收“M”，变量 b 接收空格。输入必须为“MN”才可以使变量 a 接收“M”，变量 b 接收“N”。

【例 2-25】　输入和输出函数的使用：输入和输出浮点型数据。

程序源代码：

```
#include <stdio.h>
int main( )
{   double a;
    printf("请输入一个浮点数：\n");
    scanf("%lf",&a);
    printf("%f",a);
    return 0;
}
```

程序运行结果：

```
请输入一个浮点数：
123.45
123.450000
```

程序说明：

由于输入数据为双精度浮点型，输入时必须使用格式符%lf,但无论是单精度还是双精度浮点型数据，输出均使用格式符%f。

【例 2-26】 输入三个小写字母，输出其 ASCII 码和对应的大写字母。

程序源代码：

```
#include <stdio.h>
int main( )
{
    char a,b,c;
    printf("input character a,b,c\n");
    scanf("%c %c %c",&a,&b,&c);
    printf("%d,%d,%d\n%c,%c,%c\n",a,b,c,a-32,b-32,c-32);
    return 0;
 }
```

程序运行结果：

```
a
b
c
97,98,99
A,B,C
```

程序说明：

大写字母'A'的 ASCII 码值为 65，小写字母'a'的 ASCII 码值为 97，之间相差 32。输入函数 scanf 的格式符之间用空格作了间隔，输入时可以用一个以上的空格或回车键或 Tab 键作为分隔符。

【例 2-27】 输出各种数据类型的字节长度。

程序源代码：

```
#include <stdio.h>
int main( )
{
    int a;
    long b;
    float f;
    double d;
    char c;
    printf("\nint:%d\nlong:%d\nfloat:%d\ndouble:%d\nchar:%d\n",sizeof(a),
    sizeof(b),sizeof(f),sizeof(d),sizeof(c));
    return 0;
}
```

程序运行结果：

```
int:4
long:4
float:4
double:8
char:1
```

程序说明：

运算符 sizeof()的功能是测试不同的数据类型在当前编译系统中所占字节数。其基本形式有两种：sizeof(变量名)或 sizeof(类型名)。前面我们已经介绍过，变量所占字节数与编译系统密切相关，本例中的“程序运行结果”是在 Visual C++6.0 编译系统下的运行结果。

2.7　顺序结构程序举例

【例 2-28】　输入三角形的三边长，求三角形面积。

已知三角形的三边长 a,b,c，则该三角形的面积公式为：

$$area=\sqrt{s(s-a)(s-b)(s-c)}$$

其中 s = (a+b+c)/2

程序源代码：

```
#include <stdio.h>
#include<math.h>
int main()
{
     float a,b,c,s,area;
     printf("请输入三角形的三边值（用逗号分隔）:");
     scanf("%f,%f,%f",&a,&b,&c);
     s=1.0/2*(a+b+c);
     area=sqrt(s*(s-a)*(s-b)*(s-c));
     printf("a=%-7.2fb=%-7.2fc=%-7.2fs=%-7.2f\n",a,b,c,s);
     printf("area=%-7.2f\n",area);
     return 0;
}
```

程序运行结果：

```
请输入三角形的三边值（用逗号分隔）:3,4,5
a=3.00   b=4.00   c=5.00   s=6.00
area=6.00
```

程序说明：

（1）程序第 6 行通过调用 scanf 函数实现对变量 a、b、c 的分别赋值；程序第 7、8 行分别计算 s 和 area；程序第 9、10 行用于输出变量 a、b、c、s 和 area 的值，使用格式符“%-7.2f”意为按小数形式显示，保留 2 位小数，宽度为 7 且靠左对齐。

（2）需要注意的是，C 编译系统把浮点型常量按双精度处理，分配 8 个字节。由于程序第 8 行“s=1.0/2*(a+b+c);”语句中使用了浮点型常量“1.0”，因此该程序在编译阶段系统会发出“警告”（warning: conversion from 'double ' to 'float ', possible loss of data)，意为“把一个双精度常量赋给一个 float 型变量可能会丢失数据”，提醒用户注意这种转换可能损失精度。这样的“警告”一般不会影响程序运行结果的正确性，但会影响程序运行结果的精确度。如果对精确度要求不是很高，可以容忍这样的“警告”，使程序接着进行连接和运行。要使该程序不报警告错误，可以在常量的末尾加专用字符强制指定常量的类型（如在 1.0 后面加字母 F 或 f，就表示其是 float 型常量），也可以把相关变量的数据类型改为 double。

【例 2-29】　编写程序，在屏幕上输出菱形图案（由*号组成）。

程序源代码：

```
#include <stdio.h>
int main( )
{    printf(“    *\n”);
     printf(“   ***\n”);
     printf(“  *****\n”);
     printf(“ *******\n”);
     printf(“  *****\n”);
```

```
    printf("   ***\n");
    printf("    *\n");
    return 0;
}
```

程序运行结果：

```
   *
  ***
 *****
*******
 *****
  ***
   *
```

程序说明：

printf 函数既可以输出普通字符，也可以按照格式控制符输出结果。只要对这个程序中的 printf()函数调用语句稍加修改，就可以输出其他符号组成的图案和其他形状的几何图案。

【例 2-30】 数据交换。从键盘输入 a、b 的值，输出交换以后的值。

【简要分析】 在计算机中交换变量 a 和 b 的值，不能只写两个赋值语句“a=b;b=a;”。典型的办法是，引入一个中间变量（如 c），先将变量 a 或 b 的值暂存至 c，再对值已经被暂存的变量赋以另一个变量的值，最后将中间变量 c 的值赋予另一个变量。具体可写为 3 条语句：“c=a;a=b; b=c;”或“c=b;b=a;a=c;”。

程序源代码：

```
#include <stdio.h>
int main( )
{    int a,b,c;
     printf("\nPlease input a, b: ");
     scanf("%d,%d",&a,&b);
     printf("\nbefore exchange:a=%d  b=%d\n",a,b);
     c=a; a=b; b=c;
     printf("after exchange: a=%d  b=%d\n",a,b);
     return 0;
}
```

程序运行结果：

```
Please input a, b:3,4
before exchange:a=3  b=4
after exchange: a=4  b=3
```

习 题 2

1. 运行以下程序时，在键盘上从第 1 列开始输入 9876543210<CR>(此处<CR>代表 Enter)，试写出程序的输出结果。

```
#include <stdio.h>
int main( )
{
     int a;
     float  b,c;
     scanf(" %2d%3f%4f",&a,&b,&c);
     printf("\na=%d,b=%f,c=%f\n",a,b,c);
     return 0;
}
```

2. 有以下程序，要求通过 scanf 语句给变量赋值，然后输出变量的值。要使程序运行时给变量 k 输入 100，给变量 a 输入 25.81，给变量 x 输入 1.89234，问应该在键盘上如何输入？

```
#include <stdio.h>
int main( )
{
    int  k;
    float a;
    double x;
    scanf("%4d%f,%lf",&k,&a,&x);
    printf("k=%d,a=%f,x=%f\n",k,a,x);
    return 0;
}
```

3. 编写程序，输入两个整数：1500 和 350，求出它们的商数和余数并进行输出。

4. 编写程序，读入三个整数给 a、b、c，然后交换它们中的数，把 a 中原来的值给 b，把 b 中原来的值给 c，把 c 中原来的值给 a。

第 3 章 选择结构程序设计

顺序结构的程序只能按照程序语句先后顺序的方式来执行处理数据，但生活中的问题往往不那么简单，有时需要根据不同的情况，执行不同的操作，这就需要对问题进行判断，根据判断结果，选择不同的处理方式。本章主要介绍 C 语言用于实现分支的选择结构控制语句：if 语句和 switch 语句。

主要内容：

- 关系运算符及关系表达式
- 逻辑运算符及逻辑表达式
- if 语句
- 条件运算符
- switch 语句

学习重点：

- 灵活使用各种形式的 if 语句实现选择结构
- 掌握用 switch 语句实现多分支选择结构
- 了解选择结构的嵌套

3.1 关系运算符及关系表达式

在程序中经常需要比较两个量的大小关系，以决定程序下一步的工作。比较两个量的运算符称为关系运算符。

3.1.1 关系运算符及其优先次序

C 语言中共有 6 个关系运算符：<、<=、>、>=、==和!=，它们都是双目运算符，其结合性均为左结合。关系运算符的优先级低于算术运算符，高于赋值运算符。其中<、<=、>、>=的优先级相同，==和!=的优先级也是相同的。C 语言中的关系运算符及其优先级如表 3-1 所示。

表 3-1 C 语言中的关系运算符及其优先级

运算符	对应的数学运算符	含义	优先级
<	<	小于	高
<=	≤	小于或等于	
>	>	大于	
>=	≥	大于或等于	

续表

运算符	对应的数学运算符	含义	优先级
==	=	等于	低
!=	≠	不等于	

3.1.2　关系表达式

用关系运算符将两个操作数连接起来组成的表达式，称为关系表达式。

关系表达式的一般形式为：

表达式 关系运算符 表达式

例如：

```
a+b>c-d
x>3/2
'a'+1<c
```

都是合法的关系表达式。

其中的表达式也可以是关系表达式，即允许出现嵌套的情况。

例如：

```
a>(b>c)
a!=(c==d)
```

关系表达式通常用于表达一个判断条件，而一个条件判断的结果只能是“真”和“假”，也就是说关系运算的结果是逻辑值。标准 C（C89）没有提供布尔数据类型，那么表达式的结果真和假用什么来表示呢？在 C 语言中，如果关系表达式的结果为“真”，或者说这个表达式所表示的判断条件成立，则将结果记为 1；如果关系表达式的结果为“假”，或者说这个表达式所表示的判断条件不成立，则将结果记为 0。

例如：表达式 7 > 5 的值是 1，7 < 5 的值是 0，'a' > 'b'的值是 0，'a' < 'b'的值是 1。

3.2　逻辑运算符及逻辑表达式

3.2.1　逻辑运算符及其优先次序

C 语言中提供了三种逻辑运算符：&&（与运算）、||（或运算）、!（非运算）。

与运算符&&和或运算符||均为双目运算符。具有左结合性。非运算符!为单目运算符，具有右结合性。逻辑运算符和其他运算符优先级的关系如图 3-1 所示：

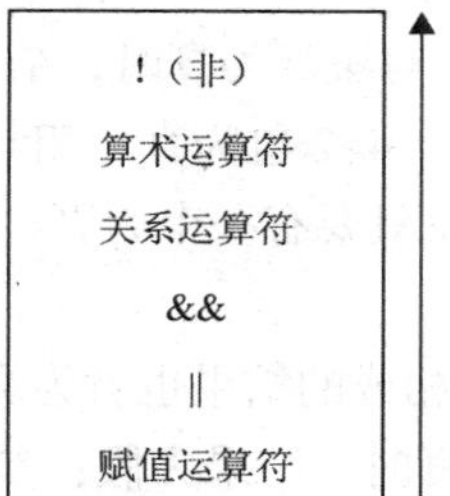

图 3-1

&&和||优先级低于关系运算符，! 优先级高于算术运算符。

按照运算符的优先顺序可以得出：

```
a>b&&c>d       等价于     (a>b)&&(c>d)
!b==c||d<a     等价于     ((!b)==c)||(d<a)
a+b>c&&x+y<b   等价于     ((a+b)>c)&&((x+y)<b)
```

3.2.2 逻辑表达式

用逻辑运算符连接操作数组成的表达式称为逻辑表达式。逻辑表达式的一般形式为：

表达式 逻辑运算符 表达式

其中的表达式可以是逻辑表达式，从而组成了嵌套的情形。

例如：

```
(a&&b)&&c
```

根据逻辑运算符的左结合性，上式也可写为：

```
a&&b&&c
```

逻辑运算的结果是逻辑值。逻辑表达式的值是式中各种逻辑运算的最后值，用整数 1 和 0 分别代表逻辑“真”和“假”。

在需要判断一个数值表达式（不一定是逻辑表达式）真假的时候，由于任意一个数值表达式的值不只局限于 0 和 1 两种情况，因此根据表达式的值为非 0 还是 0 来判断其真假。如果表达式的值为非 0，则表示逻辑真；如果表达式的值为 0，则表示逻辑假。

例如：表达式!0 的运算结果为真，记为 1。表达式！'b'的运算结果为假，记为 0。表达式 0&&'b'的运算结果为假，记为 0。表达式 3&&-5 的运算结果值为真，记为 1。表达式 0||'b'的运算结果为真，记为 1。表达式 3||-5 的运算结果值为真，记为 1。表达式 0||'0'的运算结果值为假，记为 0。

C 语言中的逻辑运算符求值规则如表 3-2 所示。

表 3-2　　C 语言中的逻辑运算符求值规则

运算对象		逻辑运算结果		
a	b	a&&b	a || b	!a
非 0	非 0	1	1	0
非 0	0	0	1	0
0	非 0	0	1	1
0	0	0	0	1

由表 3-2 可以看出：

（1）与运算 &&：参与运算的两个对象都为真时，结果才为真，否则为假。

例如：5>0&&4>2，由于 5>0 为真，4>2 也为真，相与的结果也为真。

（2）或运算||：参与运算的两个对象只要有一个为真，结果就为真；两个对象都为假时，结果为假。

例如：5>0||5>8，由于 5>0 为真，相或的结果也就为真。

（3）非运算!：参与运算的对象为真时，结果为假；参与运算的对象为假时，结果为真。

例如：!(5>0)的结果为假。

注意

（1）虽然 C 编译系统在给出逻辑运算值时，以 1 代表“真”，0 代表“假”。但在判断一个对象是为“真”还是为“假”时，对象值非 0 即代表“真”，对象值为 0 代表“假”。

例如：由于 5 和 3 均为非 0 值，因此 5&&3 的值为“真”，即为 1。

（2）逻辑运算具有短路性质，即运算按照从左至右的顺序进行，一旦能够确定逻辑表达式的值，就立即结束运算。

例如：设 a=1，b=0，c=−2

执行 a&&b&&c++后，变量 c 的值并不会自增，仍为−2。因为先计算 a&&b 为 0，运算终止，表达式值为 0。

3.3　选择结构控制语句：if 语句

用 if 语句可以构成分支结构。它根据给定的条件进行判断，以决定执行哪个分支程序段。在 C 语言中，if 语句有三种形式。

3.3.1　if 语句的三种形式

1．第一种形式为基本形式：if

一般形式如下：

if（表达式）语句

其语义是：如果表达式的值为真，则执行其后的语句，否则跳过该语句，执行后续语句。

其执行过程如图 3-2 所示。

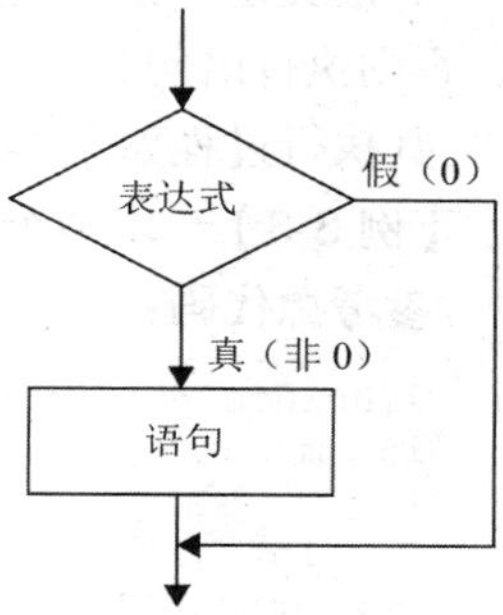

图 3-2

【例 3-1】　求两个整数的最大值。

参考源代码：

```
#include <stdio.h>
int main()
{
    int a,b,max;
    printf("\nPlease input two numbers:");
    scanf("%d%d",&a,&b);
    max=a;
    if(max<b) max=b;
    printf("max=%d",max);
    return 0;
}
```

程序运行结果：

```
Please input two numbers:6 8
max=8
```

程序说明：

本例程序中，输入两个整数 a,b。把 a 先赋予变量 max，再用 if 语句判别 max 和 b 的大小，如 max 小于 b，则把 b 赋予 max。因此 max 中总是存放较大数，最后输出 max 的值。

【例 3-2】　从键盘输入一个整数，判断它是否为偶数。

参考源代码：

```
#include <stdio.h>
```

```
int main()
{
    int x;
    printf("请输入一个整数 x:\n");
    scanf("%d",&x);
    if(x%2==0)          //如果一个整数被 2 求余，余数为 0，则此数为偶数
    printf("%d 是偶数。\n",x);
    return 0;
}
```

程序运行结果：

```
请输入一个整数 x:
6
6 是偶数。
```

程序说明：

单分支选择结构的使用。判断一个整数是否为偶数，通过判断它是否能被 2 整除来确定。

2. 第二种形式为：if-else

一般形式如下：

if（表达式）语句 1;

else　语句 2;

其语义是：如果表达式的值为真，则执行语句 1，否则执行语句 2。

其执行过程如图 3-3 所示。

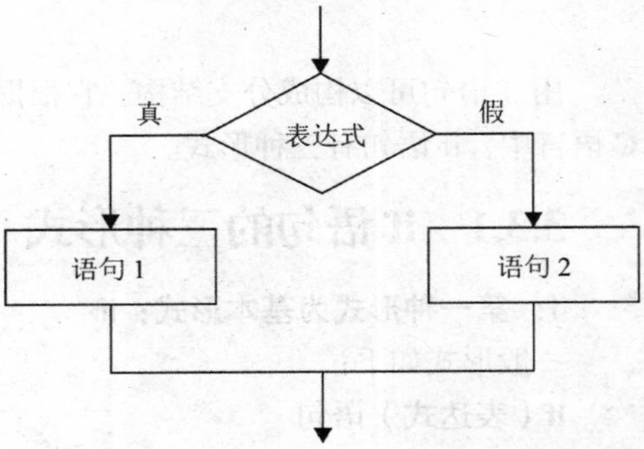

图 3-3

【例 3-3】　求两个整数的最大值。

参考源代码：

```
#include <stdio.h>
int main()
{
    int a, b;
    printf("Please input two numbers: ");
    scanf("%d%d",&a,&b);
    if(a>b)
        printf("max=%d\n",a);
    else
        printf("max=%d\n",b);
    return 0;
}
```

程序运行结果：

```
Please input two numbers:6 8
max=8
```

程序说明：

输入两个整数，输出其中的大数。用 if-else 结构判别 a,b 的大小，若 a 大，则输出 a，否则输出 b。

【思考验证】　请参考例 3-2 的程序源代码，试用 if-else 结构编写程序：从键盘输入一个整数，判断它的奇偶性。

3. 第三种形式为 if-else-if 形式

前两种形式的 if 语句一般都用于两个分支的情况。当有多个分支选择时，可采用 if-else-if 语

句，其一般形式为：

```
if(表达式 1)              语句 1;
else  if(表达式 2)        语句 2;
else  if(表达式 3)        语句 3;
          …
else  if(表达式 n)        语句 n;
else                      语句 n+1;
```

其语义是：依次判断表达式的值，当出现某个值为真时，则执行其对应的语句，然后跳到整个 if 语句之外继续执行后续语句；如果所有的表达式均为假，则执行语句 n+1，然后继续执行后续程序。if-else-if 语句的执行过程如图 3-4 所示。

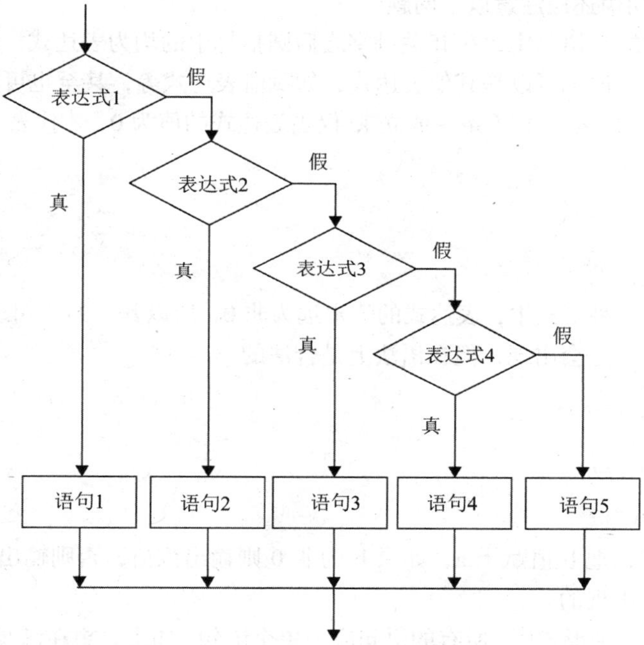

图 3-4

【例 3-4】　输入一个字符，判别从键盘输入的字符的类别。

参考源代码：

```
#include <stdio.h>
int main()
{
    char c;
    printf("请输入一个字符：");
    c=getchar();
    if(c<32)
        printf("这是一个控制字符\n");
    else if(c>='0'&&c<='9')
        printf("这是一个数字\n");
    else if(c>='A'&&c<='Z')
        printf("这是一个大写字母\n");
    else if(c>='a'&&c<='z')
        printf("这是一个小写字母\n");
    else
```

```
        printf("其他字符\n");
    return 0;
}
```

程序运行结果：

```
请输入一个字符：A
这是一个大写字母
```

程序说明：

这是一个多分支选择的问题，用 if-else-if 语句编程，判断输入字符 ASCII 码所在的范围，并分别给出不同的输出。例如输入为 g，输出显示它为小写字符。可以根据输入字符的 ASCII 码来判定字符的类别。由 ASCII 码表可知 ASCII 值小于 32 的为控制字符。在'0'和'9'之间的为数字字符，在'A'和'Z'之间为大写字母，在'a'和'z'之间为小写字母，其余则判定为其他字符。

4. 在使用 if 语句中还应注意以下问题：

（1）在三种形式的 if 语句中，在 if 关键字之后圆括号中的均为表达式。该表达式通常是逻辑表达式或关系表达式，但也可以是其他表达式，如赋值表达式等，甚至也可以是一个变量，只要表达式的值为非 0，即代表“真”（条件成立），仅当表达式的值为 0，才代表“假”（条件不成立）。

例如：

```
if(a=5) 语句;
if(b) 语句;
```

这些形式都是允许的。

在 if(a=5)语句；这种形式中，表达式的值永远为非 0，所以其后的语句总是要执行的。当然，这种情况在程序中不一定会出现，但在语法上是合法的。

又如，有程序段：

```
if(a=b)
    printf("%d",a);
else
    printf("a=0");
```

本语句的语义是，把 b 值赋予 a，如果 b 为非 0 则输出该值，否则输出"a=0" 字符串。这种用法在程序中是经常出现的。

（2）在 if 语句的三种形式中，所有的语句应为单个语句，如果要想在满足条件时执行一组（多个）语句，则必须把这一组语句用{}括起来组成一个复合语句。但要注意的是，在}之后不能再加分号。

例如：

```
if(a>b)
{a++; b++;}
else
{a=0; b=10;}
```

3.3.2 if 语句的嵌套

当 if 语句中的执行语句又是 if 语句时，则构成了 if 语句嵌套的情形。

其一般形式可表示如下：

if(表达式)

　　　　if 语句；

或者

if(表达式)

if 语句;

else

if 语句;

在嵌套内的 if 语句也可以是 if-else 型的，这将会出现多个 if 和多个 else 重叠的情况，这时要特别注意 if 和 else 的配对问题。

例如：

```
if(表达式 1)
if(表达式 2)
     语句 1;
else
     语句 2;
```

其中的 else 究竟是与哪一个 if 配对呢?

应该理解为：

```
if(表达式 1)
     if(表达式 2)
          语句 1;
     else
          语句 2;
```

还是应理解为：

```
if(表达式 1)
    if(表达式 2)
        语句 1;
else
    语句 2;
```

为了避免这种二义性，C 语言规定，else 总是与它前面的离它最近的未配对的 if 配对。因此，对上述例子应按前一种情况理解。

【例 3-5】 输入两个整数，比较大小关系。使用 if 语句的嵌套结构。

参考源代码：

```
#include <stdio.h>
int main()
{
    int a,b;
    printf("请输入 A,B:");
    scanf("%d,%d",&a,&b);
    if(a!=b)
        if(a>b)  printf("A>B\n");
        else     printf("A<B\n");
    else
        printf("A=B\n");
    return 0;
}
```

程序运行结果：

```
请输入 A,B: 10,8
A>B
```

程序说明：

本例中用了 if 语句的嵌套结构。采用嵌套结构实质上是为了进行多分支选择，实际上有三种选择即 A>B、A<B 或 A=B。这种问题用 if-else-if 语句也可以完成。而且程序更加清晰。因此，在一般情况下较少使用 if 语句的嵌套结构。以使程序更便于阅读理解。

【例 3-6】 输入两个整数，比较大小关系。使用 if-else-if 语句。

参考源代码：

```
#include <stdio.h>
int main()
{
    int a,b;
    printf("请输入 A,B:");
    scanf("%d,%d",&a,&b);
    if(a==b) printf("A=B\n");
    else if(a>b)  printf("A>B\n");
    else  printf("A<B\n");
    return 0;
}
```

程序运行结果：

```
请输入 A,B: 6,5
A>B
```

程序说明：

if-else-if 语句，格式上要注意在 else 后面不要写条件，而是在 else if 后面圆括号中写条件。也不要在 if 后面的) 与语句之间加分号。

3.4 条件运算符及条件表达式

如果在条件语句中，只执行单个的赋值语句时，可使用条件表达式来实现。不但使程序简洁，也提高了运行效率。

条件运算符是由?和：组成的一个三目运算符，即有三个参与运算的量。

由条件运算符组成条件表达式的一般形式为：

表达式 1？表达式 2：表达式 3

其求值规则为：首先执行表达式 1，如果表达式 1 的值为真，则执行表达式 2 并以表达式 2 的值作为条件表达式的值，否则执行表达式 3 并以表达式 3 的值作为整个条件表达式的值。

条件表达式通常用于赋值语句之中。

例如条件语句：

```
if(a>b)  max=a;
else max=b;
```

可用条件表达式写为：

```
max=(a>b)?a:b;
```

执行该语句的语义是：如 a>b 为真，则把 a 赋予 max，否则把 b 赋予 max。

注意

（1）条件运算符的运算优先级低于关系运算符和算术运算符，但高于赋值符。因此，max=(a>b)?a:b 可以去掉括号而写为 max=a>b?a:b。

（2）条件运算符是由?和：共同构成的，不能将它们分开单独使用。

（3）条件运算符的结合方向是自右向左。例如：a>b?a:c>d?c:d 应理解为 a>b?a:(c>d?c:d) 这也就是条件表达式嵌套的情形，即其中的表达式 3 又是一个条件表达式。当一个表达式中出现多个条件运算符时，应该将位于最右边的问号与离它最近的冒号配对，并按这一原则正确区分各条件运算符的运算对象。

【例 3-7】 使用条件运算符输出两个整数中的大数。

参考源代码：

```
#include <stdio.h>
int main()
{
    int a,b,max;
    printf("Please input two numbers:");
    scanf("%d%d",&a,&b);
    printf("max=%d",a>b?a:b);
    return 0;
}
```

程序运行结果：

```
Please input two numbers:2  3
max=3
```

程序说明：

使用格式输入函数 scanf 时，由于格式控制符%d 没有分隔符，所以需要用一个以上的空格、或回车、或 Tab 键来进行间隔。

条件表达式是 C 语言中唯一的三目运算符。

3.5 选择结构控制语句：switch 语句

C 语言还提供了另一种用于多分支选择的 switch 语句， 其一般形式为：

switch(表达式)

{

case 常量表达式 1:　语句序列 1;[break;]

case 常量表达式 2:　语句序列 2;[break;]

…

case 常量表达式 n:　语句序列 n;[break;]

[default:　语句序列 n+1;]

}

其中，[]中的内容为可选项，可以省略。

switch 语句的执行过程是：首先计算 switch 后面圆括号中表达式的值。再将该值与其后的常量表达式的值逐个进行比较。当该值与某个常量表达式的值相等时，即执行该常量表达式后面的语句序列，如果遇到 break;语句则跳出 switch 语句，执行 switch 结构之后的语句；如果没有遇到 break 语句则不再进行判断，继续执行此后所有冒号后面的语句序列。如果 switch 后面圆括号中表达式的值与所有 case 后的常量表达式的值均不相同，则从 default 后面的语句序列开始执行，遇到 break 语句则跳出 switch 语句，执行 switch 结构之后的语句；如果没有遇到 break 语句则不再进行判断，继续执行此后所有冒号后面的语句序列。

【例 3-8】 输入一个代表星期几的数字（1～7），输出对应的一个英文单词。

参考源代码：

```
#include <stdio.h>
int main()
{
    int a;
    printf("Please input a integer number:");
    scanf("%d",&a);
    switch (a)
    {
     case 1:printf("Monday\n");
     case 2:printf("Tuesday\n");
     case 3:printf("Wednesday\n");
     case 4:printf("Thursday\n");
     case 5:printf("Friday\n");
     case 6:printf("Saturday\n");
     case 7:printf("Sunday\n");
     default:printf("error\n");
    }
    return 0;
}
```

程序运行结果：

```
Please input a integer number:6
Saturday
Sunday
error
```

程序说明：

当输入 6 之后，却执行了“case 6:”及其以后的所有冒号后面的语句，输出了 Saturday 及以后的所有单词。这当然不是我们所希望的。为什么会出现这种情况呢？这恰恰反映了 switch 语句的一个特点。在 switch 语句中，“case 常量表达式”只相当于一个语句标号，表达式的值和某标号相等则转向该标号执行，但不能在执行完该标号的语句后自动跳出整个 switch 语句，所以出现了继续执行所有后面 case 语句的情况。这是与前面介绍的 if 语句完全不同的，应特别注意。

为了避免上述情况，C 语言提供了 break 语句，可用于跳出 switch 语句结构。break 语句只需书写关键字 break 加分号即可。

可在例 3-8 程序源代码中的每一个 case 语句之后的 printf 函数调用语句后增加 break 语句，使每一次执行之后均可跳出 switch 语句，从而避免输出不应有的结果，实现合理的分支。

注意

（1）使用 switch 语句时在 case 后的各常量表达式的值不能相同，否则会出现错误。

（2）在 case 后，允许有多个语句，可以不用{}括起来。

（3）各 case 和 default 子句的先后顺序可以变动，而不会影响程序执行结果。

（4）default 子句可以省略不用。

（5）可以根据实际需要，使多个 case 标号共用同一组执行语句。

例如：

```
case‘A’:
case‘B’:
case‘C’:printf(“您的成绩等级为合格! \n”);break;
case‘D’:printf(“您的成绩等级为不合格! \n”);break;
```

3.6　选择结构程序举例

【例 3-9】　输入三个整数，输出其中的最大数和最小数。

参考源代码：

```
#include <stdio.h>
int main()
{
    int a,b,c,max,min;              //定义变量
    printf("Please input three numbers:");
    scanf("%d, %d, %d",&a,&b,&c);
    max=a;
    if(b>max)
        max=b;
    if(c>max)
        max=c;
    min=a;
    if(b<min)
        min=b;
    if(c<min)
        min=c;
    printf("max=%d\nmin=%d",max,min);
    return 0;
}
```

程序运行结果：

```
Please input three numbers:1 2 3
max=3
min=1
```

程序说明：

本程序中，首先输入 a,b,c 三个整型变量的值，然后采用打擂台算法：假设 a 是最大的值，如果 b 比 max 还大，最大值是 b；如果 c 比 max 还大，最大值是 c。同理，假设 a 是最小的值，如果 b 比 min 还小，最小值是 b；如果 c 比 min 还小，最小值是 c。

【例 3-10】　计算器程序。根据用户输入的运算数和四则运算符，输出相应的计算结果。

参考源代码：

```
#include <stdio.h>
int main()
{
    float a,b;
    char c;
    printf("Please input expression: a+(-,*,/)b\n");
    scanf("%f%c%f",&a,&c,&b);
    switch(c)
    {
        case '+': printf("%f\n",a+b);break;
        case '-': printf("%f\n",a-b);break;
        case '*': printf("%f\n",a*b);break;
        case '/': printf("%f\n",a/b);break;
        default: printf("input error\n");
    }
    return 0;
}
```

程序运行结果：

```
Please input expression a+(-,*,/)b:
3+2
5.00  0000
```

程序说明：

本例可用于四则运算求值。switch 语句用于判断运算符，然后输出对应的运算值。当输入运算符不是+,-,*,/时给出错误提示。

【例 3-11】 输入年份，判别该年是否为闰年。

【简要分析】 判断年份 year 为闰年的一种方法是，year 满足以下两个条件之一：

① year 是能够被 4 整除，但不能被 100 整除的年份；

② year 是能够被 400 整除的年份。

例如：1996 年、2000 年是闰年；1998 年、1900 年不是闰年。

参考源代码：

```
#include <stdio.h>
int main()
{    int  year, leap ;
     scanf("%d", &year);
     if (year%4==0&&year%100!=0)
          leap=1;
     else  if(year%400==0)
          leap=1;
     else  leap=0;
     if (leap==1)
          printf("%d is a leap year.\n", year);
     else
          printf("%d is not a leap year.\n", year);
     return 0;
 }
```

程序运行结果：

```
2008
2008 is a leap year.
```

程序说明：

以上程序中设定了一个标志变量 leap，如果 year 符合闰年的条件则令 leap =1；否则令 leap=0。之后，根据变量 leap 的值的情况输出相应的判断结果。

【例 3-12】 学生成绩判定。从键盘输入学生某门课程的等级制成绩（分 A,B,C,D,E 等级），给出其是否及格的信息。

说明

等级 A、B、C、D 均判定为“及格”，等级 E 判定为“不及格”，其他符号则出错。

参考源代码：

```
#include <stdio.h>
int main( )
{
     char grade;
     printf("请输入您的成绩等级（A/B/C/D/E）:");
     grade=getchar();
     switch(grade)
     {
```

```
        case 'A':
        case 'a':
        case 'B':
        case 'b':
        case 'C':
        case 'c':
        case 'D':
        case 'd':printf("成绩认定：及格\n");break;
        case 'E':
        case 'e':printf("成绩认定：不及格\n");break;
        default:printf("您的输入有误\n");
    }
    return 0;
}
```

程序运行结果：

```
请输入您的成绩等级（A/B/C/D/E）:a
成绩认定：及格
```

程序说明：

（1）输入成绩判定是否及格，有多种方法：可以使用 switch 结构，也可以使用 if-else if 结构。本例中使用 switch 结构，并采用多个 case 标号共用同一组执行语句的方法，且用户录入成绩时兼容大小写字母。

（2）switch 语句中需要将各种情况值一一列举，如果情况值的个数较多时，需要设法将情况值个数减少，或改用 if 语句实现。例如，上例中对大小写字母的兼容如果使用 if 语句来完成，会更加简洁。可将程序改写如下：

```
#include <stdio.h>
int main( )
{
    char grade;
    printf("请输入您的成绩等级（A/B/C/D/E）:");
    grade=getchar();
    if(grade>='a'&& grade<='e')
        grade=grade-32;    //如果 grade 的值在'a'到'e'之间，则把其转换为对应的大写字母
    switch(grade)
    {
        case 'A':
        case 'B':
        case 'C':
        case 'D': printf("成绩认定：及格\n");break;
        case 'E': printf("成绩认定：不及格\n");break;
        default:printf("您的输入有误\n");
    }
    return 0;
}
```

习　题　3

1. 请写出下面程序的运行结果。

```
#include <stdio.h>
int main( )
{   int a=2,b=-1,c=2;
    if(a<b)
```

```
        if(b<0) c=0;
    else c+=1;
    printf("%d\n",c);
return 0;
}
```

2. 请写出下面程序的运行结果。

```
#include <stdio.h>
int main( )
{    int a, b,s;
     scanf("%d%d",&a,&b);
     s=a;
     if(a<b)s=b;
     s*=s;
     printf("%d\n",s);
     return 0;
}
```

3. 请将以下程序段改写成switch语句实现。

```
if( a<30) m=1;
else  if (a<40) m=2;
else  if (a<50) m=3;
else  if (a<60) m=4;
else  m=5;
```

4. 有一分段函数如下：

$$y=\begin{cases} x & (-5<x<0) \\ x-1 & (x=0) \\ x+1 & (0<x<10) \end{cases}$$

编写程序，要求输入x的值，输出y的值。

试分别采用不嵌套的if语句、嵌套的if语句、if-else语句和switch语句来实现。

第 4 章 循环结构程序设计

在现实生活中，我们经常要碰到许多需要重复做的事情，比如说，每周都是从星期一到星期日，不停地重复；每天的时间则是 24 小时的重复；太阳每天从东边升起西边落下，日复一日；工厂的机器化流水线，机器也是在重复做着某项工作，等等。

在程序设计中，也经常遇到需要对一些操作进行反复处理的情况。比如，分别统计全班 30 个学生的平均成绩或计算 100 个整数之和等问题。此时，如果我们仅使用前面章节所学的顺序结构或选择结构来解决问题，将会得到非常乏味且很长的程序。本章我们将学习 C 语言中提供的循环控制语句，专门用于解决这类重复操作问题。

顺序结构、选择结构和循环结构是结构化程序设计的 3 种基本结构，他们是各种复杂程序的基本构成单元，在编写程序的时候要合理地将三种结构进行结合。

主要内容

- for 循环控制
- while 循环控制
- do…while 循环控制
- 循环的嵌套
- 循环结构中的跳转语句
- 循环结构程序设计举例

学习重点

- 掌握循环结构程序设计
- 掌握循环的嵌套使用
- 掌握循环结构中的跳转语句

4.1 循环结构概述

循环结构，又称为重复结构，是指使某些操作被重复执行的一种控制结构。

通过前面章节的学习，当我们要处理诸如分别统计全班 30 个学生的平均成绩，可以先编写求一个学生平均成绩的 C 语言程序段。假设每个学生有 3 门课程，可写出如下程序段：

```
scanf("%f,%f,%f",&score1,&score2,&score3);/*输入其中 1 个学生 3 门课程的成绩*/
aver=(score1+score2+score3)/3;             /*求该学生的平均成绩*/
printf("aver=%6.1f",aver);                 /*输出该学生的平均成绩*/
```

然后再重复编写 29 个同样的程序段。

但是，假如是要分别统计全校 8000 个学生的平均成绩呢？难道要重复编写 8000 个同样的程序段？显然这样的做法是不可取的，这样做工作量大、程序冗长、重复、难以阅读和维护。因此需要计算机语言提供循环控制语句，用来处理需要进行的重复操作。C 语言就提供了这样的循环控制结构语句，上面的问题，如果用循环结构语句来处理的话就比较简单，程序段如下：

```
for(i=1;i<=30;i++)     /*设整数变量 i 初始值为 1，当 i 的值小于或等于 30 时执行花括号内的语句*,
                        *即 30 个学生执行 30 次。*/
{   scanf("%f,%f,%f",&score1,&score2,&score3);/*输入 1 个学生 3 门课程的成绩*/
    aver=(score1+score2+score3)/3;                /*求该学生的平均成绩*/
    printf("aver=%6.1f",aver);                   /*输出该学生的平均成绩*/
}
```

通过注释可以看出，这里用一个循环结构语句——for 语句，把求一个学生平均成绩的 C 语言程序段重复执行了 30 次，用户可以输入 30 个学生的 3 门课成绩，并求得对应的平均成绩，程序非常简洁。

C 语言提供了几种实现循环结构的控制语句，主要有 for 语句、while 语句和 do…while 语句 3 种。for 语句的使用较为灵活，读者需要多花时间学习；while 语句和 do…while 语句语法相对较为固定，比较好掌握。

4.2　循环结构控制语句：for 语句

for 语句使用较为灵活，可以替代后面将要学习的 while 语句。

4.2.1　for 语句的一般格式

for 语句的一般格式如下：

for(表达式 1；表达式 2；表达式 3)

循环体语句

for 语句执行过程流程图如图 4-1 所示，分为以下 5 个步骤：

（1）求解表达式 1。

（2）求解表达式 2，若其值为真（即值为非 0），则执行循环体语句，然后执行第（3）步；若为假（即值为 0），则结束循环，转到第（5）步。

（3）求解表达式 3。

（4）转回步骤（2）继续执行。

（5）循环结束，执行 for 语句下面的一个语句。

【例 4-1】　求 1+2+3+…+100 的值，要求用 for 语句实现。

【简要分析】　求 1+2+3+…+100 的值，这是一个累加的问题，需要将 100 个数相加，即要重复进行 100 次加法运算，显然适合使用循环结构来实现。我们可以通过循环结构 for 语句来解决这一问题，算法思路：将每次加法的第二个加数设为 i，令 i 的初值为 1，每完成一次加法后，使 i 的值自增 1（即 i++）；将每次加法的第 1 个加数设为 sum，令 sum 的初值为 0，每完成一次加法就将和值保存到 sum（即 sum=sum+i）；当 i<=100 的时候反复进行上述加法。算法流程图如图 4-2 所示。

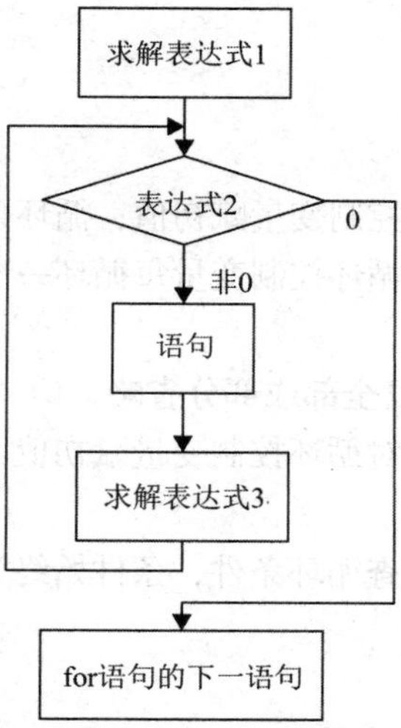

图 4-1　for 语句执行过程流程图

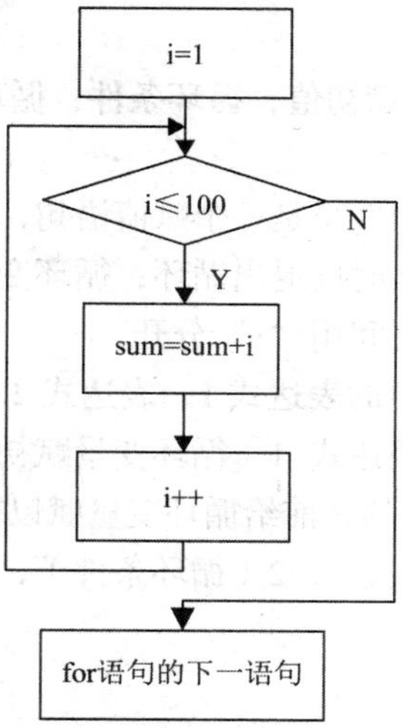

图 4-2　例 4-1 的算法流程图

程序源代码：

```
#include <stdio.h>
int main()
{
    int i,sum=0;                          /*sum 为存放累加值的变量*/
    for(i=1;i<=100;i++)                   /*i 为增量*/
        sum=sum+i;                        /*循环体*/
    printf("1+2+3+…+100=%d\n",sum);       /*输出所求的累加值 sum*/
    return 0;
}
```

程序运行结果：

```
1+2+3+…+100=5050
```

程序说明：

本例中的 for 语句：

```
for(i=1;i<=100;i++)
    sum=sum+i;
```

对应 for 语句的执行过程：

（1）先求解表达式 1 的值，i=1。

（2）求解表达式 2，也即循环条件判断，结果为真（即 i<=100 为真），则执行循环体 sum=sum+i，这时候 sum=1。

（3）然后求解表达式 3，执行 i++,使 i 的值加 1 变为 2。

（4）转回步骤（2）继续执行。此时 i 的值为 2，即 2<=100 为真，则执行循环体 sum=sum+i，这时候 sum=3;然后求解表达式 3。重复类似操作，直到 i=101 时，即表达式 2（i<=100）为假，则不再执行循环体，而转到步骤（5）。

（5）循环结束，执行 for 语句下面的一个语句，也即输出所求的和值 sum。

4.2.2　for 语句的使用

1. for(表达式 1；表达式 2；表达式 3)

语句

可以理解为

for(循环变量赋初值；循环条件；循环变量增值)

语句

循环变量赋初值总是一个赋值语句，它用来给循环控制变量赋初值；循环条件是一个关系表达式，它决定什么时候退出循环；循环变量增值，定义循环控制变量每循环一次后按什么方式变化。这三个部分之间用“;”分开。

2. for语句中的表达式1、表达式2、表达式3可以全部或部分省略，但“;”不能省略。

（1）省略“表达式 1（循环变量赋初值）”，表示不对循环控制变量赋初值，为了能正常执行循环，应在for语句之前给循环变量赋以初值。即

（2）省略“表达式 2（循环条件）”，即不设置和检查循环条件，条件始终为真，循环无终止地进行。

例如：

```
for(i=1;;i++)sum=sum+i;       /*没有表达式2*/
```

相当于：

```
i=1;
    while(1)
    {sum=sum+i;
     i++;}
```

循环无终止地进行。

（3）省略“表达式 3（循环变量增值）”，则不对循环控制变量进行操作，这时可在循环体中加入修改循环控制变量的语句。

例如：

```
for(i=1;i<=100;)                         /*没有表达式3*/
{sum=sum+i;
    i++;}                                /*在循环体中使循环变量i增值*/
```

（4）省略“表达式1（循环变量赋初值）”和“表达式3（循环变量增值）”。

例如：

```
i=1;                                     /*此时给循环变量i赋初值要在for语句前进行。*/
for(;i<=100;)                            /*没有表达式1和表达式3*/
{sum=sum+i;
   i++;}                                 /*在循环体中使循环变量i增值*/
```

相当于：

```
while(i<=100)
  {sum=sum+i;
    i++;}
```

（5）3个表达式都可以省略。

例如：

```
for(;; )语句
```

相当于：

```
while(1)语句
```

即不设初值，不判断条件（认为循环条件永远为真），循环变量不增值，无终止地执行循环体语句。

3. 表达式 1 可以是设置循环变量的初值的赋值表达式，也可以是其他表达式。

例如：

```
for(sum=0;i<=100;i++)sum=sum+i;
```

4. 表达式 1 和表达式 3 可以是一个简单表达式也可以是逗号表达式。

例如：

```
for(sum=0,i=1;i<=100;i++)sum=sum+i;
```

或

```
for(i=0,j=100;i<=100;i++,j--)k=i+j;
```

5. 表达式 2 一般是关系表达式或逻辑表达式，但也可以是数值表达式或字符表达式，只要其值非零，就执行循环体。

例如：

```
for(i=0;(c=getchar())!='\n';i+=c);
```

又如

```
for(;(c=getchar())!='\n';)
    printf("%c",c);
```

从以上可以看出，for 语句较为灵活，不仅可以用于循环次数已经确定的情况，还可以用于循环次数不确定而只给出循环结束条件的情况。另外表达式 1 和表达式 2 虽然可以放一些与循环控制无关的操作，但是这样程序会显得杂乱，尽量不要这样做。以上这些内容不用死记，只需领会。

4.3　循环结构控制语句：while 语句与 do...while 语句

4.3.1　while 语句

1. while 语句的一般格式

while(表达式) 语句

其中表达式是循环条件，语句为循环体。当表达式为真（非 0）时，执行 while 语句中的循环体语句，其执行过程流程图见图 4-3。

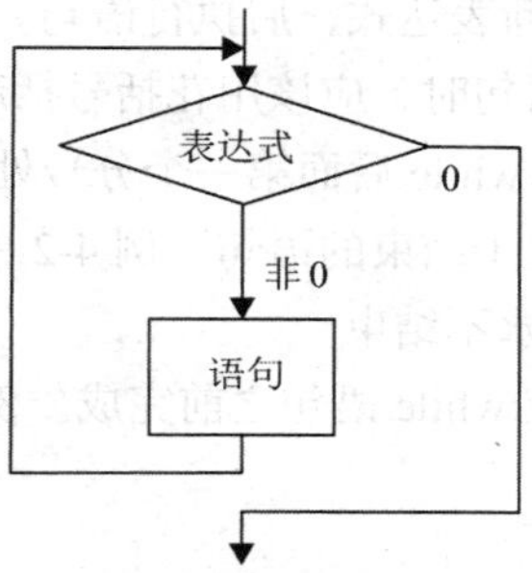

图 4-3　while 语句执行过程流程图

【例 4-2】 求 1+2+3+…+100 的值，要求用 while 语句实现。

【简要分析】 这是一个累加的问题，分别用传统流程图和 N-S 流程图表示其算法，如图 4-4 所示。

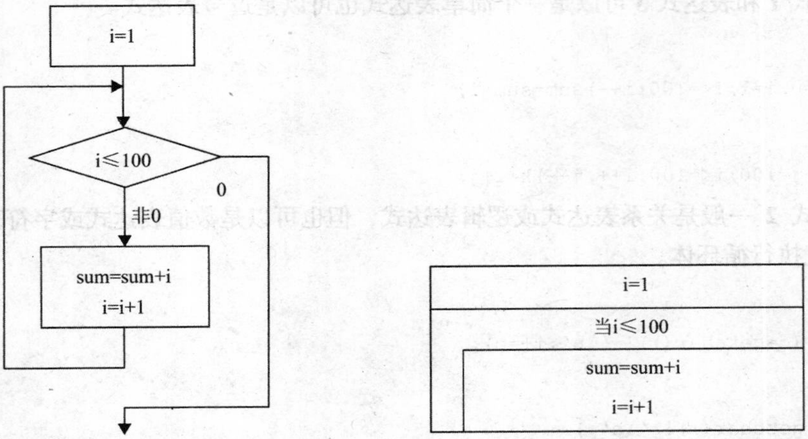

（a）例 4-2 的算法流程图　　（b）例 4-2 的算法 N-S 图

图 4-4

程序源代码：

```
#include <stdio.h>
int main()
{
    int i,sum=0;                        /*sum 为存放累加值的变量*/
    i=1;                                /*循环变量赋初值。*/
    while(i<=100)                       /*循环开始*/
    {
        sum=sum+i;
        i++;
    }                                   /*循环结束*/
    printf("1+2+3+…+100=%d\n",sum);     /*输出所求的累加值 sum */
    return 0;
}
```

程序运行结果：

```
1+2+3+…+100=5050
```

2. while 语句的使用

（1）while 语句的特点是：先判断表达式，后执行语句。

（2）循环体如果包含多于一个语句时，应该用花括号括起来，以复合语句形式出现。如果不加花括号，则 while 语句的范围只到 while 后面第一个分号处。

（3）在循环体中应有使循环趋向于结束的语句。例 4-2 中就有使循环趋向于结束的语句 i++，如无此句，则 i 的值永远为 1，循环永不结束。

（4）循环变量初始化的操作应在 while 语句之前完成。例 4-2 中 sum=0;i=1;就是这种情况。

4.3.2　do…while 语句

1. do…while 语句的一般格式

do

　循环体语句

while(表达式);

在 do…while 中，先执行一次循环体语句，然后判别“表达式”，当表达式的值为真（非 0）时，返回重新执行循环体语句，如此反复，直到表达式的值为假（0 值）为止，循环结束。其执行过程流程图如图 4-5 所示。

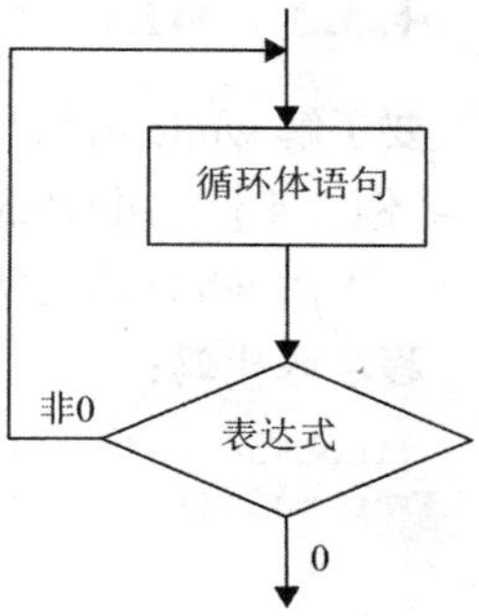

图 4-5　do…while 语句执行过程流程图

【例 4-3】　求 1+2+3+…+100 的值，要求用 do…while 语句实现。

【简要分析】　分别用传统流程图和 N-S 流程图表示算法，如图 4-6 所示。

可写出如下源代码：

程序源代码：

```
#include <stdio.h>
int main()
{
    int i,sum=0;
    i=1;
    do
    {
        sum=sum+i;
        i++;
    }
    while(i<=100);
    printf("1+2+3+…+100=%d\n",sum);
    return 0;
}
```

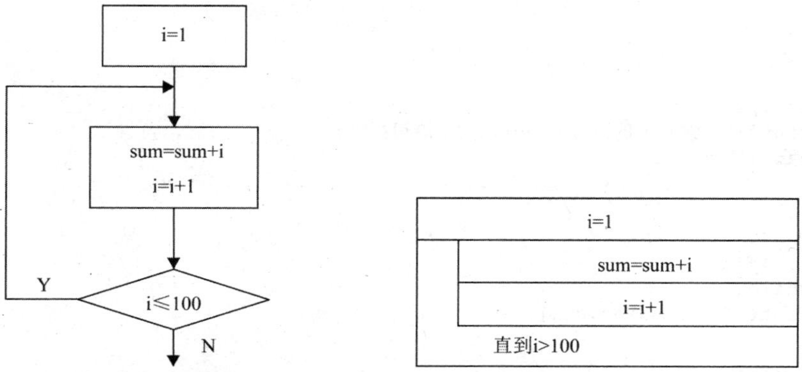

（a）例 4-3 的算法流程图　　（b）例 4-3 的算法 N-S 图

图 4-6

程序运行结果：

```
1+2+3+…+100=5050
```

2. Do…while 语句的使用

（1）do…while 语句的特点是：先执行循环体，然后判断表达式是否为真。

（2）表达式后面的“;”不能省略。

（3）凡是能用 while 语句处理的程序，一般都可以用 do…while 语句处理，反之亦可。

4.3.3　while 语句与 do…while 语句的比较

要了解 while 语句与 do…while 语句的区别，我们先来看 1 个例子。

【例 4-4】　用 while 和 do…while 语句处理同一问题举例。

（1）用 while 语句实现。

程序源代码：

```
#include <stdio.h>
int main()
{
    int i,sum=0;
    printf("请输入 i 的值-用 while 语句：");
    scanf("%d",&i);
    while(i<=10)
    {
        sum=sum+i;
        i++;
    }
    printf("sum=%d\n",sum);
}
```

程序运行结果：

```
请输入 i 的值-用 while 语句：1
sum=55
```

再运行一次：

```
请输入 i 的值-用 while 语句：11
sum=0
```

（2）用 do···while 语句实现。

程序源代码：

```
#include <stdio.h>
int main()
{
    int i,sum=0;
    printf("请输入 i 的值-用 do···while 语句：");
    scanf("%d",&i);
    do
    {
        sum=sum+i;
        i++;
    }while(i<=10);
    printf("sum=%d\n",sum);
}
```

程序运行结果：

```
请输入 i 的值-用 do…while 语句：1
sum=55
```

再运行一次：

```
请输入 i 的值-用 do…while 语句：11
sum=11
```

从例 4-4 可以看出，如果用 while 和 do...while 语句处理同一问题时，若二者的循环体部分一样，一般情况下结果也一样。但是如果 **while** 后面的表达式一开始就为假（**0** 值）时，两种循环的结果是不同的。

4.4 循环的嵌套

4.4.1 循环的嵌套

一个循环体内又包含另一个完整的循环结构，称为循环的嵌套。内嵌的循环中还可以嵌套循环，这就是多层循环。while 循环、do...while 循环和 for 循环，可以互相嵌套。下面几种形式都是合法的形式；

```
(1) while(…)                          (2)do
      {⋮                                   {⋮
          While(…)                              do
             {…}                                {…}while(…);
      ⋮                                    ⋮
      }                                    } while(…);
(3)for(;;)                            (4) while(…)
      {                                     {⋮
          for(;;)                                  do
             {…}                                   {…}while(…);
      }                                            ⋮
                                            }
 (5)for(;;)                            (6)do
      {⋮                                   {⋮
          While(…)                              for(;;)
      {…}                                     {…}
      ⋮                                    } while(…);
      }
```

下面我们来看两个循环嵌套的例子。

【例 4-5】　输出以下 3*4 的矩阵。

```
1      2      3      4
2      4      6      8
3      6      9      12
```

【简要分析】　可以用循环的嵌套来处理此问题，用外循环来输出一行数据，用内循环来输出一列数据。要注意设法输出以上矩阵的格式，即每行 4 个数据，每输出完 4 个数据后换行。

程序源代码：

```
#include<stdio.h>
int main()
{
    int i,j,n=0;
    for(i=1;i<=3;i++)
        for(j=1;j<=4;j++,n++)              /*n 用来累计输出数据的个数*/
        {
            if(n%4==0)printf("\n");         /*控制在输出 5 个数据后*/
                printf("%d\t",i*j);
        }
    printf("\n");
    return 0;
}
```

程序运行结果：

```
1       2       3       4
2       4       6       8
3       6       9       12
```

程序说明：

本程序包括一个双重循环，是 for 循环的嵌套。外循环变量 i 由 1 变到 3，用来控制输出 3 行数据，内循环变量 j 由 1 变到 4，用来控制输出每行中的 4 个数据。输出的值是 i*j。在执行第 1 次外循环体时，i=1,j 由 1 变到 4，因此，i*j 的值就是 1,2,3,4。在执行第 2 次外循环体时，i=2，j 由 1 变到 4，因此，i*j 的值就是 2,4,6,8。以此类推。n 的初值为 0，每执行一次内循环，n 的值加 1，在输出完 4 个数据后，n 等于 4，用 n%4 是否等于 0 来判定 n 是否是 4 的倍数。如果是，就进行换行，然后再输出后面的数据，用这样的方法使每行输出 4 个数。

【例 4-6】 按下述形式输出九九乘法表。

```
1*1=1
1*2=2  2*2=4
1*3=3  2*3=6   3*3=9
1*4=4  2*4=8   3*4=12  4*4=16
1*5=5  2*5=10  3*5=15  4*5=20  5*5=25
1*6=6  2*6=12  3*6=18  4*6=24  5*6=30  6*6=36
1*7=7  2*7=14  3*7=21  4*7=28  5*7=35  6*7=42  7*7=49
1*8=8  2*8=16  3*8=24  4*8=32  5*8=40  6*8=48  7*8=56  8*8=64
1*9=9  2*9=18  3*9=27  4*9=36  5*9=45  6*9=54  7*9=63  8*9=72  9*9=81
```

【简要分析】 本题为输出九行九列的九九乘法表，如果设相乘的两个数为 i,j,两数相乘的乘积为 k,j*i=k 表示为一列。按行观察：第 1 行，只有一列，1*1=1；第 2 行，有 2 列，1*2=2　2*2=4，其中，第 1 列 1*2 中第 2 个数字为 2 与行号相同，第 2 列 2*2 中第 2 个数字也与行号相同，而第 1 个数字与列号相同，从 1 到 2 每列增 1；第 3 行，有 3 列，1*3=3　2*3=6　3*3=9,其中，每一列的第 2 个数字为 3 均与行号相同，而第 1 个数字从 1 到 3 每列增 1。以此类推，每行每一列的第 2 个数字均相同且为行号，每行每一列的第 1 个数字从 1 开始每列增 1，直到等于行号。定义 i 为行数的循环控制变量，j 为列数的循环控制变量，因此，利用双重循环设计该程序。其中，外循环控制行数有 for(i=1;i<=9;i++)，内循环控制列数，对每一行，内循环有 for(j=1;j<=i;j++)。

程序源代码：

```
#include<stdio.h>
int main()
{
    int i,j;
    for(i=1;i<=9;i++)
    {
        for(j=1;j<=i;j++)
        {
            printf("%d*%d=%-4d",j,i,i*j);
        }
        printf("\n");
    }
    return 0;
}
```

程序说明：

循环结构常常用于输出二维图形，对于这样的问题，关键是找出图形生成的规律，然后将这些规律用循环语句实现。

程序运行结果：

```
1*1=1
```

```
1*2=2  2*2=4
1*3=3  2*3=6  3*3=9
1*4=4  2*4=8  3*4=12  4*4=16
1*5=5  2*5=10  3*5=15  4*5=20  5*5=25
1*6=6  2*6=12  3*6=18  4*6=24  5*6=30  6*6=36
1*7=7  2*7=14  3*7=21  4*7=28  5*7=35  6*7=42  7*7=49
1*8=8  2*8=16  3*8=24  4*8=32  5*8=40  6*8=48  7*8=56  8*8=64
1*9=9  2*9=18  3*9=27  4*9=36  5*9=45  6*9=54  7*9=63  8*9=72  9*9=81
```

4.4.2 break 语句和 continue 语句

1. 用 break 语句提前终止循环

前面学习了用 break 语句可以使流程跳出 switch 结构，继续执行 switch 语句下面的一个语句。其实，break 语句还可以用来从循环体内跳出循环体，即提前终止循环，接着执行循环下面的语句。

break 语句一般格式为：

```
break;
```

其作用是使流程跳到循环体之外，接着执行循环体下面的语句。break 语句不能用于循环语句和 switch 语句之外的任何其他语句中。

下面我们来看一段程序：

```
double pi=3.1415926;
for(r=1;r<=10;r++)
  {
    area=pi*r*r;
    if(area>100)break;
    printf("r=%f,area=%f\n",r,area);
}
```

程序说明：

此程序的作用是计算圆的面积，半径 r 从 1 米开始，每次递增 1 米，直到计算得到的面积 area 大于 100 平方米为止。当 area > 100 时，执行 break 语句，提前终止循环，即不再继续执行其余的几次循环。

2. 用 continue 语句提前结束本次循环

continue 语句只结束本次循环，而不是终止整个循环的执行。而 break 语句则是结束整个循环，不再判断执行循环的条件是否成立。

continue 语句一般格式为：

```
continue;
```

其作用为结束本次循环，即跳过循环体中下面尚未执行的语句，接着进行下一次是否执行循环的判定。

【例 4-7】 要求输出 1～100 之间的不能被 3 整除的整数。

【简要分析】 显然要对 1～100 之间的每一个整数进行检查，如果不能被 3 整除，就将此数输出，若能被 3 整除，就不输出此数。无论是否输出此数，都要接着检查下一个数，直到 100 为止。用传统流程图表示算法如图 4-7 所示。

程序源代码：

```
#include<stdio.h>
int main()
{
    int n;
```

```
    for(n=1;n<=100;n++)
    {
        if(n%3==0)
            continue;
        printf("%4d",n);
    }
    printf("\n");
    return 0;
}
```

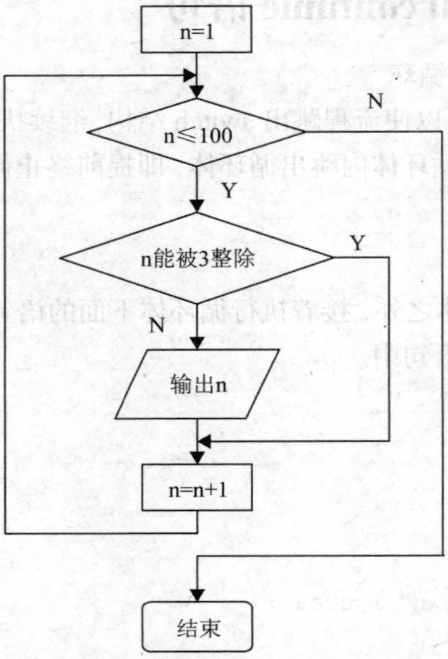

图 4-7 例 4-7 的算法流程图

程序运行结果：

```
 1   2   4   5   7   8  10  11  13  14  16  17  19  20  22  23  25  26  28  29
31  32  34  35  37  38  40  41  43  44  46  47  49  50  52  53  55  56  58  59
61  62  64  65  67  68  70  71  73  74  76  77  79  80  82  83  85  86  88  89
91  92  94  95  97  98  100
```

程序说明：

当 n 能被 3 整除时，执行 continue 语句，结束本次循环，跳过第一个 printf 语句，只有 n 不能被 3 整除时才执行该 printf 语句。

当然，本例中的循环体也可以改用一个 if 语句处理：

```
if(n%3!=0)printf("%4d",n);
```

4.5 循环结构程序举例

学习了循环结构的基础知识后，通过以下几个例子，希望读者能进一步掌握循环结构程序的编写和应用，以及学习与循环有关的算法。

【例 4-8】 输入一个大于 3 的整数 n，判定它是否为素数（又称质数，英文译为 prime）。

（1）直接相除至 n-1

【算法介绍】 可以让 n 被 i 除（i 的值从 2 变到 n-1），如果 n 能被 2～（n-1）之间的任何一个整数整除，则表示 n 肯定不是素数，不必再继续被后面的整数除，因此，可以提前结束循环。如图 4-8 所示，用传统流程图和 N-S 流程图分别表示算法。

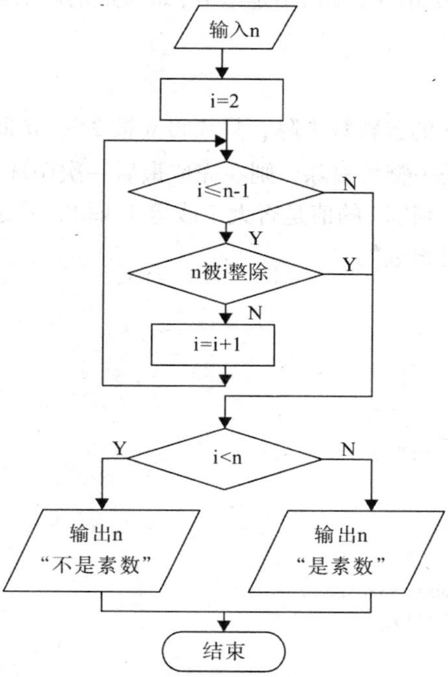

（a）例 4-8 的算法流程图

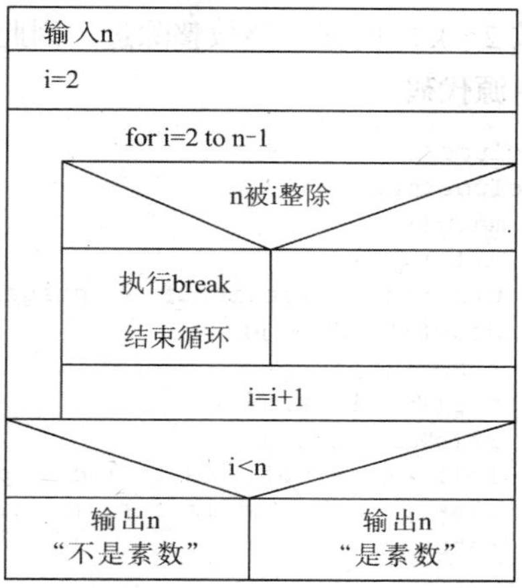

（b）例 4-8 的算法 N-S 图

图 4-8

程序源代码：

```
#include<stdio.h>
int main()
{
    int n,i;
    printf("please input a integer number n:");
    scanf("%d",&n);
    for(i=2;i<=n-1;i++)
    if(n%i==0)break;
    if(i<n)printf("%d is not a prime number!\n",n);
    else printf("%d is a prime number!\n",n);
    return 0;
}
```

程序运行结果：

```
please input a integer number n:7
7 is a prime number!
```

程序说明：

如果 n 能被 2～（n-1）之间的任何一个整数整除，此时执行 break 语句，提前结束循环，流程跳转到循环体之外。要判定 n 是素数从而输出相应的信息，关键在于结束时 i 的值是否小于 n，如果 n 能被 2～（n-1）之间的一个整数整除，则必然是由 break 语句导致循环提前结束，即 i 并未达到 n 的值时，循环就终止了。显然此时 i<n。如果 n 不能被 2～（n-1）之间任何的一个整数整除，则不会执行 break 语句，循环变量 i 一直变化到等于 n，然后由第一个判断框判定"i<=n-1"条件不成立，从而结束循环。这种正常结束的循环，循环变量的值必然大于事先指定的循环变量

终值 n-1。

因此，只要在循环结束后检查循环变量 i 的值，就能判定循环是提前结束还是正常结束的。如果提前结束，则表明是由于 n 被 i 整除而执行 break 语句，显然不是素数，如果是正常结束（i=n），则 n 是素数。

（2）直接相除至 $\sqrt{n}$

【算法介绍】 其实 n 不必被 2～（n-1）范围内的各整数去除，只须将 n 被 2～ $\sqrt{n}$ 间的整数除即可。如果 n 不能被 2～ $\sqrt{n}$ （设为 k）之间的任一整数整除，则在完成最后一次循环后，i 还要加 1，因此 i=k+1，然后才终止循环。在循环之后判别 i 的值是否大于或等于 k+1，若是，则表明未曾被 2～k 之间任一整数整除过，因此输出“是素数”。

程序源代码：

```
#include<stdio.h>
#include<math.h>
int main()
{    int n,i,k;
     printf("please input a integer number n:");
     scanf("%d",&n);
     k=sqrt(n);
     for(i=2;i<=k;i++)
     if(n%i==0)break;
     if(i<=k)printf("%d is not a prime number!\n",n);
     else printf("%d is a prime number!\n",n);
     return 0;
}
```

程序运行结果：

```
please input a integer number n:7
7 is a prime number!
```

【例 4-9】 用 $\frac{\pi}{4} \approx 1-\frac{1}{3}+\frac{1}{5}-\frac{1}{7}+\ldots$ 公式求 π 的近似值，直到发现某一项的绝对值小于 10^{-6} 为止（该项不累加）。

【简要分析】 本题应该设法利用计算机的特点，用一个循环来处理。经过分析，发现多项式的各项是有规律的：

① 每项的分子都是 1；

② 后一项的分母是前一项的分母加 2；

③ 第 1 项的符号为正，从第 2 项起，每一项的符号与前面的符号相反。

找到这个规律后，就可以用循环来处理了，例如前一项的值是 $\frac{1}{n}$，则可以推出下一项是 $-\frac{1}{n+2}$，其中分母中 n+2 的值是上一项分母 n 再加上 2。后一项的符号则与上一项符号相反。在每求出一项后，检查它的绝对值是否大于或等于 10^{-6}，如果是，则还需要继续求下一项，直到某一项的值小于 10^{-6}，则不必再求下一项了，认为足够近似。算法 N-S 流程图如图 4-9 所示。

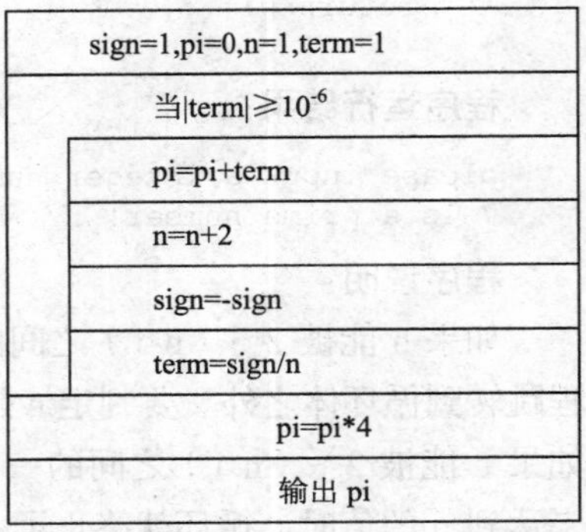

图 4-9 例 4-9 的 N-S 流程图

程序源代码：

```
#include<stdio.h>
#include<math.h>                   /*程序中用到数学函数 fabs,应包含头文件 math.h */
int main()
{   int sign=1;                    /*sign 用来表示数值的符号*/
    double pi=0.0,n=1.0,term=1.0;
        /*pi 开始代表多项式的值，最后代表π的值，n 代表分母，term 代表当前项的值*/
    while(fabs(term)>=1e-6)
                                   /*检查当前项 term 的绝对值是否大于或等于 10 的-6 次方*/
      {   pi=pi+term;              /*把当前项 term 累加到 pi 中*/
          n=n+2;                   /*n+2 是下一项的分母*/
          sign=-sign;              /*sign 代表符号，下一项的符号与上一项符号相反*/
          term=sign/n;             /*求出下一项的值 term*/
      }
     pi=pi*4;                      /*多项式的和 pi 乘以 4，才是π的近似值*/
     printf("pi=%10.8f\n",pi);          /*输出π的近似值*/
     return 0;
}
```

程序运行结果：

```
pi=3.14159065
```

程序说明：

本题的关键是找出多项式的规律，用同一个循环体处理所有项的求值和累加工作。计算机处理循环式很得心应手的，不论循环多少次，循环体不需改动，只须修改循环条件即可。

本题用到了求绝对值的函数。从附录 5 中可以看到，在 C 库函数中，有两个求绝对值的函数，一个是 abs(x)，一个是 fabs(x)，前者是求整数 x 的绝对值，结果是整型；后者是求双精度 x 的绝对值，结果是双精度型。程序中 term 的绝对值是双精度型数，因此要用 fabs(x)。另外在用数学函数时，要在本文件模块的开头加预处理指令：#include<math.h>。

【例 4-10】 输入两个正整数，求它们的最大公约数和最小公倍数。

【简要分析】 求两个数 m 和 n 的最大公约数 gys 最常用的方法是辗转相除法，通过反复求余运算直至余数为 0，来求得最大公约数。一般要求第 1 个数大于第 2 个数。而最小公倍数 gbs 可以由 m、n 和 gys 得到。两个整数 m、n 的最小公倍数 gbs 和最大公约数 gys 之间的关系为：gbs=m*n/gys。

程序源代码：

```
#include<stdio.h>
int main()
{   int m,n,r,t,temp;
    printf("请输入 2 个正整数：");
    scanf("%d%d",&m,&n);
    t=m*n;
    if(m<n)                        /*如果 m 小于 n，将它们的值交换，交换后 m>n*/
    {
        temp=m;
        m=n;
        n=temp;
    }
    while((r=m%n)!=0)      /*r 为 m 除以 n 的余数，当余数不为 0 时，将 n 赋给 m,r 赋给 n,
                             然后再相除，直到 r 为 0 时为止。*/
    {
        m=n;
        n=r;
    }
    printf("最大公约数是：%d\n",n);
    printf("最小公倍数是：%d\n",t/n);    /*最小公倍数等于 m*n 除以最大公约数*/
    return 0;
}
```

程序运行结果：

```
4 6
最大公约数是：2
最小公倍数是：12
```

【例 4-11】 译密码。为使电文保密，往往按一定规律将其转换成密码，收报人再按约定的规律将其译回原文。例如，可以按以下规律将电文变成密码：

将字母 A 变成字母 E，a 变成 e，即变成其后的第 4 个字母，W 变成 A，X 变成 B，Y 变成 C，Z 变成 D，如图 4-10 所示。字母按上述规律转换，非字母字符不变。如“iphone!”转换为“mtlsri!”。

输入一行字符，要求输出其相应的密码。

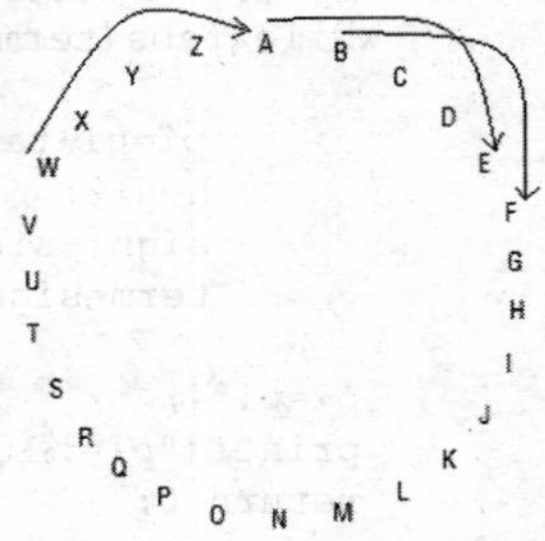

图 4-10 例 4-11 的 N-S 流程图

【简要分析】 用一个循环逐个输入字符，然后判定它是否是字母，若是，则将其值加 4。如果加 4 以后字符值大于'Z'或'z'，则表示原来的字母在 V 或 v 之后，应按如图所示的规律将它转换为 A～D 或 a～d 之一。办法是使字符变量 c 的值减 26（原因请大家查看 ASCII 码表）。由于电文的长度未知，无法事先确定循环次数，在 while 语句中，指定的循环条件是：“输入的字符不是换行符”，如果按回车键，表示电文结束了。

程序源代码：

```
#include<stdio.h>
int main()
{     char c;
      while((c=getchar())!='\n')
                              /*输入一个字符给字符变量 c，直到它是换行符'\n'为止*/
      {    if((c>='a'&&c<='z')||(c>='A'&&c<='Z'))    /*c 如果是字母，使原文字母
                                                       变成其后第 4 个字母*/
           {   c=c+4;
               if(c>'Z'&&c<='Z'+4||c>'z')   /*如果改变后值大于'Z'或小于'Z'+4,
                        说明原文字母在 W～Z 之间；如果值大于'z'，说明原文字母在 w～z 之间*/
               c=c-26;                               /*这时将变成后的字母减 26*/
           }
         printf("%c",c);                    /*输出已改变的字符*/
      }
      printf("\n");
      return 0;
}
```

程序运行结果：

```
iphone!
mtlsri!
```

习 题 4

1. 输入一行字符，分别统计出其中英文字母、空格、数字和其他字符的个数。

2. 求 $\sum_{n=1}^{20} n!$ 的值（即求 1! +2! +3! +4! +…+20!）。

3. 有一个分数系列

$\frac{2}{1}$，$\frac{3}{2}$，$\frac{5}{3}$，$\frac{8}{5}$，$\frac{13}{8}$，$\frac{21}{13}$…

求出这个数列的前 20 项之和。

4. 求 100～200 间的全部素数。

5. 一个数如果恰好等于它的因子之和，这个数就称为“完数”。例如，6 的因子为 1,2,3，而 6=1+2+3，因此 6 是“完数”。编程找出 1000 之内的所有完数，并按下面格式输出其因子：6 its factors are 1,2,3。

6. 输出所有的“水仙花数”，所谓“水仙花数”是指一个 3 位数，其各位数字立方和等于该数本身。例如，153 是一水仙花数，因为 $153=1^3+5^3+3^3$。

7. 输出以下图形：

```
   *
  ***
 *****
*******
 *****
  ***
   *
```

8. 用迭代法求 $x=\sqrt{a}$。求平方根的迭代公式为

$$x_{n+1}=\frac{1}{2}(x_n+\frac{a}{x_n})$$

要求前后两次求出的 x 的差的绝对值小于 10^{-5}。

9. 猴子吃桃问题。猴子第 1 天摘下若干个桃子，当即吃了一半，还不过瘾，又多吃了一个。第 2 天早上又将剩下的桃子吃掉一半，又多吃了一个。以后每天早上都吃了前一天剩下的一半零一个。到第 10 天早上想再吃时，就只剩一个桃子了。求第 1 天共摘了多少个桃子。

10. 一个球从 100m 高度自由落下，每次落地后反弹回原高度的一半，再落下，再反弹。求它在第 10 次落地时，共经过多少米，第 10 次反弹多高。

第 5 章 用数组实现批量数据处理

在前面的章节中，我们学习了结构化程序设计的三种基本结构（顺序结构、选择结构和循环结构），读者应该会处理常见的程序设计问题了。有时，我们会遇到这种情况：处理批量的同种类型的数据，比如一个班级所有学生的成绩、一个商场所有商品的价格等。这些数据的主要特点是数据量大，并且所有值都具有相同的属性和数据类型。为了准确地访问和管理批量数据、提高工作效率，C 语言提供了数组这种构造数据类型。

本章主要介绍在 C 语言中如何定义和使用数组，实现批量数据处理。

主要内容

- 数组的概念
- 一维数组的定义和使用
- 二维数组的定义和使用
- 字符数组及其应用

学习重点

- 掌握数组的定义和数组元素的引用方法
- 能正确地使用数组来实现批量数据中的查找、插入、删除、排序及统计等操作

5.1 数组的概念

在学习数组之前，我们先来看一个例子。

【例 5-1】 要求从键盘输入一个班 50 名学生的 C 语言成绩，并按输入顺序逆序输出。

【简要分析】 不难发现，此题的主要任务就是进行 50 次的输入和输出工作。我们可以通过已经掌握的循环结构来解决这一问题，思路如下：

① 定义变量；

② 输入 50 个学生的成绩；

③ 将输入的数据逆序输出，程序结束。

按照该思路，可写出如下源代码：

```
#include <stdio.h>
#define N 50
int main()
{
    int i,score0,score1,score2, …, score49;
    /*为节约篇幅，上一行用省略号代替了其他 46 个变量（score3 到 score48）的名称*/
   for(i=0;i<N;i++)
```

```
    {
        printf("\n 请输入第%d 个学生的成绩：",i+1);
        scanf("%d",&scorei);
    }
    for(i=N-1;i>=0;i--)
        printf("%d\n",scorei);
    return 0;
}
```

但这样是达不到目的！系统会提示编译出错信息：

Undefined symbol 'scorei' in function main。

即系统提示，在程序中并没有定义变量"scorei"。

我们考虑在程序中加入对"scorei"的定义：int scorei;

显然，这样做同样存在问题：无论循环多少次，由于"scorei"是一个普通的变量名称，它最后的字符"i"并不会随着变量 i 值的变化而组合出一个个孤立的变量名"score0""score1"……所以，它只能保存最后一次赋予它的值。

生活中，我们常常需要保存批量的原始数据，以便随时对其进行各种操作。为此 C 语言提供了一种构造数据类型——数组，并且一个数组可以分解为多个数组元素，这样就解决了对批量数据的存储问题。

如果使用数组，程序改写如下：

程序源代码：

```
#include <stdio.h>
#define N 50
int main()
{
    int i, score[N];
    for(i=0;i<N;i++)
    {
        printf( "\n 请输入第%d 个学生的成绩：", i+1 );
        scanf("%d", &score[i]);
    }
    for (i=N-1;i>=0;i--)
        printf("%d\n",score[i]);
    return 0;
}
```

程序说明：

语句"int score[N];"表示声明一个包含 N 个 int 型元素的数组，"score"称为数组名，方括号[ ]中的数字称为下标。

这里，需要强调以下两点：

（1）在定义数组时，数组元素的个数 N（又称数组长度）必须是确定的，即只能是整型常量表达式。

（2）一旦完成对数组的定义，在引用元素时，C 语言规定下标从 0 开始计数，作用是指明该元素在数组中的相对位置，以方便引用。如 score[i]代表的是第 i+1 位学生的成绩。因此这里定义的 score 数组，它的 N 个数组元素分别是：score[0]，score[1]，score[2]，…，score[N-1]。

由此可见，定义一个数组，相当于声明了一批变量，通过两次循环完成了题目要求。

其实，对我们来说，数组并不陌生，数学中早就应用过。例如，对数列中的各项数据表示为 a_1、a_2、a_3…，对矩阵 $A_{m\times n}$ 中的元素通常表示为 a_{11}、a_{12}…a_{1n}…a_{m1}、a_{m2}…x_{mn} 等。只不过在 C 语言中把下标放在了一对方括号内且下标下界从 0 开始。

C 语言中，把按序排列的同类数据元素的集合称为数组。所谓“同类数据”是指这些数据具有相同属性和相同数据类型。简而言之，**数组是具有相同属性的对象的有限有序集合。**

如例 5-1 中的 50 个数据，它们的属性相同（都代表 C 语言成绩），并且都是 int 型数据，因此可以将其“组织”起来。而且不难发现，当这 50 个数据（各代表一个学生）互不相干时，我们需要称呼姓名来指定其中某一位，而一旦其按序排列构成一个数组后，就可以用“第 i 位（0≤i≤49）”这样的称呼来指定其中某一位了。

5.2 一维数组

5.2.1 一维数组的定义

在 C 语言中，数组必须先定义，后使用。定义一维数组的一般格式如下。

类型说明符 数组名[整型常量表达式];

例如：

```
int a[10];              /*声明有 10 个整型元素的数组 a*/
float b[10],c[20];      /*声明有 10 个实型元素的数组 b 和有 20 个实型元素的数组 c*/
char ch[20];            /*声明有 20 个字符型元素的数组 ch*/
```

对于数组类型说明应注意以下几点：

（1）数组的类型实际上是指数组元素的取值类型。

（2）数组名的命名规则应符合标识符的命名规定。

（3）方括号中的内容用于指明**数组长度，即数组的元素个数，必须是整型常量表达式**。切记，不能在方括号中用变量来表示元素的个数。

例如：

```
int n=10, x[n];   /*错误*/
```

（4）数组名不能与其他变量名或函数名等相同。

例如：

```
#include <stdio.h>
int main()
{
    int score;
    float score[10];
    …
    return 0;
}
```

是错误的。

（5）定义数组的实质是在内存中预留一段连续的存储空间以存放数组的全部元素。数组名表示这段连续的存储空间的起始地址（也称为首地址），空间大小由数组类型和元素个数确定。

例如：

```
#include <stdio.h>
#define N 50
int main()
{
```

```
    int i, score[N];
    …
    return 0;
}
```

score 是一个有 50 个 int 型元素的数组，由于一个 int 型数据占 4 个字节，故 50 个元素在内存中占 200 个连续字节空间，数组名 score 的值为这个连续字节空间的起始地址，也就是元素 score[0]存放的地址。假设 score[0]的地址为 2000H（十六进制表示），则 score[1]的地址为 2004H，score[2]的地址为 2008H，score[3]的地址为 200CH，以此类推。例 5-1 中 score 数组的各元素在内存中的存储状态如图 5-1 所示。

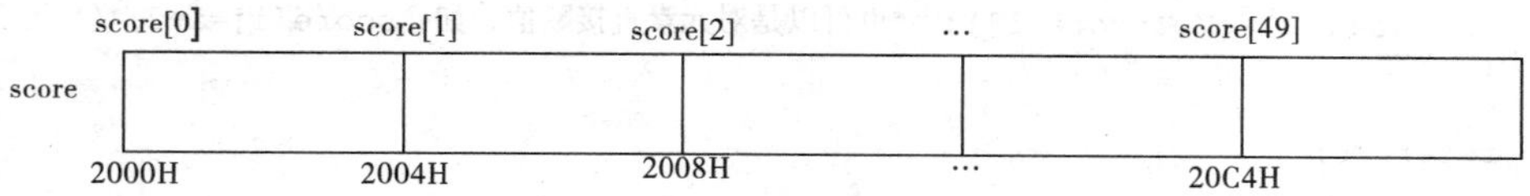

图 5-1　score 数组中各元素的存储结构

5.2.2　一维数组的使用

1. 一维数组的初始化

数组属构造数据类型，数组元素是组成数组的基本单位，每个元素是一个下标变量，因此，同普通变量一样，数组元素也要初始化赋值以后才能使用。

有两种初始化数组元素的方法。

（1）在定义数组的同时初始化数组元素

一般形式如下：

类型说明符 数组名[整型常量表达式]={数据值 1, 数据值 2,…数据值 N};

其中在{ }中的各数据值即为对应的各元素初值，各值之间用逗号间隔。

例如，执行语句“int score[10]={90,78,80,85,61,70,95,81,58,76};”后，数组元素 score[0]～score[9]的值依次为 90,78,80,85, 61,70,95,81,58,76。

C 语言对数组的初始化赋值还有以下几点规定。

① 可以只给部分元素赋初值。

当{ }中值的个数少于元素个数时，这时只给前面部分元素赋值，其余未获得初值的元素系统默认赋值为 0。但{ }中值的个数不能多于元素个数，也不能一个也没有。

例如：

```
int score[10]={90,78,80,85, 61};
```

表示只给 score[0]～score[4]赋值，而元素 score[5]～score[9]将自动赋 0 值。

② 只能给元素逐个赋值，不能给数组整体赋值。

例如：给 10 个元素全部赋 1 值，只能写为：

```
int score[10]={1,1,1,1,1,1,1,1,1,1};
```

而不能写为：

```
int a[10]=1;
```

③ 若给全部元素赋值，则在数组说明中，可以不给出数组元素的个数。系统会自动把{ }中的数据个数定义为数组的长度。

例如：

```
int score[10]={90,78,80,85, 61,70,95,81,58,76};
```

可写为：

```
int score[]={90,78,80,85, 61,70,95,81,58,76};
```

（2）先定义数组，再初始化数组元素，这时通常采用循环结构。例如：

```
#include <stdio.h>
int main()
{
    int i,score[10];
    for(i=0;i<10;i++)
    {
        scanf("%d",&score[i]); /*也可以是对元素直接赋值，如：score[i]=i+2;*/
    }
    …
    return 0;
}
```

2. 一维数组元素的引用

在 C 语言中只能逐个地引用数组元素，而不能对数组进行整体引用。例如，要输出 score 数组中的 50 个数组元素，必须使用循环语句逐个输出各数组元素（即下标变量）：

```
for(i=0;i<50;i++)
  printf("%d ",score[i]);
```

而不能用一个语句输出整个数组。例如：

```
printf("%d", score); /*错误，数组名 score 代表数组的首地址*/
```

【例 5-2】 分析下边程序的输出结果。

程序源代码：

```
#include <stdio.h>
int main()
{
    int i,a[10];
    for(i=0;i<10; )
        a[i++]=2*i;
    for(i=0;i<=9;i++)
        printf("%4d ",a[i]);
    printf("\n");
    return 0;
}
```

程序运行结果：

```
0  2  4  6  8  10  12  14  16  18
```

程序说明：

稍作分析，可见，例 5-2 中程序功能是用一个循环语句给数组 a 各元素送入偶数值，然后用第二个循环语句输出各个偶数。

C 语言允许用表达式表示下标。如程序第一个 for 循环中的表达式 3 省略了，而在循环体中引用数组元素时使用了“a[i++]”的形式，用以修改循环变量 i 的值。当然第二个 for 循环也可以这样做。

【思考验证】 例 5-2 程序中输入、输出两个 for 循环，能否改用一个循环来实现？

5.2.3 一维数组应用举例

1. 删除数组元素

【例 5-3】 已知数组 a 已经存放有 N 个其值互不相同的整数。现从键盘输入一个数 x，要求从数组中删除与 x 相等的元素，并将其后的元素逐个向前递补，且将最后一个元素置 0 值。输出删除后的数组。如原数组中无此数，则输出相应提示信息，提示不存在该值的元素。

【简要分析】 要完成该功能需做两个工作：

① 查找定位。确定将被删除的元素在数组中的位置。

② 移动。某元素被删除后，跟在它后边的元素将逐个“向前递补”。

注意　本例中还设置了一个标志变量 flag，用来表示数组中是否存在与 x 相等的元素。

用 N-S 流程图描述算法如图 5-2 所示。

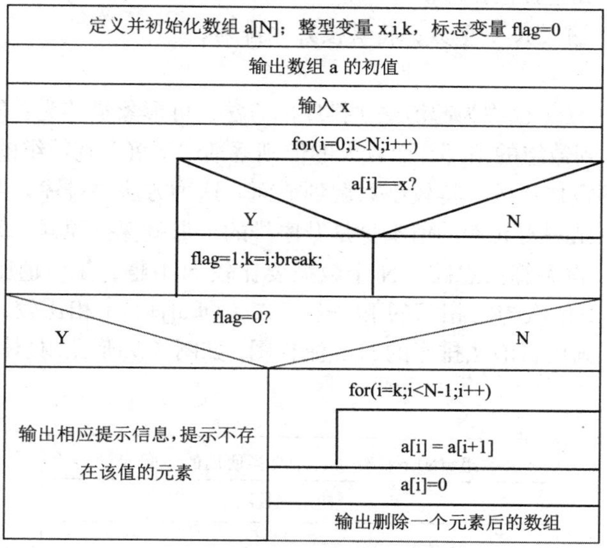

图 5-2　例 5-3 的 N-S 流程图

程序源代码：

```
#include<stdio.h>
#define N 10
int main()
{   int a[N]={1,2,3,4,5,6,7,8,9,10},x,i,k,flag=0;
    printf("原数组值：");
    for(i=0;i<N;i++)
        printf("%4d",a[i]);
    printf("\n 请输入要删除的元素值：");
    scanf("%d", &x);
    for(i=0;i<N;i++)
        if(a[i]==x) {k=i; flag=1; break;}
    if(flag==0) printf("不存在值为%d 的元素！\n",x);     /*数组 a 中不包含 x 值*/
    else
    {   if(k==N-1)a[N-1]=0;                            /*x 刚好是数组 a 的尾元素*/
        else                                           /*x 不是数组 a 的尾元素*/
        {   for(i=k;i<N-1;i++)
                a[i]=a[i+1];                           /* 被删除元素后的各元素向前递补 */
            a[i]=0;                                    /* 尾元素置 0 值*/
        }
        printf("\n 删除元素%d 后的数组值：",x);
        for(i=0;i<N;i++) printf("%4d",a[i]);
        printf("\n");
```

```
    }
    return 0;
}
```

程序运行结果：

```
原数组值：1    2    3    4    5    6    7    8    9    10
请输入要删除的元素值：5
删除元素 5 后的数组值:：1    2    3    4    6    7    8    9    10    0
```

【融会贯通】 思考如何完成在某个数组元素之前插入一个新元素的操作。

2. 一维数组的排序

排序的方法很多，在后续的“数据结构”课程中有非常详尽的介绍，这里我们只介绍两种常用的方法：冒泡法排序和选择法排序。

【例 5-4】 从键盘输入 N 个整数，将其按升序排列。

（1）冒泡法排序

【算法介绍】 冒泡法（也称为起泡法）排序的方法，可形象描述为：使较小的值像水中的空气泡一样逐渐“上浮”到数组的顶部，而较大的值则逐渐“下沉”到数组的底部。“冒泡法”排序的思路是：将相邻的两数作比较，将较小数调到前面。这种方法要排序好几轮，每轮都要比较连续的数组元素对。如果某一对元素的值本身是升序排的，那就保持原样，否则交换两者的值。

分析示例图，可以得到算法思路：N 个数据要比较 N-1 趟，第 i 趟比较是将第 1 个元素到第 N-i 元素（设为 a[j]）依次与之相邻的下一个元素（即 a[j+1]）相比较，若 a[j]> a[j+1]，则将两者值交换。由此可以画出冒泡法排序的 N-S 流程图，如图 5-3 所示。具体排序过程示例如图 5-4 所示。

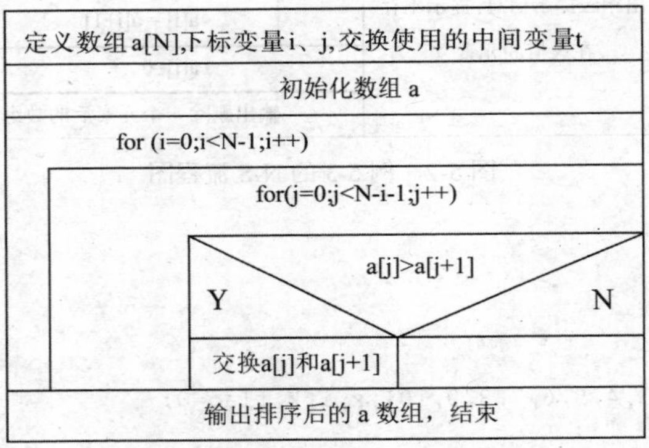

图 5-3　冒泡法排序的 N-S 流程图

程序源代码：

```
#include<stdio.h>
#define N 10
int main()
{
    int a[N],t,i,j;
    printf("请输入%d 个整数\n",N);
    for(i=0;i<N;i++ )                  /*输入 N 个原始数据*/
        scanf("%d",&a[i]);
    for(i=0;i<N-1;i++)                 /*N 个元素比较 N-1 趟*/
        for(j=0;j<N-i-1;j++)    /*从前往后将相邻元素进行比较,小的交换到前面*/
            if(a[j]>a[j+1] )
            {
```

```
            t=a[j]; a[j]=a[j+1]; a[j+1]=t;
        }
    printf("升序排列结果如下：\n");
    for(i=0;i<N;i++ )            /*输出排序后的数组元素*/
        printf("%4d",a[i]);
    printf("\n");
    return 0;
}
```

每趟只将方括号中的数据从左向右相邻者两两比较，让较大者不断“后沉”到方括号号外。

假设原始数据	[49	38	65	97	76	13	27	49]
第一趟排序后	[38	49	65	76	13	27	49]	97
第二趟排序后	[38	49	65	13	27	49]	76	97
第三趟排序后	[38	49	13	27	49]	65	76	97
第四趟排序后	[38	13	27	49]	49	65	76	97
第五趟排序后	[13	27	38]	49	49	65	76	97
第六趟排序后	[13	27]	38	49	49	65	76	97
第七趟排序后	[13]	27	38	49	49	65	76	97
最后排序结果	13	27	38	49	49	76	76	97

图 5-4　冒泡法排序过程示例

程序运行结果：

```
请输入 10 个整数：
49 38 65 97 76 13 27 49  12  34
升序排列结果如下：
12  13  27  34  38  49  49  76  76  97
```

（2）选择法排序

【算法介绍】　具体实现思路为：逐次选择数组 a 中的元素 a[i]（i=0,1,2,…,N-2）与它后边的每一个元素 a[j]（j=i+1,…,N−1）进行逐个比较，将 a[i]至 a[N-1]中的最小值与 a[i]交换（保证 a[i]比任何 a[j]都小）。重复这个过程 N−1 次，最后 a 数组中元素便被升序排列。选择法排序的 N-S 流程图如图 5-5 所示。

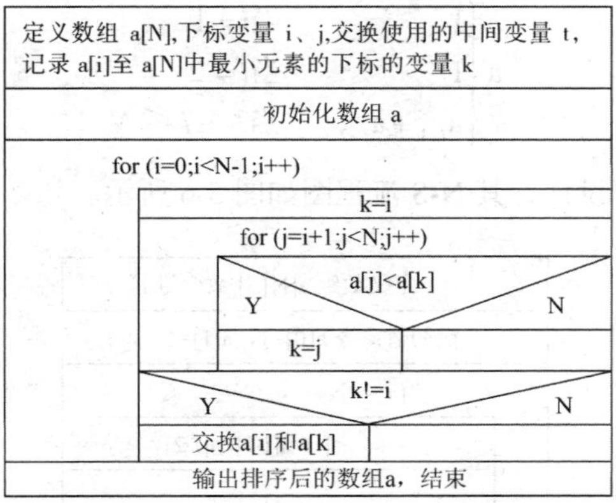

图 5-5　选择法排序的 N-S 流程图

程序源代码：

```
#include <stdio.h>
```

```
#define N 10
int main()
{
    int a[N],t,i,j,k;
    printf("请输入%d个整数\n",N);
    for(i=0;i<N;i++ )                /*输入 N 个原始数据*/
        scanf("%d",&a[i]);
    for(i=0;i<N-1;i++)               /*逐次选择数组元素 a[i]*/
    {   k=i;                         /*进行比较之前，a[i]即为当前最小元素*/
        for(j=i+1;j<N;j++)           /*将 a[i]与其后各个元素 a[j]作比较*/
            if(a[j]<a[k] )           /*出现新的较小元素 a[j]*/
                k=j;                 /*用 k 记录 a[i]至 a[N]中最小元素的下标*/
        if(k!=i)                     /*a[i]如果已是最小值，则不必交换 a[i]与 a[k]*/
        {
            t=a[k];
            a[k]=a[i];
            a[i]=t;
        }
    }
    printf("升序排列结果如下：\n");
    for(i=0;i<N;i++ )
        printf("%4d",a[i]);
    printf("\n");
    return 0;
}
```

程序运行结果：

```
请输入 10 个整数：
49 38 65 97 76 13 27 49  12  34
升序排列结果如下：
12  13  27  34  38  49  49  76  76  97
```

3. 数组中递推的应用

【例 5-5】 利用一维数组，输出斐波拉契数列：

1, 1, 2, 3, 5, 8, 13, 21, 34, 55, 89, …

编写程序，输出该数列前 N 项。

【简要分析】 显然这是一个典型的递推问题，其递推公式如下：

$$a\begin{cases}1 & 当 i=1\\ 1 & 当 i=2\\ a_{i-1}+a_{i-2} & 当 3\leqslant i\leqslant N\end{cases}$$

利用循环结构实现程序设计，其 N-S 流程图如图 5-6 所示。

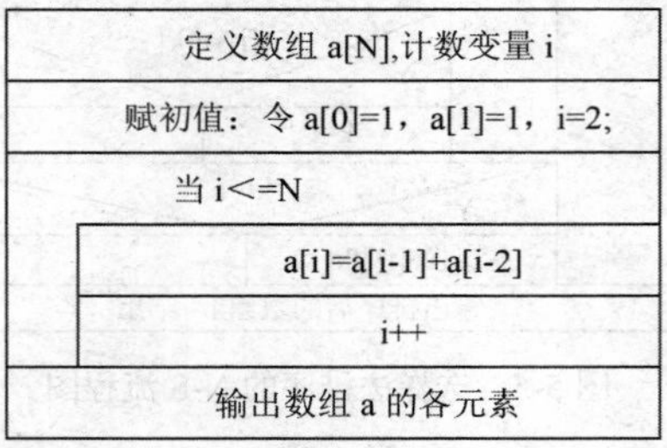

图 5-6　N-S 流程图

程序源代码：

```
#include <stdio.h>
#define N 20
int main()
{
    long i,a[N]={1,1};
    for(i=2;i<N;i++)                    /*用递推公式依次计算出 a[2]…a[N-1]*/
        a[i]=a[i-1]+a[i-2];
    for(i=0;i<N;i++)                    /*输出数列的前 N 项*/
    {
        printf("%ld\t",a[i]);
        if((i+1)%5==0)                  /*每输出 5 项就换行*/
            printf("\n");
    }
    return 0;
}
```

程序运行结果：

```
1       1       2       3       5
8       13      21      34      55
89      144     233     377     610
987     1597    2584    4181    6765
```

【思考验证】 数组 a 是否必须定义为 long 型?为什么?

5.3 二维数组

一维数组只有一个下标，其数组元素也称为单下标变量。但是，在现实生活中，有很多量是二维的或多维的，因此，C 语言允许构造多维数组。多维数组元素有多个下标，以标识它在数组中的位置，所以又称为多下标变量。本书只讨论二维数组。

二维数组是最简单的多维数组，其主要用途是用来描述二维对象，例如由行、列组成的表格，数学中的矩阵等。

回顾例 5-1 中我们通过一维数组实现了对 50 名同学某一门课程成绩的批量数据处理。但是，如果要处理 50 名同学的 6 门课程成绩，用二维数组来实现就更为合理和方便。

例如：管理某班 50 名同学所学习的 6 门课程成绩。如表 5-1 所示。

表 5-1　　50 名同学 6 门课程成绩数据

学号	课程 1	课程 2	课程 3	课程 4	课程 5	课程 6
01	80	82	91	68	77	76
02	78	83	82	72	80	84
03	73	58	62	60	75	74
04	82	87	89	79	81	81
…	…	…	…	…	…	…
50	69	82	95	81	75	90

表中共 300 个成绩数据，类型均为整型。如果用一个长度为 300 的一维数组存放所有数据，则含义不明，显得不合理；如果每个学生的数据分别用 1 个一维数组存放，则存放该班 50 名学生的成绩将需要 50 个长度为 6 的一维数组，管理和操作起来都不方便。此时，就可以定义一个二维数组来管理表格中的数据。

5.3.1 二维数组的定义

二维数组定义的一般形式如下。

类型说明符 数组名[整型常量表达式 1][整型常量表达式 2];

其中“整型常量表达式 1”指明第一维下标的长度，“整型常量表达式 2” 指明第二维下标的长度。在逻辑上可能将二维数组看成是一张具有行和列的表格或一个矩阵，第一维下标指示行，第二维下标指示列。

“常量表达式 1 × 常量表达式 2”的结果就是数组的元素个数，即数组长度。

可见，表 5-1 中的数据可以定义一个 50 行 6 列的二维数组来存放表中的成绩，定义如下：

```
int score[50][6];
```

再比如：

```
int a[3][4];
```

说明了一个 3 行 4 列的数组，数组名为 a，其元素的类型为整型。该数组共有 3×4 个元素，如下所示：

```
a[0][0],a[0][1],a[0][2],a[0][3]
a[1][0],a[1][1],a[1][2],a[1][3]
a[2][0],a[2][1],a[2][2],a[2][3]
```

值得注意的是：二维数组在概念上是二维的，其下标在两个方向上变化，而不是像一维数组只是一个向量。但是，实际的硬件存储器却是连续编址的，也就是说，存储器单元是按一维线性排列的。二维数组同一维数组一样在内存占用一段连续的字节单元，其大小由数组的数据类型和元素个数确定。

关键是如何在一维存储器中存放二维数组呢?

可有两种方式：一种是按行优先存放，即存放完一行之后顺次存放第二行。另一种是按列优先存放，即存放完一列之后再顺次存放第二列。C 语言中，二维数组是按行优先存放的。每行中的 4 个元素也是依次存放。上例中数组 a 说明为 int 类型，所以每个元素均占有 4 个字节存储空间，数组 a 在内存中就占用 12 × 4 个连续字节单元。

5.3.2 二维数组的使用

1. 二维数组的初始化

二维数组初始化是在定义数组的同时对各个数组元素赋以初值，也是按行优先的次序顺序进行赋初值的。二维数组初始化的一般形式如下。

类型说明符 数组名[整型常量表达式 1] [整型常量表达式 1]={初值表};

二维数组对数组元素进行初始化有两种方式。

（1）按行初始化

按行初始化是在“初值表”中将每行数据另用一对花括号{}括起来，每对花括号之间用逗号间隔。例如：int a[3][4]={{80,75,92,61},{71,59,63,70},{85,87,90,76}};

按行初始化的方式一目了然，对二维数组 a 各元素的初始值分别为：

```
a[0][0]=80, a[0][1]=75, a[0][2]=92, a[0][3]=61
a[1][0]=71, a[1][1]=59, a[1][2]=63, a[1][3]=70
a[2][0]=85, a[2][1]=87, a[2][2]=90, a[2][3]=76
```

（2）顺序初始化

顺序初始化是在“初值表”中将所有数据用逗号间隔按照按行优先的次序依次列出。

例如：`int a[3[4]={80,75,92,61,71,59,63,70,85,87,90,76};`

二维数组 a 各元素的初始值分别为：

```
a[0][0]=80, a[0][1]=75, a[0][2]=92, a[0][3]=61
a[1][0]=71, a[1][1]=59, a[1][2]=63, a[1][3]=70
a[2][0]=85, a[2][1]=87, a[2][2]=90, a[2][3]=76
```

可见，在上例中，两种赋初值的结果是完全相同的。但是，与按行初始化的方式相比，顺序初始化方式容易遗漏，不便于检查。

对二维数组初始化的几点说明如下。

（1）可以只对部分元素赋初值，未赋初值的系统默认赋 0 值。

例如：int a[3][3]={{1},{2},{3}};

是对每一行的第一列元素赋值，未赋值的元素取 0 值。赋值后各元素的值为：

```
1,0,0
2,0,0
3,0,0
```

再如：int a[3][3]={{0,1},{0,0,2},{3}};

赋值后的元素值为:

```
0,1,0
0,0,2
3,0,0
```

（2）如果对全部元素赋初值，则第一维的长度可以省略不写。

例如：

```
int a[3][3]={1,2,3,4,5,6,7,8,9};
```

可以写为：

```
int a[][3]={1,2,3,4,5,6,7,8,9};
```

此时，系统会根据元素的个数自动计算出行数。

（3）数组是一种构造类型的数据。二维数组可以看作是由一维数组的嵌套而构成的。设一维数组的每个元素都又是一个数组，就组成了二维数组。当然，前提是各元素类型必须相同。根据这样的分析，一个二维数组也可以分解为多个一维数组。C 语言允许这种分解。

如二维数组 a[3][4]，可分解为三个一维数组，其数组名分别为：

```
a[0]、a[1]、a[2]
```

对这三个一维数组可不需另作说明而直接使用。这三个一维数组都有 4 个元素，例如，一维数组 a[0]的元素为 a[0][0]、a[0][1]、a[0][2]、a[0][3]。

必须强调的是：a[0]、a[1]、a[2]不能当作下标变量使用，它们是数组名，不是一个单纯的下标变量。

2. 二维数组元素的引用

二维数组的元素也称为双下标变量，其表示的形式如下。

数组名[行下标][列下标]

【例 5-6】 一个学习小组有 5 个人，每个人有 5 门课的考试成绩，求每个人的平均分。要求从键盘输入成绩，并将第 i 个人的平均分存入 i 行最后一列（0≤i≤4），最后输出每个人的 5 门课程成绩及平均分。

【简要分析】 5 个人、5 门课程成绩及平均分，可以定义一个 5 行 6 列的二维数组来管理。

程序源代码：

```
#include <stdio.h>
#define M 5
#define N 6
int main()
{
    float sum=0, score[M][N];
    int i, j;
    for(i=0;i<M;i++)
    {   printf("Number %d:  ",i);
        for(j=0;j<N-1;j++ ) /*输入第 i 个人的 N-1 门课成绩，最后一列存平均分*/
        scanf("%f",&score[i][j]);
    }
    for(i=0;i<M;i++ )
    {
        sum=0;
        for(j=0;j<N-1;j++)  /*计算第 i 个人 N-1 门课的总分*/
            sum+=score[i][j];
        score[i][N-1]=sum/(N-1);    /*计算第 i 个人的平均分并存入 i 行最后一列*/
    }
    /* 以下为屏幕显示输出  */
 printf ("------------------------------------------------------------\n");
 printf ("Num\tCourse1\tCourse2\tCourse3\tCourse4\tCourse5\tAverage\n");
 for (i=0;i<M;i++)
 {
        printf("%d\t",i);
        for(j=0;j<N;j++)
            printf("%.2f\t", score[i][j]);
        printf("\n");
}
 printf ("------------------------------------------------------------\n");
       return 0;
}
```

程序运行结果：

```
Number 0: 80 82 91 68 77
Number 1: 78 83 82 72 80
Number 2: 73 58 62 60 75
Number 3: 82 87 89 79 81
Number 4: 69 82 95 81 75
------------------------------------------------------------------------
Num  Course1    Course2    Course3  Course4  Course5   Average
0    80.00      82.00      91.00    68.00    77.00     79.60
1    78.00      83.00      82.00    72.00    80.00     79.00
2    73.00      58.00      62.00    60.00    75.00     65.60
3    82.00      87.00      89.00    79.00    81.00     83.60
4    69.00      82.00      95.00    81.00    75.00     80.40
------------------------------------------------------------------------
```

5.3.3 二维数组的应用举例

【例 5-7】 用二维数组实现矩阵的转置。

【简要分析】 矩阵转置是代数中的一个基本操作，用二维数组即可实现，具体方法如下：

① 从键盘按行输入矩阵 a 的各元素值；

② 将矩阵的行、列数值相互转换，即：矩阵 $a_{m\times n}$ 的转置矩阵应为 $b_{n\times m}$；

③ 将每个元组中的 i，j 互换，即：元素 a[i][j]对应转置矩阵中的 b[j][i]。

④ 将转置矩阵 b 的各元素值按行输出，程序结束。

程序源代码：

```
#include<stdio.h>
#define M 2
#define N 3
int main( )
{    int a[M][N]={{1,2,3},{4,5,6}},b[N][M],i,j ;
     printf ("原矩阵 a: \n");
     for(i=0;i<M;i++)        /*在输出数组 a 的初始值时，并完成对数组 b 的赋值*/
     {
          for(j=0;j<N;j++)
          {
               printf("%4d",a[i][j]);
               b[j][i]=a[i][j];
          }
          printf("\n");
     }
     printf ("转置矩阵 b: \n");
     for(i=0;i<N;i++)        /*输出数组 b 各元素的值*/
     {
          for(j=0;j<M;j++)
               printf("%4d",b[i][j]);
          printf("\n");
     }
     return 0;
}
```

程序运行结果：

```
原矩阵 a:
1   2   3
4   5   6
转置矩阵 b:
1   4
2   5
3   6
```

5.4 字符数组

前面我们学习一维数组和二维数组的时候，都只讨论了数值型的数组。实际上，计算机不仅要处理批量的数值型数据，还常常要处理批量的字符型数据。在 C 语言中，可以使用字符数组来解决字符型数据的批量处理问题。

5.4.1 字符数组的定义

字符数组的定义格式与前面介绍的数值型数组相同，只不过类型说明符为 char。

例如：char str1[10]；即为一维字符数组。此时，数组 str1 的长度为 10，即数组 str1 中可以存放 10 个字符。

再比如：char str2[5][10]；即为二维字符数组。此时，数组 str2 的长度为“行数 × 列数”，即 50。

5.4.2 字符数组与字符串

“字符串”是指用双撇号（"）括起来的若干有效字符的序列。C 语言中的字符串可以包括字母、数字、专用字符、转义字符等。例如，"Hello"，"2.3"，"a\nb"等都是合法的 C 字符串。双撇号中字符的个数即为字符串的长度。C 语言规定以字符'\0'作为字符串结束标志，即系统存储字符串时，会在末尾自动增加保存字符'\0'，以便编译系统据此判断字符串是否结束。例如，长度为5的字符串"Hello"，占用的内存单元为6个字节。

在第2章中我们就已经介绍过，字符型数据包括字符常量、字符变量和字符串常量。字符常量值可以方便地用字符变量进行保存，但在C语言中没有专门的字符串变量来存放字符串常量值。C语言中提供的字符数组，一个元素存放一个字符，既可以处理批量的单个字符数据，也可以处理字符串数据。

例如：

```
char str1[10];
```

数组str1既可以用于存放10个单个的字符，也可以用来存放一个长度不超过9的字符串。

```
char str2[5][10];
```

数组str2既可以用于存放50个单个的字符，也可以用来存放5个长度不超过9的字符串。

5.4.3 字符数组的初始化

字符数组也允许在定义时作初始化赋值，有如下两种初始化的方法。

（1）逐一为数组中各元素指定初值字符，即分别对每个元素赋初值。

例如：

```
char str[10]={'C', ' ', 'P', 'r', 'o', 'g', 'r', 'a','m'};
```

（2）将字符串赋给指定的数组。

例如：

```
char str[10]="C program";
```

上面两种方式赋值后元素str[0]～str[8]的值依次为：'c'、' '(空格)、'p'、'r'、'o'、'g'、'r'、'a'、'm'。其中c[9]未赋值，系统自动赋予0值（即'\0'）。示意图如下：

str[0]	str[1]	str[2]	str[3]	str[4]	str[5]	str[6]	str[7]	str[8]	str[9]
C		p	r	o	g	r	a	m	\0

对于二维数组初始化赋值需作以下说明：

（1）当对全体元素赋初值时可以省去长度说明。

例如：

```
char str[]={'c', ' ', 'p', 'r', 'o', 'g', 'r', 'a','m'};
```

此时，str数组的长度自动定义为9。

再比如：`char str[]="c program";`

此时，str数组的长度自动定义为10，因为字符串末尾的结束标志'\0'也是一个数组元素。

（2）用于存储字符串的数组，在定义时，要求数组的长度大于字符串中的字符个数。

例如：

```
char addr[15]="Shang Hai";          /* 定义正确，数组长度能容纳字符串中字符 */
char name[7]="Beijing";             /* 定义错误，数组长度太小 */
```

注意

字符串总是以'\0'作为串的结束符，它是一个特殊ASCII字符，其值为0，不可显示。当把一个字符串存入一个数组时，也把结束符'\0'存入数组，并以此作为该字符串是否结束的标志。有了'\0'标志后，就不必再用字符数组的长度来判断字符串的长度了。对字符数组的部分元素赋初值时，由于系统为其他元素默认赋0（'\0'）值，因此往往会无意间"创造"字符串。

例如：char addr[15]={ 'B', 'e', 'i', 'j', 'i', 'n', 'g'};

5.4.4 字符数组的输入/输出

用于存放字符和存放字符串的字符数组在输入/输出方面会有一些不同。

1. 用格式符“%c”逐个输入/输出数组中的字符

【例 5-8】 逐个输入/输出数组中的字符。

程序源代码：

```
#include <stdio.h>
#include <stdio.h>
int main( )
{    char c[10];
     int i;
     printf("请输入 10 个字符：");
     for(i=0;i<10;i++)
         scanf("%c", &c[i]);
     printf("您输入的 10 个字符为：");
     for(i=0;i<10;i++)
         printf("%c", c[i]);
     printf("\n");
     return 0;
}
```

程序运行结果：

```
请输入 10 个字符：I am a boy
您输入的 10 个字符为：I am a boy
```

2. 用格式符“%s”将整个字符串一次输入/输出

（1）C 语言中，字符串（字符数组）的输入、输出格式控制为%s。系统输出字符串时只要遇到'\0'便停止输出，即输出的字符中不包含结束符'\0',输出结束后，也不会自动换行。

【例 5-9】 用格式符“%s”将整个字符串一次输出。

程序源代码：

```
#include<stdio.h>
int main()
{
    char c[]="Program";
    printf("%s\n", c);
    c[4]='\0';
    printf("%s\n", c);
    return 0;
}
```

程序运行结果：

```
Program
Prog
```

程序说明：

当程序第 4 行完成定义“char c[ ]="Program";”时，数组 c 在内存中的实际存放情况如图 5-7 所示。

数组元素	c[0]	c[1]	c[2]	c[3]	c[4]	c[5]	c[6]	c[7]
值	P	r	o	g	r	a	m	\0

图 5-7　字符数组 c 在内存中的存放示意图

因此，执行第一个 printf 函数时，能将整个串完整地输出。但之后马上执行了语句“c[4]='\0';”，于是数组 c 在内存中的实际存放情况如图 5-8 所示。

数组元素	c[0]	c[1]	c[2]	c[3]	C[4]	c[5]	c[6]	c[7]
值	P	r	o	\0	r	a	m	\0

图 5-8 修改后的数组 c 在内存中的存放示意图

当执行第二个 printf 函数时，遇到第一个'\0'输出就结束了。即当一个字符数组中包含多个'\0'时，则遇到第一个'\0'时，输出就结束。

（2）用“%s”输出字符串时，printf 函数中的输出项为元素的地址（通常为字符数组名），而非元素名。

例如：

```
char c[]="Program";
printf("%s",c[1]);          /*错误*/
```

再例：

```
char c[]="Program";
printf("%s",&c[1]);         /*正确，输出结果为：rogram*/
```

（3）可用 scanf 函数输入一个字符串，系统默认以空格作为一个串的输入结束标志。例如：

```
char c[20];
scanf("%s",c);
printf("%s",c);
从键盘输入：you are a student.
输出结果为：you
```

（4）用一个 scanf 函数输入多个字符串时，用空格分隔。

【例 5-10】 用一个 scanf 函数输入多个字符串。

程序源代码：

```
#include<stdio.h>
int main()
{    char a[5],b[5],c[5];
     printf("请输入 3 个字符串：");
     scanf("%s%s%s",a,b,c);
     printf("a:%s\n",a);
     printf("b:%s\n",b);
     printf("c:%s\n",c);
     return 0;
}
```

程序运行结果：

```
请输入 3 个字符串：How are you ?
a:How
b:are
c:you
```

程序说明：

由于用 scanf 函数输入字符串时，系统默认以空格作为一个串的输入结束标志。输入的内容中，第三个空格以后的内容“？”没有被接收。

注意

如果要输入的字符串中本来就有空格字符，则不能使用格式控制符“%s”将整个字符串一次输入。此时，通常可采用格式符“%c”逐个输入数组中的字符或使用字符串处理函数 gets()来接收字符串。

5.4.5　常用的字符串处理函数

C 语言提供了丰富的字符串处理函数，大致可分为字符串的输入、输出、合并、修改、比较、转换、复制、搜索几类。使用这些函数可大大减轻编程的负担。用于输入/输出字符串的函数，在使用前应包含头文件“stdio.h”，使用其他字符串函数则应包含头文件“string.h”。

下面重点介绍几个最常用的字符串函数。

1. 字符串输出函数 puts

一般调用格式：

```
puts(字符数组名)
```

功能：把字符数组中的字符串输出到显示器，并自动换行（系统自动将串结束符'\0'转换为回车换行）。即在屏幕上显示该字符串。

2. 字符串输入函数 gets

一般调用格式：

```
gets(字符数组名)
```

功能：从标准输入设备键盘上输入一个字符串。本函数返回值为该字符数组的首地址。

【例 5-11】　puts 函数与 gets 函数的应用举例。

程序源代码：

```
#include<stdio.h>
int main()
{    char str[15];
     printf("请输入一个字符串:");
     gets(str);
     puts("您输入的字符串如下：");
     puts(str);
     return 0;
}
```

程序运行结果：

```
请输入一个字符串:BASIC C VFP
您输入的字符串如下：
BASIC C VFP
```

程序说明：

（1）从例 5-11 可以看出，当输入的字符串中含有空格时，输出仍为全部字符串。使用 gets 函数接收字符串时，只以回车作为输入结束标志。这是与 scanf 函数不同的。

（2）从程序第 6 行、第 7 行两次调用 puts 函数的方法，可以看出：使用 puts 函数输出字符串时，其参数可以是字符数组名，也可以是字符串常量。

（3）puts 函数完全可以由 printf 函数取代。当需要按比较灵活的格式输出时，通常使用 printf 函数。

3. 字符串连接函数 strcat

一般调用格式：

```
strcat(字符数组名 1，字符数组名 2)
```

功能：把字符数组 2 中的字符串连接到字符数组 1 中字符串的后面，字符串 1 的串结束标志'\0'自动删去。“字符数组名 2”可以是字符串常量。本函数返回值是字符数组 1 的首地址。

【例 5-12】　strcat 函数的应用举例。

程序源代码：

```
#include<stdio.h>
#include<string.h>
int main()
{   char str1[30]="This a ";
    char str2[10]="book";
    strcat(str1,str2);
    puts(str1);
    return 0;
}
```

程序运行结果：

```
This is a book
```

注意　在使用 strcat 函数时，字符数组 1 应定义足够的长度，以保证能将连接后的字符串全部存放。

4. 字符串复制函数 strcpy

一般调用格式：

strcpy(字符数组名 1，字符数组名 2)

功能：把字符数组 2 中的字符串复制到字符数组 1 中。串结束标志'\0'也一同拷贝。“字符数组名 2”可以是字符串常量。这时相当于把一个字符串赋予一个字符数组。

【例 5-13】　字符串的复制举例。

程序源代码：

```
#include<stdio.h>
#include<string.h>
int main()
{   char str1[15],str2[]="C Language";
    strcpy(str1,str2);
    puts(str1);
    return 0;
}
```

程序运行结果：

```
C Language
```

注意　在使用 strcpy 函数时，要求字符数组 1 的长度≥字符数组 2 的长度，以保证能将所复制的字符串全部存放。

5. 字符串比较函数 strcmp

一般调用格式：

strcmp(字符数组名 1，字符数组名 2)

功能：两个数组（字符串）按照 ASCII 码顺次比较，并由函数返回值返回比较结果。

字符串 1 = 字符串 2，函数返回 0 值；

字符串 2 > 字符串 2，函数返回>0 的整数值；

字符串 1 < 字符串 2，函数返回<0 的整数值。

本函数也可用于两个字符串常量之间的比较，或数组和字符串常量之间的比较。

比较规则：将两个字符串中的字符从前往后一一对应按照 ASCII 码值的大小逐次比较，直到出现不同字符或遇到'\0'为止。

6. 求字符串长度函数 strlen

一般调用格式：

strlen(字符数组名)

功能：测出字符串的实际长度（不含字符串结束标志'\0'）并作为函数返回值。

5.5 数组的应用举例

学习了数组的基础知识后，通过以下几个例子，希望读者能掌握数组的使用方法。

【例 5-14】 随机产生 N 个 0～9 以内的数字，分别统计每个数字出现的次数。

【简要分析】 对本例，最容易想到的方法是用 if 语句逐一判断，10 种情况分别计数。这样就需要 10 个计数变量和 9 个 if 语句，问题显得很烦琐。

但是，像这类问题，如果用数组来处理却很简单。设置 2 个一维数组："int number[N]" 和 "int count[10];" 分别进行如下工作：

number[i]：存放随机产生的 N 个数字。其中，0≤i≤N-1。

count[i]：统计数字 i 出现的次数。其中，0≤i≤9。

说明 随机产生 0～9 以内的数字可以通过调用 C 系统库函数 rand()来实现。函数 rand()的功能是产生一个 0 到 32767 之间的随机整数（详见附录 5）。

由此可得 N-S 流程图如图 5-9 所示。

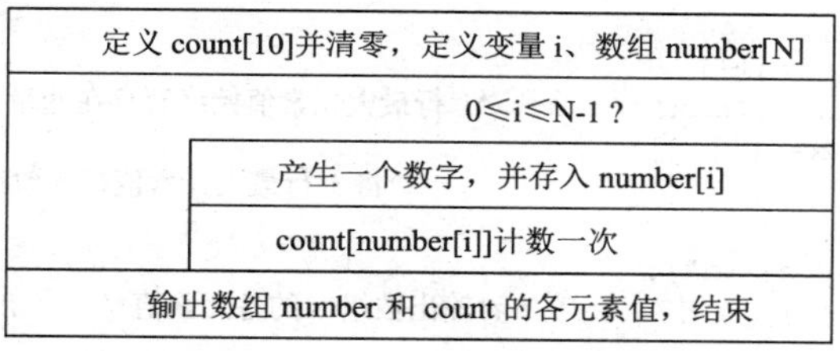

图 5-9 例 5-14 的 N-S 流程图

程序源代码：

```
#include <stdio.h>
#include <math.h>
#define N 20
int main()
{   int count[10]={0},number[N],i;        /*数组 count 已清零 */
    for(i=0;i<N;i++)
    {   number[i]=rand()%10;              /*产生 0～9 的随机数，并存入 number 数组*/
        count[number[i]]++;               /*以该随机数作下标的 count 数组元素计数*/
    }
    printf("The %d numbers are: \n",N);
    for(i=0;i<N;i++)                      /*输出随机产生的 N 个数*/
        printf("%2d",number[i]);
    for(i=0;i<10;i++)                     /*输出各数字值出现的次数*/
        printf("\nnumber %d: %d times.", i, count[i]);
    return 0;
}
```

程序运行结果：

```
The 20 numbers are:
1 7 4 0 9 4 8 8 2 4 5 5 1 7 1 1 5  2 7 6
```

```
number 0: 1 times.
number 1: 4 times.
number 2: 2 times.
number 3: 0 times.
number 4: 3 times.
number 5: 3 times.
number 6: 1 times.
number 7: 3 times.
number 8: 2 times.
number 9: 1 times.
```

【例 5-15】 在二维数组 a 中选出各行最大的元素组成一个一维数组 b。

例如，a 数组如下：

```
3  16 87  65
4  32 11  108
10 25 12  37
```

则 b 数组的值对应为：87 108 37

【简要分析】 本例的解题关键是在数组 a 的每一行中寻找最大的元素。

程序源代码：

```
#include<stdio.h>
int main()
{
    int a[][4]={3,16,87,65,4,32,11,108,10,25,12,27};
    int b[3],i,j,max;
    for(i=0;i<=2;i++)
    {
        max=a[i][0];
        for(j=1;j<=3;j++)
            if(a[i][j]>max)          /*i 行最大元素值始终暂存在变量 max 中*/
                max=a[i][j];
        b[i]=max;                          /*将 i 行最大元素值存入数组 b 的对应元素中*/
    }
    printf("\narray a: \n");         /*输出数组 a 的各元素值*/
    for(i=0;i<=2;i++)
    {
        for(j=0;j<=3;j++)
            printf("%5d",a[i][j]);
        printf("\n");
    }
    printf("\narray b: ");
    for(i=0;i<=2;i++)                /*输出数组 b 的各元素值*/
        printf("%5d",b[i]);
    printf("\n");
    return 0;
}
```

程序运行结果：

```
array a:
3    16   87   65
4    32   11   108
10   25   12   27
array b:
87   108  37
```

程序说明：

程序中第一个 for 语句中又嵌套了一个 for 语句组成双重循环。外循环控制逐行处理，并把每行的第 0 列元素赋予 max。进入内循环后，把 max 与后面各列元素比较，并把比 max 大者赋予

max，这样内循环结束时，就保证了变量 max 存放的值是当前行中的最大元素值，在外循环中把 max 值赋予 b[i]。当外循环全部完成时，数组 b 中已装入了数组 a 各行中的最大值。

【例 5-16】 输入 5 个国家的名称，按字母顺序升序输出。

【简要分析】 本题编程思路如下：5 个国家名可以用一个 5 行的二维字符数组来处理。用字符串比较函数比较大小，并排序，输出结果即可。

程序源代码：

```
#include<stdio.h>
#include<string.h>
int main()
{    char str[20],cn[5][20];
     int i,j,k;
     printf("请输入 5 个国家名称：\n");
     for(i=0;i<5;i++)
         gets(cn[i]);
     printf("升序排列后：\n");
     for(i=0;i<5;i++)          /*此循环完成排序*/
     {
         k=i;                  /*默认 cn[i]为当前最小者，暂存 str 中，下标暂存 k 中*/
         strcpy(str,cn[i]);
         for(j=i+1;j<5;j++)        /*若 cn[i]后有更小者，就暂存 str 中，其下标暂存 k 中*/
             if(strcmp(cn[j],str)<0)
             {
                 k=j;
                 strcpy(str,cn[j]);
             }
         if(k!=i)              /*k!=i,表示 cn[i]不是最小者，将它与最小者 cn[k]交换*/
         {
             strcpy(str,cn[i]);
             strcpy(cn[i],cn[k]);
             strcpy(cn[k],str);
         }
         puts(cn[i]);
     }
    printf("\n");
    return 0;
}
```

程序运行结果：

```
请输入 5 个国家名称：
China
Japan
America
Britain
France
升序排列后：
America
Britain
China
France
Japan
```

程序说明：

本程序的第一个 for 语句中，用 gets 函数输入 5 个国家名字符串。前面说过 C 语言允许把一个二维数组按多个一维数组处理，本程序说明 cn[5][20]为二维字符数组，可分为 5 个一维数组 cn[0]，cn[1]，cn[2]，cn[3]，cn[4]。因此在 gets 函数中使用 cn[i]是合法的。当然本题也可以使用

5个一维数组来存储5个国家名称，读者可自行上机实验。

程序第二个for语句中又嵌套了一个for语句组成双重循环。这个双重循环完成按字母顺序排序的工作。在外层循环中把字符数组cn[i]中的国家名字符串复制到数组str中，并把下标i赋予k。进入内层循环后，把str与cn[i]以后的各字符串作比较，若有比str小者则把该字符串复制到str中，并把其下标赋予k。内循环完成后如k不等于i说明有比cn[i]更小的字符串出现，因此交换cn[i]和str的内容。至此已确定了数组cn的第i号元素的排序值。最后，输出该字符串。即在外循环全部完成之后完成全部排序和输出。

不难看出，本例使用的其实就是“选择法”排序，只不过排序对象为字符串，因此要用到字符串处理函数来实现比较和交换赋值等。

【融会贯通】 请按姓名的长度将N个人姓名降序排列。

习 题 5

1. 用筛选法找素数。用筛选法求[1,100]区间的素数，并以每行10个的格式输出。

筛选法即埃拉托色尼筛法，他是古希腊数学家。算法是不断从数组元素中挖掉（清0）非素数，最后剩下的就是素数，具体方法如下：

① 将[1,100]内各整数放入一维数组中，如a数组。

② 挖掉a[0]，因1不是素数（a[0]=0）。

③ 用一个未被挖去的数a[i]去除它后边的所有元素，凡是能除尽者挖掉。即挖掉a[i]的所有倍数。

④ 如果a[i]小于N的平方根，重复步骤③，否则结束。

⑤ 输出a数组中的非0元素，即为[1,100]区间的所有素数。

2. 计算一个3×3矩阵的主对角线元素之和。

3. 输出以下杨辉三角形（要求输出前10行）。

```
1
1   2   1
1   3   3   1
1   4   6   4   1
1   5   10  10  5   1
1   6   15  20  15  6   1
…   …   …   …   …   …   …
```

4. 用数组编程，输出以下图形：

```
      *
     ***
    *****
   *******
    *****
     ***
      *
```

5. 编程实现，从键盘输入一行字符，单词间用空格隔开，统计出其中单词的个数。

6. 编写程序实现两个串的连接。功能和 strcat 函数一样，但不能用 strcat 函数。

7. 有 n 个人围成一圈，顺序排号。从第一个人开始报数（从 1 到 3 报），凡报到 3 的人退出圈子，问最后留下的是最初圈子里的第几号。要求用数组编程实现。

第6章 用函数实现模块化程序设计

在实际生产中，我们经常会用到组装的办法来简化生产。就像智能手机生产厂商生产一部智能手机需要事先从各个智能手机配件厂商采购智能手机的各个配件（如处理器、相机、显示屏、主板、电池等），在最后组装智能手机时，用到什么就从仓库里取什么，然后直接装上就可以了。绝不会在用到处理器时临时去生产一个处理器，用到相机时临时生产一个相机，用到什么临时去生产什么。

在设计程序时，我们也总是会“组装生产”，先将某个复杂的问题分解成若干简单的子问题，并把解决子问题的代码段编写成子函数，再通过主函数（相当于例子中的“智能手机生产厂商”）对各个子函数的调用来最终解决问题。这就是模块化程序设计的思路。

本章我们主要就是要弄清楚如何利用函数把较大的问题分解成若干子问题加以解决。

主要内容

- 函数的定义
- 函数的调用
- 数组在函数中的运用
- 函数的递归调用
- 变量的作用域与生存期

学习重点

- 掌握如何正确定义函数和编写函数
- 实现对函数的正确调用

6.1 函数概述

函数是具有一定功能的一段程序，一个函数用来实现一个功能。函数就是用来完成一定的功能的。“函数”是从英文 function 翻译过来的，其实，function 在英文中的意思既是“函数”，也是“功能”。函数名就是给该功能取个名字，如果该功能是用来实现输出的，那就是输出函数。

C 源程序是由函数组成的，**函数是程序的基本组成单元。**虽然在前面各章的程序中大都只有一个主函数（main 函数），但应用程序往往由多个函数组成。C 语言不仅提供了极为丰富的库函数，还允许用户建立自己定义的函数。用户可把自己的算法编成一个个相对独立的函数模块，然后用调用的方法来使用函数。一个 C 程序中函数调用的示意图如图 6-1 所示。

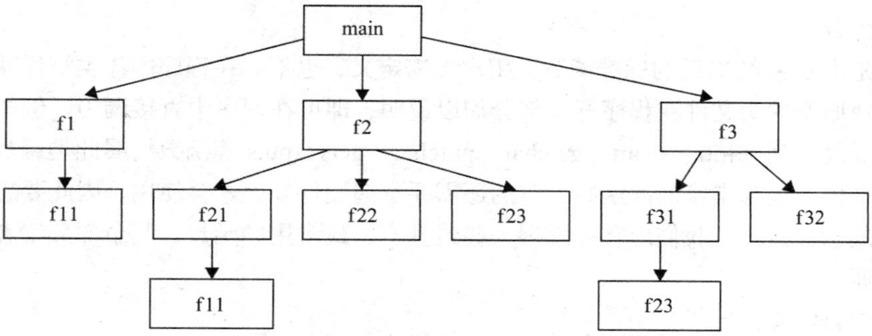

图 6-1　C 程序中函数调用的示意图

C 程序采用了函数模块式的结构，因此易于实现结构化程序设计。结构化程序的编写、阅读、调试很方便，层次结构也很清晰。

先看一个函数调用的简单 C 程序。

【例 6-1】　函数调用的简单例子。

程序源代码：

```
#include <stdio.h>
int main( )
{
    void print_star( );          /*声明无参函数 print_star */
    void print_message ( );      /*声明无参函数 print_message*/
    print_star( );               /*调用 print_star 函数*/
    print_message ( );           /*调用 print_message 函数*/
    print_star( );
    return 0;
}
void print_star( )               /*定义 print_star 函数*/
{
    printf("* * * * * * * * * * * * * * * * * * * * *\n\n");
}
void print_message( )        /*定义 print_message 函数*/
{
    printf("     Hello, world!\n\n");
}
```

程序运行结果：

```
* * * * * * * * * * * * * * * * * * * * *

         Hello, world!

* * * * * * * * * * * * * * * * * * * * *
```

程序说明：

本程序涉及以下三种函数。

（1）主函数 main

C 源程序是由一个主函数和若干个其他函数组成的。也就是说，一个 C 源程序必须有，且只能有一个主函数，并且它的名字 main 是由系统规定的，我们不能修改。

C 程序的执行总是从主函数开始，完成对其他函数的调用后再返回到主函数，最后由主函数的执行结束宣告整个 C 程序的结束。需要说明的是，主函数可以调用其他函数，而其他函数不可以调用主函数，主函数可以被操作系统调用，其他函数之间也可以互相调用。同一个函数可以被一个或多个函数调用任意多次。

（2）库函数

库函数是由 C 系统提供的标准函数，用户无需定义，也不必在程序中作类型说明，只需要将包含有该函数原型的头文件在程序开头部分加以说明，即可在程序中直接调用。例如，在前面各章的例题中反复用到 printf、scanf、getchar、putchar、gets、puts 等函数均属此类函数。

C 语言提供了极为丰富的库函数，有的还需要掌握硬件知识才会使用，因此要想全部掌握需要一个较长的学习过程。我们应首先掌握一些最基本、最常用的函数，其余部分读者可根据需要查阅有关手册。

（3）用户自定义函数

如例 6-1 中的 print_star 函数、print_message 函数是由用户根据需要按照函数定义的格式要求自己设计和定义的函数。对于用户自定义函数，不仅要在程序中定义函数本身，而且在主调函数模块中还必须对该被调函数进行声明，然后才能使用。

在 C 语言中可从不同的角度对函数分类：

① 从用户使用的角度看，函数可分为库函数（又称标准函数）和用户自定义函数两种。

② C 语言的函数兼有其他语言中的函数和过程两种功能，从这个角度看，可以把函数分为有返回值函数和无返回值函数两种。例如，例 6-1 中的两个函数 print_star 和 print_message 函数都是无返回值的函数。

③ 从主调函数和被调函数之间数据传送的角度看，又可将函数分为有参函数和无参函数两种。

注意

一个 C 程序由一个或多个程序模块组成，每一个程序模块作为一个源程序文件。对较大的程序，一般不会把所有内容全放在一个文件中，而是将它们分别放在若干个源文件中，由若干个源程序文件组成一个 C 程序。一个源程序文件可以为多个 C 程序共用，是一个编译单位，在程序编译时是以源程序文件为单位进行编译的，而不是以函数为单位进行编译的。

6.2　函数定义的一般形式

C 语言规定，在程序中用到的所有函数，必须“先定义，后使用”，即在调用函数之前，先要定义函数。

6.2.1　无参函数的定义

定义无参函数的一般形式如下：

```
类型名 函数名()
{
  函数体
}
```

其中，{}前一行的内容称为函数首部。函数首部中，“类型名”指明了本函数的类型，即函数返回值的类型；“函数名”是由用户定义的合法标识符；函数名后括号中的内容用于对该函数的参数进行声明。无参函数没有参数，但括号不可少。

{}中的内容称为函数体。函数体中的语句包括**声明部分**和**执行部分**，声明部分用于对函数体内部所用到的变量的类型说明或对该函数所调用的其他函数作声明，执行部分是指用来完成函数功能的语句，即除声明语句外的其他语句。

在很多情况下都不要求无参函数有返回值，此时函数类型符可以写为 void。

比如下面这个函数：

```
void hello()
{
    printf ("Hello, world! \n");
}
```

这里，void 为函数类型标识符，指明函数带回来的值为空，hello 为函数名。hello 函数是一个无参函数，当被其他函数调用时，其功能是输出“Hello，world!”字符串。

说明　也可以在无参函数的函数首部括号中写 void，表明其没有参数。

6.2.2　有参函数的定义

定义有参函数的一般形式如下：

类型名 函数名(形式参数表列)

{

函数体

}

有参函数比无参函数多了一个内容，即形式参数列表，它们可以是各种类型的变量，各参数之间用逗号间隔。

例如，定义一个函数，用于求两个数中的较大数，可写为：

```
int max(int a,int b)
    {
      if(a>b)return a;        /*执行语句部分*/
      else return b;
}
```

以上函数定义中，第 1 行说明 max 函数是一个整型函数，其返回的函数值是一个整数。形参为 a 和 b，均为整型。a、b 的具体值是由主调函数在调用时传送过来的。在{}中的函数体内，除形参外没有使用其他变量，因此只有执行语句而没有声明部分。在 max 函数体中的 return 语句是把 a 或 b 的值作为函数的值返回给主调函数。

注意　在 C 程序中，一个函数的定义可以放在任意位置，既可以放在主函数的定义之前，也可放在主函数的定义之后。值得注意的是，如果函数的调用出现在函数的定义之前，应该在调用该函数以前声明该函数，否则在进行函数调用时系统不能识别该函数。

6.2.3　空函数

在 C 程序设计中，有时会用到空函数，其定义形式如下：

类型名 函数名()

{}

例如：

```
void new()
{}
```

在主调函数中调用该函数时，什么工作都不做，不起任何实际作用，其主要作用是方便以后扩充新的函数功能。所以空函数在程序设计中也是经常用到的。

6.3 函数的参数与函数的值

通过上面的学习，我们知道什么是函数以及如何定义函数后，现在我们看一下函数中的参数与函数的值。

6.3.1 形式参数和实际参数

函数的参数分为形参和实参两种。在函数定义时函数名后面括号中的变量名称为**形式参数**（**简称形参**）。在主调函数中调用另一个函数时，在该函数名后面括号中的参数称为**实际参数**（**简称实参**）。实参可以是常量、变量或表达式。

形参在其所处的整个函数体内都可以使用，离开该函数则不能使用。实参出现在主调函数中，进入被调函数后，实参变量也不能使用。形参和实参的功能是实现数据传送。发生函数调用时，主调函数把实参的值传送给被调函数的形参从而实现主调函数向被调函数的数据传送。

下面我们通过例 6-2 来学习函数参数的相关知识。

【例 6-2】 从键盘输入两个整数，要求用函数求出较大者，然后输出。

【简要分析】 在主函数中调用求最大值的函数 max，把主函数中的变量 x 和 y 作为实际参数，传递给 max 函数的形式参数 a 和 b。

程序源代码：

```
#include <stdio.h>
int main()
{
    int max(int a,int b);          /*声明 max 函数*/
    int x,y,z;
    printf("Please input two numbers: "); /*提示输入数据*/
    scanf("%d,%d",&x,&y);          /*输入两个整数*/
    z=max(x,y);                    /*调用 max 函数，有两个实参。大数赋给 z*/
    printf("maxmum=%d\n",z);       /*输出大数 z*/
    return 0;
}
int max(int a,int b)               /*定义有参函数 max*/
{
    int c;                         /*定义临时变量*/
    c=a>b?a:b;                     /*把 a 和 b 中较大者赋给 c*/
    return(c);                     /*把 c 作为 max 函数的值带回 main 函数*/
}
```

程序运行结果：

```
Please input two numbers: 10,11
maxnum=11
```

程序说明：

在主函数中，由于准备调用后面的 max 函数，故先对 max 函数进行声明（程序第 4 行）。需要说明的是，函数定义和函数说明并不是一回事，在后续内容中将作专门讨论。可以看出函数说明与后面函数定义中的函数首部是相同的，但是末尾要加分号。程序第 8 行调用 max 函数，max 后面括号内的 x 和 y 是实参，此时把 x、y 中的值传送给 max 的形参 a、b。a 和 b 中较大者赋给 c， c 的值作为函数的值带回 main 函数。最后由主函数输出 z 的值。程序第 12～17 行定义了一个函数 max，其中第 12 行函数首部指定了函数名 max 和两个形参名 a 和 b 以及形参类型 int。

函数的形参和实参具有以下特点：

（1）形参只有在被调用时才分配内存单元，在调用结束时，即刻释放所分配的内存单元。因此，形参仅在本函数内部有效。函数调用结束返回主调函数后则不能再使用该形参。

（2）实参可以是常量、变量、表达式或函数等，例如：

```
z=max(10,11);
```

但无论实参是何种类型的量，在进行函数调用时，它们都必须具有确定的值，以便把这些值传送给形参。因此应预先用赋值、输入等办法使实参获得确定值。

（3）实参和形参在类型上必须相同或赋值兼容。如上例中实参和形参都是整型。再如，我们在前面的学习中已经知道整型数据和字符型数据是通用的，即它们是赋值兼容的。如果实参和形参的类型不一致，一律以形参的数据类型为准。

（4）实参和形参在数量和顺序上应严格一致，否则会发生“类型不匹配”的错误。

（5）函数调用中发生的数据传送是单向的。即只能把实参的值传送给形参，而不能把形参的值反向地传送给实参。因此在函数调用过程中，形参值发生改变时，实参的值不会随之变化。

6.3.2 函数的返回值

函数的返回值又称为函数的值，是指函数被调用之后，执行函数体中的程序段所取得的并返回给主调函数的值。通常，程序中需要函数返回一个值，如调用正弦函数要取得正弦值。函数的返回值是用 return 语句来实现的。

return 语句的一般形式为：

return 表达式;

或者为：

return(表达式);

例如：

```
return -1;
return(-1);
return z;
return(z);
```

都是正确形式的 return 语句。括号并不是必须的，但显然将表达式用括号括起来之后，显得更清楚一些。

return 语句用于结束函数的执行，并返回到主调函数。当 return 后面带有表达式时，将会计算表达式的值，并将该值转换为函数类型说明所指定的数据类型后返回至主调函数对本函数的调用处。

对函数的返回值有以下一些说明：

（1）在函数中允许有多个 return 语句，但每次调用只能有一个 return 语句被执行，因此只能返回一个函数值。例如上例程序中的最后两行。

（2）函数值的类型和函数定义中函数的类型应保持一致。如果两者不一致，则以函数定义中函数的类型为准，自动进行类型转换。

（3）对于不带回值的函数，应当定义函数为“void 类型”（或称“空类型”）。这样，系统就保证不使函数带回任何值，即禁止在调用函数中使用被调用函数的返回值。

注意 仅当函数的类型为 void 时，函数不返回值。其他类型的函数必定有返回值：如果 return 语句中有指定的表达式，则返回表达式的值；如果 return 语句中没有指定的表达式（即 return; ），则此时返回一个不确定的值。

6.4 函数的调用

完成函数定义之后，我们就可以进行函数调用了。C 语言中的函数分为系统函数和用户自定义函数两种。本节将介绍函数的调用方法。

6.4.1 函数调用的一般形式

C 语言中，函数调用的一般形式如下：

函数名(实参表列)

例如：

```
z=max(x,y);
```

实际表列中的参数可以是常量，变量或其他构造类型数据及表达式。各实参之间用逗号分隔。调用无参函数时则无实参表列，但是括号不能省略，也不能在括号中书写 void。

例如，对前面定义的无参函数 print_star 的调用形式如下：

```
print_star();
```

6.4.2 函数调用的方式

在 C 语言中，可以用以下几种方式调用函数：

（1）作为函数表达式的一部分：函数作为表达式中的一项出现在表达式中，用函数返回值参与表达式的运算。

例如：z=max(x,y)是一个赋值表达式，把 max 的返回值赋予变量 z。

（2）作为一个函数语句：函数调用的一般形式加上分号即构成函数语句。例如：

```
print_star( );
print_message( );
```

此处主函数不要求从被调函数返回函数值，而只要求函数完成一定的操作即可。

（3）作为函数的实参：函数作为另一个函数调用的实际参数出现。这种情况是把该函数的返回值作为实参进行传送，因此要求该函数必须是有返回值的。例如，

```
m=max(x,max(y,z));
```

其中 max(y,z)是一次函数调用，它的值作为 max 函数另一次调用时的实参。m 的值是 x,y,z 三者中的最大者。又如：

```
printf("%d",max(x,y));
```

即是把 max(x,y)作为 printf 函数的实参来使用。

6.4.3 被调用函数的声明和函数原型

同"使用变量前必须先说明变量"一样，在调用某函数之前应在主调函数中对其进行说明（声明），目的是把函数的名字、类型及形参的类型、个数、顺序通知编译系统。

函数声明（或函数原型）的一般形式如下：

函数类型 函数名（参数类型 1 参数名 1，参数类型 2 参数名 2，…，参数类型 n 参数名 n）；

或为：

函数类型 函数名（参数类型 1，参数类型 2，…，参数类型 n）；

括号内给出了形参的类型和形参名，或只给出形参类型。这便于编译系统进行检查，以防止可能出现的错误。

在例 6-2 的 main 函数中对 max 函数的声明：

```
int max(int a,int b);
```

可写为：

```
int max(int,int);
```

C 语言中规定在以下几种情况可以省去主调函数中对被调函数的函数声明。

（1）当被调函数的函数定义出现在主调函数之前时，可以不对被调函数作声明。

【例 6-3】 改写例 6-2，将被调函数的函数定义放在主调函数之前。

程序源代码：

```
#include <stdio.h>
int max(int a,int b)            /*定义有参函数 max*/
{
    int c;                      /*定义临时变量*/
    c=a>b?a:b;                  /*把 a 和 b 中大者赋给 c*/
    return(b);                  /*把 c 作为 max 函数的值带回 main 函数*/
}
int main()
{
    int x,y,z;
    printf("Please input two numbers: "); /*提示输入数据*/
    scanf("%d,%d",&x,&y);       /*输入两个整数*/
    z=max(x,y);                 /*调用 max 函数，有两个实参。大数赋给 z*/
    printf("maxmum=%d\n",z);    /*输出大数 z*/
    return 0;
}
```

程序运行结果：

```
Please input two numbers: 10,11
maxnum=11
```

程序说明：

函数 max 的定义放在 main 函数之前，结果和例 6-2 相同，因此可在 main 函数中省去对 max 函数的函数声明 int max(int a,int b)。

（2）如果在所有函数定义之前，在函数外预先声明了各个函数的类型，则在以后的各主调函数中，可不再对被调函数作声明。例如：

```
char str(int a);               /*以下 2 行在所有函数前，且在函数外部进行函数声明*/
float f(float b);
int main()   /*在 main 函数中要调用 str 和 f 函数不必再对所调用的这 2 个函数进行声明*/
{
    …
}
char str(int a)                /*定义 str 函数*/
{
    …
}
```

```
float f(float b)                    /*定义 f 函数*/
{
...
}
```

其中程序第 1、2 行对 str 函数和 if 函数预先作了声明。因此在以后各函数中无需对 str 和 if 函数再作声明就可以直接调用。

（3）对库函数的调用不需要再作声明，但必须把该函数的头文件用 include 命令包含在源文件前部。如在使用 printf、scanf、getchar、putchar 等函数时必须先使用编译预处理 “#include<stdio.h>” 将标准输入输出头文件包含到源文件内。

6.4.4 函数的嵌套调用

C 语言中不允许作嵌套的函数定义。因此各函数之间是平行的，不存在上一级函数和下一级函数的问题。但是 C 语言允许在一个函数的定义中出现对另一个函数的调用。这样就出现了函数的嵌套调用，即在调用一个函数的过程中，被调函数又调用了另一个函数。其关系如图 6-2 所示。

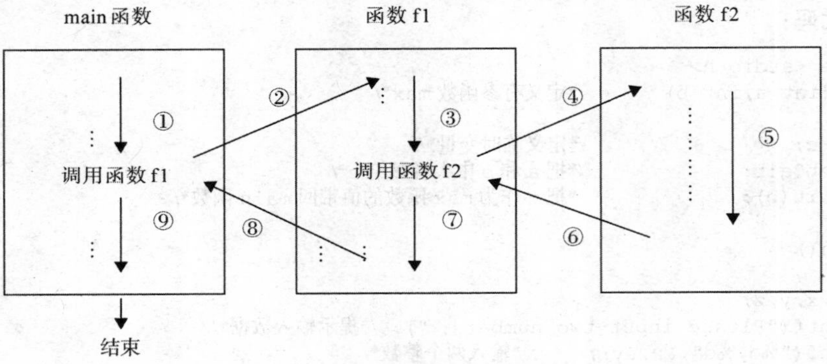

图 6-2　函数的嵌套调用

图 6-2 表示了两层嵌套的情形。其执行过程是：执行 main 函数的开头部分；遇函数调用语句，调用函数 f1，流程转去 f1 函数；执行 f1 函数的开头部分；遇函数调用语句，调用函数 f2，流程转去函数 f2；执行 f2 函数，如果再无其他嵌套的函数，则完成 f2 函数的全部操作。返回到 f1 函数中调用 f2 函数的位置；继续执行 f1 函数中尚未执行的部分，直到 f1 函数结束；返回 main 函数中调用 f1 函数的位置；继续执行 main 函数的剩余部分直到结束。

【例 6-4】 用函数的嵌套调用编写程序：输入 4 个整数，找出其中最大的数。

【简要分析】 根据题目要求，用函数的嵌套调用来处理。在 main 函数中调用 max4 函数，max4 函数的作用是找出 4 个数中的最大者。在 max4 函数中再调用另一个函数 max2。max2 函数用来找出两个数中的大者。在 max4 中通过多次调用 max2 函数，可以找出 4 个数中的大者，然后把它作为函数值返回 main 函数，在 main 函数中输出结果。

程序源代码：

```
#include <stdio.h>
int main()
{
    int max4(int a,int b,int c,int d);          /*对 max4 的函数声明*/
    int a,b,c,d,max;
    printf("Please input 4 numbers: ");          /*提示输入 4 个数*/
    scanf("%d,%d,%d,%d",&a,&b,&c,&d);           /*输入 4 个数*/
```

```
    max=max4(a,b,c,d);                          /*调用max4 函数，得到 4 个数中的最大者*/
    printf("max=%d\n",max);                     /*输出 4 个数中的最大者*/
    return 0;
}
int max4(int a,int b,int c,int d)               /*定义 max4 函数*/
{   int max2(int a,int b);                      /*对 max2 的函数声明*/
    int m;
    m=max2(a,b);                  /*调用 max2 函数，得到 a 和 b 两个数中的大者，放在 m 中*/
    m=max2(m,c);                  /*调用 max2 函数，得到 a，b，c3 个数中的大者，放在 m 中*/
    m=max2(m,d);                  /*调用 max2 函数，得到 a,b,c,d4 个数中的大者，放在 m 中*/
    return(m);                    /*把 m 作为函数值带回 main 函数*/
}
int max2(int a,int b)             /*定义 max2 函数*/
{
    if(a>=b)
        return a;                 /*若 a 大于或等于 b，将 a 作为函数返回值*/
    else
        return b;                 /*若 a 小于 b，将 b 作为函数返回值*/
}
```

程序运行结果：

```
Please input two numbers: 10,11,12,13
max=13
```

程序说明：

在主函数中要调用 max4 函数，因此在主函数的开头要对 max4 函数作声明。在 max4 函数中要 3 次调用 max2 函数，因此在 max4 函数的开头要对 max2 函数作声明。由于在主函数中没有直接调用 max2 函数，因此在主函数中不必对 max2 函数作声明，只须在 max4 中作声明即可。

6.4.5　函数的递归调用

在调用一个函数的过程中又出现直接或间接地调用该函数本身，称为函数的递归调用。这种函数称为递归函数。C 语言允许函数的递归调用。递归调用中，主调函数又是被调函数。执行递归函数将反复调用其本身，每调用一次就进入新的一层。

例如有函数 f 如下：

```
int f1(int x)
{
    int y,z;
    z=f1(y);                        /*在执行 f1 函数的过程中又要调用 f1 函数*/
    return z;
}
```

这个函数是一个递归函数。但是运行该函数将无休止地调用其本身，这当然是不正确的。为了防止递归调用无终止地进行，必须在函数内有终止递归调用的手段。常用的办法是加条件判断，满足某种条件后就不再作递归调用，然后逐层返回。下面举例说明递归调用的执行过程。

【例 6-5】　用递归法计算 $n!$。

用递归法计算 $n!$可用下述公式表示：

$$n!\begin{cases}1 & n=0,1\\ n\times(n-1)! & n>1\end{cases}$$

【简要分析】　求 n!可以用递推方法，即从 1 开始，乘以 2，再乘 3…一直乘到 n。这种方法容易理解，也容易实现。递推法的特点是从一个已知的事实（1！=1）出发，按照一定规律推出下一个事实（2！=1！*2），再从这个新的已知的事实出发，再向下推出一个新的事实，直到 n!

=n*(n-1)!。而如果用递推法的话，要按照 5! =4! *5，而 4! =3!*4，…，1! =1 这种思路求解。

程序源代码：

```
#include <stdio.h>
long fac(int n)
{
    long f;
    if(n<0) printf("n<0,input error!");
    else
        if(n==0||n==1) f=1;
        else f=fac(n-1)*n;
    return(f);
}
int main()
{
    int n;
    long y;
    printf("\nPlease input a inteager number: ");
    scanf("%d",&n);
    y=fac(n);
    printf("%d!=%ld",n,y);
    return 0;
}
```

程序运行结果：

```
Please input a inteager number: 5
5!=120
```

程序说明：

程序中给出的函数 fac 是一个递归函数。主函数调用 fac 后即进入函数 fac 执行，如果 n<0、n==0 或 n==1 时都将结束函数的执行，否则就递归调用 fac 函数自身。

下面我们举例说明该递归过程。设执行本程序时输入为 5，即求 5!。在主函数中的调用语句即为 y=fac (5)，进入 fac 函数后，由于 n=5，故应执行 f=fac (n-1)*n，即 f=fac (5-1)*5。该语句对 fac 作递归调用即 fac (4)，依次类推。

进行 4 次递归调用后，fac 函数形参取得的值变为 1，故不再继续递归调用而开始逐层返回主调函数。fac(1)的函数返回值为 1，fac(2)的返回值为 1*2=2，fac(3)的返回值为 2*3=6，fac(4)的返回值为 6*4=24，最后返回值 fac(5)为 24*5=120。

【例 6-6】 汉诺塔（Hanoi）问题。一块板上有三根针，A，B，C。A 针上套有 64 个大小不等的圆盘，大的在下，小的在上。要把这 64 个圆盘从 A 针移动 C 针上，每次只能移动一个圆盘，移动可以借助 B 针进行。但在任何时候，任何针上的圆盘都必须保持大盘在下，小盘在上。求移动的步骤。

【简要分析】 本题算法分析如下，设 A 上有 n 个盘子。

如果 n=1，则将圆盘从 A 直接移动到 C。

如果 n=2，则：

1. 将 A 上的 n-1（等于 1）个圆盘移到 B 上；
2. 再将 A 上的一个圆盘移到 C 上；
3. 最后将 B 上的 n-1（等于 1）个圆盘移到 C 上。

如果 n=3，则：

A. 将 A 上的 n-1（等于 2，令其为 n`）个圆盘移到 B（借助于 C），步骤如下：

（1）将 A 上的 n`-1（等于 1）个圆盘移到 C 上。

（2）将 A 上的一个圆盘移到 B。
（3）将 C 上的 n`-1（等于 1）个圆盘移到 B。
B. 将 A 上的一个圆盘移到 C。
C. 将 B 上的 n-1（等于 2，令其为 n`）个圆盘移到 C（借助 A），步骤如下：
（1）将 B 上的 n`-1（等于 1）个圆盘移到 A。
（2）将 B 上的一个盘子移到 C。
（3）将 A 上的 n`-1（等于 1）个圆盘移到 C。
到此，完成了三个圆盘的移动过程。
从上面分析可以看出，当 n 大于等于 2 时，移动的过程可分解为三个步骤：
第一步　把 A 上的 n-1 个圆盘移到 B 上；
第二步　把 A 上的一个圆盘移到 C 上；
第三步　把 B 上的 n-1 个圆盘移到 C 上；其中第一步和第三步是类同的。
当 n=3 时，第一步和第三步又分解为类同的三步，即把 n`-1 个圆盘从一个针移到另一个针上，这里的 n`=n-1。显然这是一个递归过程。

程序源代码：

```
#include <stdio.h>
void move(int n,int x,int y,int z)
{
    if(n==1)
        printf("%c-->%c\n",x,z);
    else
        {
            move(n-1,x,z,y);
            printf("%c-->%c\n",x,z);
            move(n-1,y,x,z);
        }
}
int main()
{
    int h;
    printf("\ninput number:\n");
    scanf("%d",&h);
    printf("the step to moving %2d diskes:\n",h);
    move(h,'a','b','c');
    return 0;
}
```

程序运行结果：

```
 input number:
4
the step to moving 4 diskes:
a→b
a→c
b→c
a→b
c→a
c→b
a→b
a→c
b→c
b→a
c→a
b→c
```

```
a→b
a→c
b→c
```

程序说明：

从程序中可以看出,move 函数是一个递归函数，它有四个形参 n,x,y,z。n 表示圆盘数，x,y,z 分别表示三根针。move 函数的功能是把 x 上的 n 个圆盘移动到 z 上。当 n==1 时，直接把 x 上的圆盘移至 z 上，输出 x→z。如 n!=1 则分为三步：递归调用 move 函数，把 n-1 个圆盘从 x 移到 y；输出 x→z；递归调用 move 函数，把 n-1 个圆盘从 y 移到 z。在递归调用过程中 n=n-1，故 n 的值逐次递减，最后 n=1 时，终止递归，逐层返回。

6.5 函数与数组

数组可以作为函数的参数使用，进行数据传送。数组用作函数参数有两种形式，一种是把数组元素（下标变量）作为实参使用；另一种是把数组名作为函数的形参或实参使用。

6.5.1 数组元素作函数实参

数组元素可以用作函数实参，不能用作形参。数组元素与普通变量并无区别，因此它作为函数实参使用与普通变量是完全相同的，在发生函数调用时，把实参数组元素的值传送给形参，实现单向的值传递。

【融会贯通】 请读者想想，数组元素为什么不能用作形参？

【例 6-7】 判断一整型数组各元素的值，若大于 0 则输出该值，若小于等于 0 则输出 0 值。

程序源代码：

```
#include <stdio.h>
void pd(int v)
{
    if(v>0)
       printf("%5d",v);
    else
       printf("%5d",0);
}
int main()
{
    int a[5],i;
    printf("Please input 5 numbers:");
    for(i=0;i<5;i++)
    {
        scanf("%d",&a[i]);
        pd(a[i]);
    }
    printf("\n");
    return 0;
}
```

程序运行结果：

```
Please input 5 numbers: 12 34 -56 78 -90
   12   34    0   78    0
```

本程序中首先定义一个无返回值的函数 pd，并说明其形参 v 为 int。在函数体中根据 v 值输出相应的结果。在 main 函数中用一个 for 语句输入 int 型数组 a 的各元素，每输入一个就以该元素值作为实参调用一次 pd 函数，即把 a[i]的值传送给形参 v，在 pd 函数中确定相应输出。

6.5.2　数组名作函数实参

生活中，我们经常需要批量地传送数据。而在 C 语言中，能够存储批量数据的数据类型是数组，但用数组元素作为函数实参时，只能实现一个元素值的传递。因此，C 语言中提供了用数组名作为函数参数的方式来实现批量数据的传送。

在第 5 章中已经介绍过，数组名是数组的首地址，是一个地址常量。不难理解，如果两个数组的首地址值相同，数据类型也相同，那么它们可以引用的数据元素值也是相同的。用数组名作为函数参数就是将实参数组的首地址值传给另一个相同数据类型的数组。

【例 6-8】　数组 score 中存放了某个学生 5 门课程的成绩，求其平均成绩。

【简要分析】　不用数组元素作为函数实参，而是用数组名作为函数实参，形参也用数组名，在 average 函数中引用各数组元素，求平均成绩并返回 main 函数。

程序源代码：

```
#include<stdio.h>
float average(float a[5])
{
    int i;
    float aver,sum=a[0];
    for(i=1;i<5;i++)
       sum=sum+a[i];
    aver=sum/5;
    return aver;
}
int main()
{
    float score[5],aver;
    int i;
    printf("Please input 5 scores:");
    for(i=0;i<5;i++)
       scanf("%f",&score[i]);
    aver=average(score);
    printf("The average score is %5.2f\n",aver);
}
```

程序运行结果：

```
Please input 5 scores: 89 91 83 97 90
The average score is 90.00
```

程序说明：

本程序首先定义了一个实型函数 average，有一个形参为实型数组 a，长度为 5。在函数 average 中，把各元素值相加求出平均值，返回给主函数。主函数 main 中首先完成数组 score 的输入，然后以 score 作为实参调用 average 函数，函数返回值送 aver，最后输出 aver 值。从运行情况可以看出，程序实现了所要求的功能。

【例 6-9】　改写【例 5-4】，即从键盘输入 N 个整数，将其按升序排列，要求使用函数。

（1）冒泡法排序

程序源代码：

```
#include<stdio.h>
#define N 10
int main()
{
```

```
    void sort(int array[],int n);
    int a[N],i;
    printf("请输入%d个整数：\n",N);
    for(i=0;i<N;i++)                    /*输入N个原始数据*/
       scanf("%d",&a[i]);
    sort(a,N);                          /*调用冒泡排序算法*/
    printf("升序排列结果如下：\n");
    for(i=0;i<N;i++ )                   /*输出排序后的数组元素*/
    printf("%4d",a[i]);
    printf("\n");
    return 0;
}
void sort(int array[],int n)
{
    int i,j,t;
    for(i=0;i<n-1;i++)                  /*N个元素比较N-1趟*/
    for(j=0;j<n-i-1;j++)                /*从前往后将相邻元素进行比较,小的交换到前面*/
        if(array[j]>array[j+1])
        {
            t=array[j];
            array[j]=array[j+1];
            array[j+1]=t;
        }
}
```

程序运行结果：

```
请输入10个整数：
49  38  65  97  76  13  27  49  12  34
升序排列结果如下：
12  13  27  34  38  49  49  65  76  97
```

（2）选择法排序

程序源代码：

```
#include <stdio.h>
#define N 10
int main()
{
    void sort(int array[],int n);
    int a[N],t,i,j,k;
    printf("请输入%d个整数\n",N);
    for(i=0;i<N;i++ )                   /*输入N个原始数据*/
    scanf("%d",&a[i]);
    sort(a,N);                          /*调用选择排序算法*/
    printf("升序排列结果如下：\n");
    for(i=0;i<N;i++ )
    printf("%4d",a[i]);
    printf("\n");
    return 0;
}
void sort(int array[],int n)
{
    int i,j,t,k;
    for(i=0;i<n-1;i++)                  /*逐次选择数组元素a[i]*/
    {
        k=i;                            /*进行比较之前，a[i]即为当前最小元素*/
        for(j=i+1;j<n;j++)              /*将a[i]与其后各个元素a[j]作比较*/
            if(array[j]<array[k])       /*出现新的较小元素a[j]*/
                k=j;                    /*用k记录a[i]至a[N]中最小元素的下标*/
        if(k!=i)                        /*a[i]如果已是最小值，则不必交换a[i]与a[k]*/
        {
```

```
            t=array[k];
            array[k]=array[i];
            array[i]=t;
        }
    }
}
```

程序运行结果：

```
请输入 10 个整数:
49  38  65  97  76  13  27  49  12  34
升序排列结果如下:
12  13  27  34  38  49  49  65  76  97
```

用数组名作为函数参数要注意以下 6 点：

（1）用数组名作为函数参数时，要求形参和相对应的实参必须是类型相同的数组，且都必须有明确的数组定义。当形参和实参二者类型不一致时，会发生错误。

（2）用数组名作为函数参数时，不是把实参数组的每一个元素的值都赋予形参数组的各个元素，而是把实参数组的首地址赋予形参数组名。形参数组名取得该首地址之后，也就等于有了实在的数组。实际上，形参数组和实参数组为同一数组，共同拥有一段内存空间，图 6-3 说明了这种情形。

	a[0]	a[1]	a[2]	a[3]	a[4]	a[5]	a[6]	a[7]	a[8]	a[9]
起始地址 2000	4	8	12	16	20	24	28	32	36	40
	b[0]	b[1]	b[2]	b[3]	b[4]	b[5]	b[6]	b[7]	b[8]	b[9]

图 6-3　数组名作函数参数的对应关系

图 6-3 中设 a 为实参数组，类型为整型。a 占有以 2000 为首地址的一块内存区。b 为形参数组名。当发生函数调用时，进行地址传送，把实参数组 a 的首地址传送给形参数组 b，即 b 也取得该地址 2000。于是 a、b 两数组共同占有以 2000 为首地址的一段连续内存单元。从图中 6-3 还可以看出 a 和 b 下标相同的元素实际上也占相同的两个内存单元（整型数组每个元素占 4 字节）。例如 a[0]和 b[0]都占用 2000、2001、2002 和 2003 单元，当然 a[0]等于 b[0]，以此类推则有 a[i]等于 b[i]。

（3）数组名作为函数参数是单向地址传递，但由于实际上形参和实参为同一数组，因此当形参数组发生变化，实参数组也随之变化。

（4）用数组名作为函数参数时，形参数组和实参数组的长度可以不相同，因为在调用时，只传送首地址而不检查形参数组的长度。应当予以注意的是，当形参数组的长度与实参数组不一致时，虽不至于出现语法错误（编译能通过），但程序执行结果将与实际不符。

（5）在函数形参表列中，允许不给出形参数组的长度，或增设一个形参变量来表示数组元素的个数。

例如，可以写为：

```
void pd(int a[])
```

或写为：

```
void pd(int a[], int n)
```

（6）多维数组也可以作为函数的参数。在函数定义时对形参数组可以指定每一维的长度，也可省去第一维的长度。因此，以下写法都是合法的。

```
int MA(int a[3][10])
```

或者

```
int MA(int a[][10])
```

【例 6-10】 有一个 3×4 的矩阵，求所有元素的最小值。

程序源代码：

```
#include<stdio.h>
int main()
{
    int min_value(int array[][4]);
    int i,j,a[3][4];
    printf("请输入 3×4 的矩阵:\n");
    for(i=0;i<3;i++)
    for(j=0;j<4;j++)
        scanf("%d",&a[i][j]);
    printf("Min value is %d\n",min_value(a));
    return 0;
}
int min_value(int array[][4])
{
    int i,j,min;
    min=array[0][0];
    for(i=0;i<3;i++)
    for(j=0;j<4;j++)
        if(array[i][j]<min)
            min=array[i][j];
    return(min);
 }
```

程序运行结果：

```
请输入 3×4 的矩阵:
12 34 5 18 11 23 0 54 19 10 43 27
Min value is 0
```

6.6 变量的作用域与生存期

前面我们在学习函数的过程中提到，在函数内部定义的变量不同于在函数外部定义的变量，这其实介绍了一个概念：变量作用域。变量作用域是 C 语言编程中非常重要的一个方面。本节将介绍这方面的内容。

6.6.1 局部变量和全局变量

我们已经知道，形参在其所处的整个函数体内都可以使用，离开该函数则不能使用。为什么会这样呢？这是因为任何变量都有其特定的有效范围。**变量在什么范围内有效称为变量的作用域**。不仅对于形参，C 语言中所有的变量都有自己的作用域。

从变量作用域的角度来看，变量可分为两种，即局部变量和全局变量。

1．局部变量

局部变量也称为内部变量，指在函数内部或复合语句内部定义的变量。其作用域仅限于本函数或复合语句内，离开该函数或复合语句后再使用这种变量就是非法的。

例如：

```
int f1(int a)        /*函数 f1*/
{
    int b,c;         a、b、c 有效
    …
}


int f2(int x)        /*函数 f2*/
{
      int y,z;       x、y、z 有效
  …
}
int main()           /*主函数*/
{
  int m,n;           m、n 有效
  …
 return 0;
}
```

在函数 f1 内定义了三个变量，a 为形参，b,c 为一般变量。在 f1 的范围内 a、b、c 有效，或者说 a、b、c 变量的作用域限于 f1 内。同理，x、y、z 的作用域限于 f2 内。m、n 的作用域限于 main 函数内。关于局部变量的作用域还要说明以下 4 点：

（1）主函数中定义的变量也只能在主函数中使用，不能在其他函数中使用。同时，主函数中也不能使用其他函数中定义的变量。因为主函数也是一个函数，它与其他函数是平行关系。这一点是与其他语言不同的，应予以注意。

（2）形式参数也是局部变量，只在被调函数中有效。

（3）允许在不同的函数中使用相同的变量名，它们代表不同的对象，分配不同的单元，互不干扰，也不会发生混淆。这就好比生活当中取姓名时的规则，同一个家庭中不允许 2 个以上的成员使用同一个名字，但不同的家庭中是可以使用相同的姓名的。

（4）在复合语句中也可定义变量，其作用域只在复合语句范围内。

例如：int main()

```
{
        int sum,a;
        …
        {
        int b;
        sum=a+b;         （b 的作用域）     sum,a 的作用域
            …
        }
        …
}
```

【例 6-11】　局部变量作用域举例。

程序源代码：

```
#include <stdio.h>
int main()
{
    int i=2,j=3,k;
    k=i+j;
    {
       int k=8;
       int i=3;              复合语句中定义的变量 k、i 有效
       printf("k=%d\n",k);
     }
```

```
    printf("i=%d,k=%d\n",i,k);    /*主函数中(复合语句外)定义的变量 i, k 有效*/
    return 0;
}
```

程序运行结果：

```
k=8
i=2,k=5
```

程序说明：

本程序在 main 中定义了 i、j、k 三个变量，其中 k 未赋初值。而在复合语句内又定义了一个变量 k，并赋初值为 8。应该注意这两个 k 不是同一个变量。在复合语句外由 main 定义的 k 起作用，而在复合语句内则由在复合语句内定义的 k 起作用。因此程序第 5 行的 k 为 main 所定义，其值应为 5。第 9 行输出 k 值，该行在复合语句内，由复合语句内定义的 k 起作用，其初值为 8，故输出值为 8。第 11 行输出 i、k 值，而第 11 行已在复合语句之外，输出的 i、k 应为 main 所定义的 i、k，此 i、k 值分别由第 4 行、第 5 行已获得为 2、5，故输出也为 2、5。

2. 全局变量

全局变量也称为外部变量，指在函数外部定义的变量。它不属于哪一个函数，它属于一个源程序文件。其作用域是从全局变量定义的地方开始直至整个源程序文件的结束为止。这就好比对于一个学校来说，校长属于整个学校，其职能范围也是整个学校，他不会单一地属于某一个部门。

在函数中使用全局变量，一般应作全局变量说明。只有在函数内经过说明的全局变量才能使用。全局变量的说明符为 extern。但在一个函数之前定义的全局变量，在该函数内使用可不再加以说明。

例如：

```
int a,b;             /*定义外部变量 a,b*/
void f1()            /*定义函数 f1*/
{
  …
}
float x,y;           /*定义外部变量 x,y*/
int fz()             /*定义函数 fz*/
{
  …
}
void main()          /*定义主函数*/
{
  …
}
```

从上例可以看出 a、b、x、y 都是在函数外部定义的外部变量，都是全局变量。但 x、y 定义在函数 f1 之后，而在 f1 内又无对 x、y 的说明，所以它们在 f1 内无效。a、b 定义在源程序最前面，因此在 f1、f2 及 main 内不加说明也可使用。

【例 6-12】 输入正方体的长宽高 l、w、h。求体积及三个面 x×y、x×z、y×z 的面积。

程序源代码：

```
#include <stdio.h>
int s1,s2,s3;
int vs( int a,int b,int c)
{
     int v;
     v=a*b*c;
     s1=a*b;
     s2=b*c;
```

```
    s3=a*c;
    return v;
}
int main()
{
    int v,l,w,h;
    printf("\nPlease input the length,width and height: \n");
    scanf("%d,%d,%d",&l,&w,&h);
    v=vs(l,w,h);
    printf("\nv=%d,s1=%d,s2=%d,s3=%d\n",v,s1,s2,s3);
    return 0;
}
```

程序运行结果：

```
Please input the length,width and height:
5, 4, 3
v=60, s1=20, s2=12, s3=15
```

【例 6-13】 外部变量与局部变量同名。

程序源代码：

```
#include <stdio.h>
int a=3,b=5;            /*a,b 为外部变量*/
int max(int a,int b)   /*a,b 为外部变量*/
{
    int c;
    c=a>b?a:b;
    return(c);
}
int main()
{
    int a=8;
    printf("maxnum=%d\n",max(a,b));
    return 0;
}
```

程序运行结果：

```
maxnum=8
```

程序说明：

通过上例的运行结果可见，如果同一个源文件中，外部变量与局部变量同名，则在局部变量的作用范围内，外部变量被“屏蔽”，即它不起作用。

6.6.2　变量的存储方式和生存期

1．动态存储方式与静态存储方式

前面已经介绍了，从变量的作用域（即从空间）角度来分，可以分为全局变量和局部变量。换一个角度，从变量值存在的作用时间（即生存期）角度来分，可以分为静态存储方式和动态存储方式。

静态存储方式：是指在程序运行期间分配固定的存储空间的方式。

动态存储方式：是指在程序运行期间根据需要动态的分配存储空间的方式。

用户存储空间可以分为三个部分（见图 6-4）：

（1）程序区

（2）静态存储区

图 6-4　用户存储空间示意图

（3）动态存储区

全局变量全部存放在静态存储区，在程序开始执行时给全局变量分配存储区，程序运行完毕就释放。在程序运行过程中它们占据固定的存储单元，而不动态地进行分配和释放。

动态存储区存放以下数据：

（1）函数形式参数。

（2）自动变量（未加 static 声明的局部变量）。

（3）函数调用时的现场保护和返回地址。

对以上这些数据，在函数开始调用时分配动态存储空间，函数结束时释放这些空间。

在 C 语言中，每个变量和函数有两个属性：数据类型和数据的存储类别。存储类别是指数据在内存中的存储方式。存储方式分为两大类：静态存储方式和动态存储方式。具体包括 4 种：自动的（auto）、静态的（static）、寄存器的（register）、外部的（extern）。

2. auto 变量

函数中的局部变量，如果没有专门声明为 static 存储类别，都是动态地分配存储空间的，数据存储在动态存储区中。函数中的形参和在函数中定义的变量（包括在复合语句中定义的变量），都属此类。在调用该函数时系统会给它们分配存储空间，在函数调用结束时就自动释放这些存储空间。这类局部变量称为自动变量。自动变量用关键字 auto 作为存储类别的声明。

例如：

```
int f(int a)          /*定义 f 函数，a 为参数*/
{auto int b,c=3;      /*定义 b，c 为自动变量*/
…
}
```

a 是形参，b、c 是自动变量，对 c 赋初值 3。执行完 f 函数后，自动释放 a、b、c 所占的存储单元。

对自动变量的说明：

（1）关键字 auto 可以省略，auto 不写则隐含定义为“自动存储类别”。

（2）自动变量属于动态存储方式。在函数中定义的自动变量，只在该函数内有效；函数被调用时分配存储空间，调用结束就释放。在复合语句中定义的自动变量，只在该复合语句中有效；退出复合语句后，也不能再使用，否则将引起错误。

（3）如果对自动变量仅定义而不初始化，则系统默认赋一不确定的值。如果初始化，则赋初值操作是在调用时进行的，且每次调用都要重新赋一次初值。

（4）由于自动变量的作用域和生存期，都局限于定义它的个体内（函数或复合语句），因此不同的个体中允许使用同名的变量而不会混淆。即使在函数内定义的自动变量，也可与该函数内部的复合语句中定义的自动变量同名。

注意　系统不会混淆同名自动变量，并不意味着用户也不会混淆，所以尽量少用同名自动变量。

3. 用 static 声明局部变量

有时希望函数中的局部变量的值在函数调用结束后不消失而保留原值，这时就应该指定局部变量为“静态局部变量”，用关键字 static 进行声明。

【例 6-14】 考察静态局部变量的值。

程序源代码：

```
#include <stdio.h>
f(int a)
{
    auto b=0;           /*定义自动变量b，每次执行都重新赋初值*/
    static c=3;         /*定义静态变量c，只赋一次初值*/
    b=b+1;
    c=c+1;
    return(a+b+c);
}
int main()
{
    int a=2,i;
    for(i=0;i<3;i++)
        printf("%d  ",f(a));
    printf("\n");
    return 0;
}
```

程序运行结果：

```
7  8  9
```

对静态局部变量的说明：

（1）静态局部变量属于静态存储类别，在静态存储区内分配存储单元。在程序整个运行期间都不释放。

（2）如果对静态局部变量仅定义但不初始化，则系统自动赋以 0（对数值型变量）或 '\0'（对字符型变量）值；且每次调用它们所在的函数时，不再重新赋初值，只是保留上次调用结束时的值。例如，若将例 6-14 中函数 f 的定义修改如下：

```
f(int a)
{
    auto b=0;           /*定义自动变量b，每次执行都重新赋初值*/
    static c;           /*定义静态变量c，未初始化，系统自动赋0值*/
    b=b+1;
    c=c+1;
    return(a+b+c);
}
```

则程序的输出结果为：4　5　6

【例 6-15】　打印 1～5 的阶乘值。

程序源代码：

```
#include <stdio.h>
int fac(int n)
{
    static int f=1;         /*定义静态整型变量f*/
    f=f*n;
    return(f);
}
int main()
{
    int i;
    for(i=1;i<=5;i++)
        printf("%d!=%d\n",i,fac(i));
    return 0;
}
```

程序运行结果：

```
1!=1
2!=2
```

```
3!=6
4!=24
5!=120
```

4. register 变量

为了提高效率，C 语言允许将局部变量的值放在寄存器中，这种变量叫“寄存器变量”，用关键字 register 进行声明。

【例 6-16】 寄存器变量的使用。

程序源代码：

```
#include <stdio.h>
int fac(int n)
{
    register int i,f=1;      /*定义寄存器变量 i,f*/
    for(i=1;i<=n;i++)
        f=f*i;
    return(f);
}
int main()
{
    int i;
    for(i=0;i<=5;i++)
        printf("%d!=%d\n",i,fac(i));
    return 0;
}
```

程序运行结果：

```
0!=1
1!=1
2!=2
3!=6
4!=24
5!=120
```

对寄存器变量的说明：

（1）只有局部自动变量和形式参数可以作为寄存器变量。

（2）一个计算机系统中允许使用的寄存器数目有限，不能定义任意多个寄存器变量。

（3）局部静态变量不能定义为寄存器变量。

（4）如果对寄存器变量仅定义而不初始化，则系统默认赋一不确定的值。

注意：现在的优化编译系统能够识别使用频繁的变量，并自动地将这些变量放在寄存器中，而不需要程序设计者自己指定。因此，用 register 声明变量实际上是没有必要的。读者对其有一定了解即可，以便在阅读他人编写的程序时遇到 register 能够正确理解。

5. 用 extern 声明全局变量

全局变量（即外部变量）是在函数的外部定义的，它的作用域为从变量定义处开始，到本程序文件的末尾。如果外部变量不在文件的开头定义，其有效的作用范围只限于定义处到文件终了。如果在定义点之前的函数想引用该外部变量，则应该在引用之前用关键字 extern 对该变量进行“外部变量声明”。表示该变量是一个已经定义的外部变量。有了此声明，就可以从“声明”处起，合法地使用该外部变量。

【例 6-17】 用 extern 声明外部变量，扩展程序文件中的作用域。

程序源代码：

```
#include <stdio.h>
```

```
int max(int x,int y)
{
    int z;
    z=x>y?x:y;
    return(z);
}
int main()
{
    extern A,B;                    /*声明外部变量 A，B*/
    printf("%d\n",max(A,B));
    return 0;
}
int A=13,B=-8;
```

程序运行结果：

13

程序说明：

在本程序文件的最后一行定义了外部变量 A、B，但由于外部变量定义的位置在函数 main 之后，因此本来在 main 函数中不能引用外部变量 A、B。现在我们在 main 函数中用 extern 对 A 和 B 进行“外部变量声明”，就可以从“声明”处起，合法地使用该外部变量 A 和 B。

习　题　6

1. 编写由三角形三边求面积的函数。

2. 写一个判断素数的函数，在主函数中输入一个整数，输出是否是素数。

3. 编写两个函数，分别求两个整数的最大公约数和最小公倍数，两个整数由键盘输入。

4. 一个整数如果恰好等于它的因子之和，这个数就称为“完数”。例如 6=1+2+3。编写一个函数判断一个整数是否为完数，然后写一个主函数调用此函数找出 1000 以内的所有完数。

5. 调用自定义函数的形式编程求 sum=a!+b!+c!。要求 a,b,c 的值从键盘输入，且为正整数。

6. 用递归算法求解以下问题：有 5 个老人坐在一起，问第 5 个老人多少岁？他说比第 4 个老人大 3 岁。问第 4 个老人岁数，他说比第 3 个老人大 3 岁。问第 3 个老人，又说比第 2 个老人大 3 岁。问第 2 个老人，说比第 1 个老人大 3 岁。最后问第 1 个老人，他说是 60 岁。请问第 5 个老人多大？

7. 编写一个函数，由实参传来一个字符串，统计此字符串中字母、数字、空格和其他字符的个数，在主函数中输入字符串以及输出上述的结果。

8. 用牛顿迭代法求根。方程为 $ax^3+bx^2+cx+d=0$，系数 a,b,c,d 的值依次为 1,2,3,4，由主函数输入。求 x 在 1 附件的一个实根。求出根后由主函数输出。

9. 编写函数：

（1）输入 5 个职工的姓名和职工号；

（2）按职工号由小到大顺序排序，姓名顺序也随之调整；

（3）要求输入一个职工号，用折半查找法找出该职工的姓名，从主函数输入要查找的职工号，输出该职工姓名。

10. 给出年、月、日，计算该日是该年的第几天。

第7章 用指针实现程序的灵活设计

通过前面各个章节的学习，我们已经能够采用结构化程序设计的思想，用函数作为程序模块单位，实现程序的模块化，处理常见的程序设计问题。但是，要实现程序的灵活设计，使程序简洁、紧凑、高效，我们常常需要在程序中使用指针。

指针是C语言中广泛使用的一种数据类型，也是C语言最具代表性的特点之一。指针极大地丰富了C语言的功能：灵活利用指针可以表示各种复杂数据结构；能方便且有效地使用数组和字符串；能像汇编语言一样直接处理内存地址；在调用函数时能获得一个以上的结果；能实现对动态分配的内存空间的有效管理。指针是学习C语言中最重要的一环，能否正确理解和灵活使用指针编出精炼而高效的程序是我们是否掌握C语言的一个标志。

本章主要介绍指针的相关概念以及如何利用指针实现程序的灵活设计。由于指针的灵活性，初学时很容易出错，读者在学习过程中除了要正确理解基本概念，还必须要多思考、多编程、多上机调试。只要作到这些，指针是不难掌握的。

主要内容

- 指针的基本概念
- 指向变量的指针变量及指针运算
- 指针与数组
- 指针与字符串
- 指针数组
- 指向指针的指针
- 指针与函数

学习重点

- 熟练掌握有关指针的概念和指针的运算
- 能利用指针有效地对变量、数组及字符串进行操作

7.1 指针的基本概念

1. 地址与指针

学校教学楼中的每个教室都有一个唯一确定的编号（即门牌号），通过这个编号我们总能找到相应的教室。在计算机中，所有的数据都存放在存储器中，一般把存储器中的一个字节称为一个内存单元，而存储器每个内存单元也有一个编号，根据一个内存单元的编号即可准确地找到该内存单元。**内存单元的编号也叫做地址。**既然根据内存单元的地址就可找到对应的内存单元，所以

C 语言中通常把地址称为指针。

2. 内存单元的指针与内存单元的内容

内存单元的地址（即指针）和内存单元的内容是两个不同的概念。对于一个内存单元来说，单元的地址即为指针，其中存放的数据则是该单元的内容。内存单元的地址是固定的，在这个内存单元中的内容是可以变化的，就好比教学楼中教室的编号是固定的，在教室中上课的学生是可以变化的一样。

3. 变量的指针

在前面已经有详细介绍过，不同数据类型的量所占用的内存单元数不等，并且占用内存空间的大小与编译环境也相关。如在 Visual C++ 6.0 编译环境下整型量占 4 个单元，字符量占 1 个单元等。如有以下定义：

```
int a;
float b;
char c;
```

编译系统可能会为它们在内存中进行如图 7-1 所示的分配。整型变量 a 占用 4 个字节单元；单精度浮点型变量 b 占用 4 个字节单元；字符型变量 c 占用 1 个单元。此时，我们可以把“2000H”这个内存地址单元编号称为变量 a 的指针，把“2004H”这个内存地址单元编号称为变量 b 的指针，把“2008H”这个内存地址单元编号称为变量 c 的指针。即：**变量的指针就是变量的地址。**

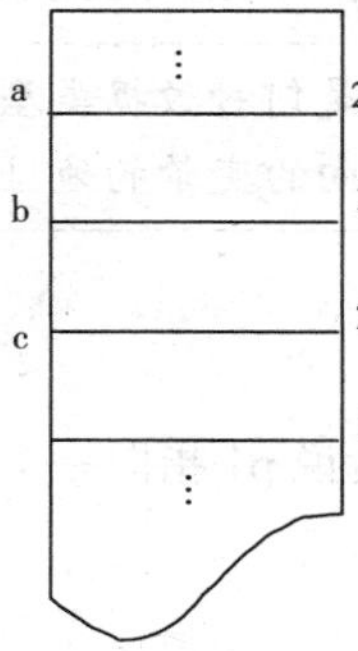

图 7-1

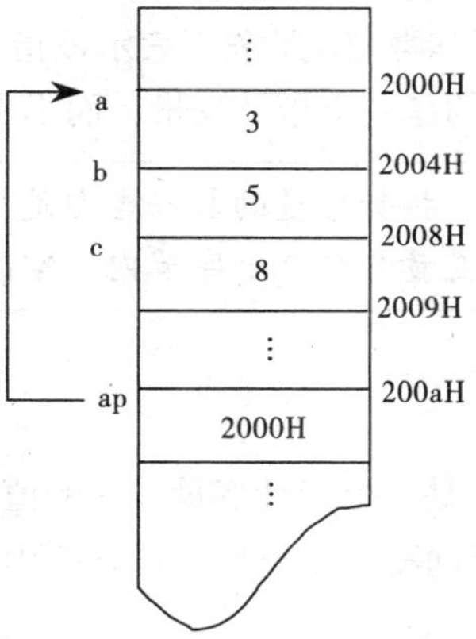

图 7-2 间接访问示意图

4. 直接访问与间接访问

在 C 语言中，允许用一个变量来存放指针，这种变量称为指针变量。因此，一个指针变量的值就是某个内存单元的地址或称为某内存单元的指针。在访问过程中，可以通过访问指针变量中所存放的地址值去间接访问该地址单元中所存放的内容。如图 7-2 所示，设有指针变量 ap，保存了变量 a 的地址。要访问变量 a 时，可以不直接去访问 2000H 地址单元，而是通过先访问 200aH 地址单元中所存放的地址值 2000H，再通过这个地址找到变量 a 的值，也就是存放在 2000H 地址单元中的值 3。这种访问方式称为“间接访问”。以往我们都是直接通过变量名来访问变量的值，这样的方式称为“直接访问”。

事实上，生活中经常发生“间接访问”的事情，例如，当甲要寻找乙时，却不知道的乙地址；但甲知道丙的地址，并且丙知道乙的地址。此时甲可以这么做：先找到丙，从丙处获得乙的地址，然后再通过这个地址找到乙。

> 注意
>
> 严格区分“指针”和“指针变量”的概念。指针是一个地址，是常量；指针变量是变量，可以被赋予不同的指针值。定义指针变量的目的是为了通过指针去访问内存单元。
>
> 指针变量的值是一个地址，该地址不仅可以是变量的地址，也可以是其他数据结构的地址。如数组或函数的首地址等。读者思考一下，在指针变量中存放数组或函数的首地址又有何意义呢？

7.2 指向变量的指针变量

如果一个指针变量保存了另一个变量的指针，我们就把这个指针变量称为指向变量的指针变量。为了表示指针变量和它所指向的变量之间的关系，在C程序中用“*”运算符表示“指向”。例如，如果“ap”代表指针变量，则“*ap” 代表ap所指向的变量（即ap的目标变量）。

7.2.1 指针变量的定义

指针变量是变量的一种，因此它也具有变量的特性，即在程序中必须先定义后使用。指针变量定义的一般形式如下：

基类型说明符　*变量名;

其中，“基类型说明符”表示该指针变量所指向的变量的数据类型；“*”也是一个说明符，说明紧跟其后的是一个指针变量，而不是一般变量；“变量名”即为定义的指针变量的名称。

> 注意
>
> 指针变量的数据类型是指针，不论“基类型说明符”是何种数据类型，系统都为指针变量分配2个字节内存空间，用于存放该指针变量所指向的变量的地址。

例如：

```
int *p1;
```

表示p1是一个指针变量，它的值是某个整型变量的地址。或者说p1指向一个整型变量。至于p1究竟指向哪一个整型变量，要由对p1赋予的地址值来决定。

再如：

```
int *p2;            /*定义指向整型变量的指针变量p2*/
float *p3;          /*定义指向单精度浮点型变量的指针变量p3*/
char *p4;           /*定义指向字符型变量的指针变量p4*/
```

应该注意的是，一个指针变量只能指向与该指针变量定义时的基类型说明符相同类型的变量，如上例中的p3只能指向单精度浮点型变量。

7.2.2 指针变量的引用

1. 指针的专用运算符

指针变量是特殊的变量，其运算也与普通变量不同，C语言为指针提供了两个专门的运算符。

（1）取地址运算符&

&是单目运算符，它的功能是计算对象的地址。其一般形式如下：

```
&变量名;
```

例如，&a表示取得变量a的地址，&b表示取得变量b的地址。需要注意的是，变量本身必须预先定义。

（2）指针运算符*（又称为间接访问运算符）

*也是单目运算符，当它作用于指针上时，表示间接访问该指针所指向的对象。例如：

```
int a=5,b,*ap;
ap=&a;          /*使 ap 指向 a*/
b=*ap;          /*将 ap 所指向的目标变量（即 a）的值赋给变量 b，执行该语句后 b 的值为 5*/
*ap=0;          /*将 0 值赋给 ap 所指向的变量（即 a），执行该语句后 a 的值为 0*/
```

注意

在不同场合，*的作用也是不同的。如果出现在变量定义中，则*仅是一个说明符，说明紧跟其后的变量是一个指针变量，如上例中第 1 行的“*ap”；如果是出现在引用中，则*就是间接访问运算符，如上例中第 3、4 行的“*ap”就表示指针变量 ap 所指向的目标变量 a。

2. 指针变量的赋值

（1）指针变量初始化

指针变量初始化是指在定义指针变量的同时就给指针变量赋初值。例如：

```
int a;
int *ap=&a;          /*定义指向整型变量 a 的指针变量 ap*/
```

说明

对指针变量初始化时，其初值必须是已经定义好的变量的地址。

例如，下面对指针变量初始化的语句是错误的：

```
int *ap=&a,a;        /*错误。不能把一个未定义的变量 a 的地址赋给指针变量 ap*/
```

（2）赋值语句

对一个已经定义了的指针变量，可以专门用赋值语句对其进行赋值。例如：

```
int a,*ap;
ap=&a;               /*将变量 a 的地址赋给指针变量 ap，或者说使指针变量 ap 指向变量 a*/
```

说明

不允许把一个数赋予指针变量，被赋值的指针变量前也不能再加“*”说明符。

例如，下面的两条赋值语句都是错误的：

```
int *p;
p=1000;              /*错误。不能把一个数赋予指针变量*/
*p=&a;               /*错误。被赋值的指针变量前不能再加“*”说明符*/
```

（3）将已被赋值的指针变量的值赋给另一指针变量

对一个已经定义了的指针变量，可以通过一个已赋值的指针变量对其进行赋值。例如：

```
int a,*ap,*bp;
ap=&a;               /*使指针变量 ap 指向变量 a*/
bp=ap;               /*将指针变量 ap 的值赋给指针变量 bp；执行该语句后 ap 和 bp 都指向同一变量 a*/
```

说明

只有相同基类型的指针变量之间可以相互赋值。

例如，下面的赋值语句是错误的：

```
int a=3,*ap=&a;
float bp;
bp=ap;               /*错误。指针变量 bp 只能指向 float 型变量（只能保存 float 型变量的地址）*/
```

（4）可以给指针变量赋 0 值

前面说过，不允许把一个数直接赋给指针变量，但有一个例外，可以将 0 赋给指向任何类型的指针，表示该指针不指向任何变量。例如：

```
char *p=0;
```

我们称这种其值为 0 的指针为空指针。为了程序的可读性，通常用符号常量 NULL（即 ASCII 码值为 0 的字符）来表示空指针的值。如“char *p=NULL;”。

说明　对 p 赋空值 NULL 和未对 p 赋值是两个完全不同概念。前者是有确定值的，其值为 0，不指向任何变量；而后者的值是不确定的。

注意　指针变量在使用之前必须先使它指向某个确定的地址，否则有可能会引起错误。例如：有两条语句“int *p; *p=5;”，由于未对指针变量 p 赋初值，则系统默认为其赋一个随机值，那么赋值操作“*p=5;”，5 到底存放在哪里是不能确定的；并且如果 p 所随机指向的地址单元正好是程序代码或系统所占用的地址，那么引起的后果就更加严重。

3. 指针变量加减一个整数

指针可以加减一个整数，但并不是地址量与整数值的简单相加。一个指针加一个整数，表示将指针后移；相反，一个指针减一个整数，则表示将指针前移。例如：

```
p++;        /*指针变量 p 后移 1 个基类型单元*/
p+=10;      /*指针变量 p 后移 10 个基类型单元*/
p--;        /*指针变量 p 前移 1 个基类型单元*/
p-=10;      /*指针变量 p 前移 10 个基类型单元*/
```

这里，一个基类型单元具体多大是根据该指针所指向的目标变量的数据类型而确定的。

通过对指针变量加减一个整数来移动指针的方法在 C 程序设计中通常用于数组的处理。因为数组占用的是一段连续的内存空间，通过对指针变量加减一个整数可以实现移动指针变量来指向不同的数组元素。值得注意的是，对指向一般变量的指针变量加减一个整数是没有实际意义的。

4. 两个同类指针变量相减

指向同一基类型的两个指针变量相减一般也用于数组。当两个指针变量指向同一数组的元素时，两个指针变量相减的差值即为两个指针变量所指向的元素之间相隔的元素个数。同样，任意两个指针变量相减也是没有意义的。

5. 两个同类指针变量作比较运算

当两个指针变量指向同一数组的元素时，两个指针变量址值，使用比较运算符：

```
>    >=    <    <=    ==    !=
```

指针变量的比较运算也常用于数组。当两个指针变量指向同一数组的元素时，通过对两个指针变量作比较运算可以判定两个指针变量所指向的数组元素的先后关系。任意两个指针变量的比较是没有实际意义的。

6. 指针变量的引用举例

【例 7-1】 通过指针变量引用变量的值。

程序源代码：

```
#include<stdio.h>
int main()
{    int a,b;
     int *ap, *bp;                    /*定义指向整型变量的指针变量 ap 和 bp*/
     a=100;
```

```
    b=10;
    ap=&a;                              /*使指针变量 ap 指向变量 a*/
    bp=&b;                              /*使指针变量 bp 指向变量 b*/
    printf("%d,%d\n",a,b);              /*输出变量 a，b 的值*/
    printf("%d,%d\n",*ap, *bp);         /*输出指针变量 ap，bp 所指向的目标变量的值*/
    return 0;
}
```

程序运行结果：

```
100,10
100,10
```

程序说明：

（1）在开头处虽然定义了两个指针变量 ap 和 bp，但它们并未指向任何一个整型变量。只是提供两个指针变量，规定它们可以指向整型变量。程序第 7 行、第 8 行的作用就是使 ap 指向 a，bp 指向 b。

（2）最后一行的*ap 和*bp 就是变量 a 和 b。即最后两个 printf 函数作用是相同的。

（3）程序中有两处出现*ap 和*bp，注意区分它们的不同含义。第 4 行定义指针变量时，*ap 和*bp 中的*仅仅是标识 ap 和 bp 是指针类型；最后一行的*ap 和*bp 中的*则是指针运算符，表示取 ap 和 bp 所指向的目标变量的值。

【思考验证】　请对下面关于“&”和“*”的问题进行考虑：

（1）如果已经执行了“ap=&a;”语句，则&*ap 是什么含义？

（2）*&a 是什么含义？

【例 7-2】　指针变量及其简单运算。

程序源代码：

```
#include<stdio.h>
int main()
{   int x=3,y,*xp=&x;        /*指针变量 xp 指向变量 x,后续代码中“*xp”表示 xp 的目标变量 x*/
    y=*xp+5;                 /*表示把 x 的值加 5 后赋给 y*/
    printf("y=%d\n",y);
    y=++*xp;                 /*表示把 x 的值加 1 后赋给 y，即++*xp 等价于++(*xp)*/
    printf("y=%d\n",y);
    y=*xp++;                 /*表示把 x 的值赋给 y 后再使 xp 后移，即本行等价于 y=*xp; xp++;*/
    printf("x=%d,y=%d\n",x,y);
    return 0;
}
```

程序运行结果：

```
y=8
y=4
x=4,y=4
```

程序说明：

指针变量和指针变量所指向的目标变量都可以加减一个整数时，要注意区分运算对象。

（1）程序第 5 行的“y=*xp+5;”，由于指针运算符“*”运算优先级高于加法运算符“+”，所以此处表示先计算“*xp”（即 xp 的目标变量 x 的值），再对其目标变量 x 的值加 5 后赋给 y。

（2）程序第 7 行的“y=++*xp;”，由于自增运算符“++”与指针运算符“*”运算优先级相同，且都是自右向左结合，所以此处表示先计算“*xp”（即 xp 的目标变量 x 的值），再对其目标变量 x 的值自增 1 后赋给 y。即，++*xp 等价于++(*xp)。

（3）程序第 9 行的“y=*xp++;”，由于自增运算符“++”与指针运算符“*”运算优先级相同，且都是自右向左结合，所以此处“*”和“++”均与“xp”结合，表示把*xp（即 x）的值赋给 y 后再使 xp 后移，即本行代码等价于“y=*xp; xp++;”。

7.2.3 指针变量作为函数参数

函数参数的类型不仅可以是整型、实型、字符型等，还可以是指针类型。如果函数的参数类型为指针型，这样在调用函数时，采用的是一种“传址”方式，在这种情况下，如果函数中有对形参值的改变，实际上也就是修改了实参的值。如果函数有两个及两个以上的参数类型为指针型，也就可以实现在调用函数时获得一个以上的结果了。

要编写一个交换两个变量的值的函数。首先，我们可能会写出如下的程序。

【例 7-3】 用一般变量作为参数，不能实现交换。

程序源代码：

```
#include <stdio.h>
int main()
{  int swap(int x,int y);                    /*声明函数 swap*/
   int a=100,b=10;
   printf("%d,%d\n",a,b);
                                             /*用变量 a，b 作为实际参数调用函数 swap*/
   swap(a,b);
   printf("%d,%d\n",a,b);
   return 0;
}
int swap(int x,int y)                        /*交换变量 x，y 的值*/
{   int temp;
    temp=x;   x=y;  y=temp;
}
```

程序运行结果：

```
100,10
100,10
```

从运行结果可以看出，该程序并没有实现变量 a、b 值的交换。这是因为，在 C 语言中，函数参数的传递都是单向值传递。当 main 函数调用 swap 函数时，只是将实参 a、b 的值传递给了形参 x、y。如图 7-3 所示，当 x、y 接收到实参值后，在 swap 函数中仅将形参 x、y 的值交换，并没有影响实参 a、b。

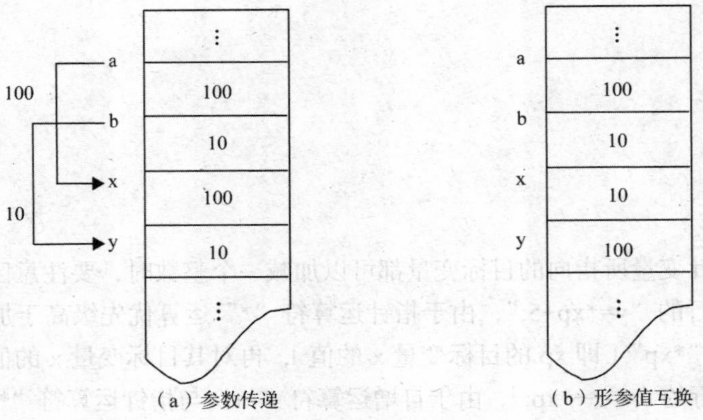

图 7-3　例 7-3 的示意图

下面我们将程序改写为用指针作为函数参数。

【例 7-4】 用指针作为参数，实现两个变量值的交换。

程序源代码：

```
#include<stdio.h>
int main()
{    int swap(int *ap,int *bp) ;      /*声明函数 swap*/
     int a=100,b=10;
     printf("%d,%d\n",a,b);
     swap(&a,&b);                     /*用变量 a，b 的地址作实际参数调用函数 swap*/
     printf("%d,%d\n",a,b);
     return 0;
}
int swap(int *ap,int *bp)  /*交换指针变量 ap，bp 所指向的地址单元中的内容*/
{    int temp;
     temp=*ap;
     *ap=*bp;
     *bp=temp;
}
```

程序运行结果：

```
100,10
10,100
```

从运行结果可以看出，该程序达到了交换变量 a、b 值的目的。下面来看看程序执行的具体情况。

当 main 函数调用 swap 函数时，实参是变量 a 和 b 的地址，形参是指针变量 ap 和 bp，如图 7-4（a）所示。虽然函数参数的传递仍然是单向值传递，但这一次传的是地址值，参数传递的结果是使 ap 指向变量 a，使 bp 指向变量 b。相当于语句：ap=&a;bp=&b;显然，*ap 就是 a，*bp 就是 b。所以，在 swap 函数中交换*ap、*bp 的值，其实就是交换实参 a、b 的值。如图 7-4（b）所示。

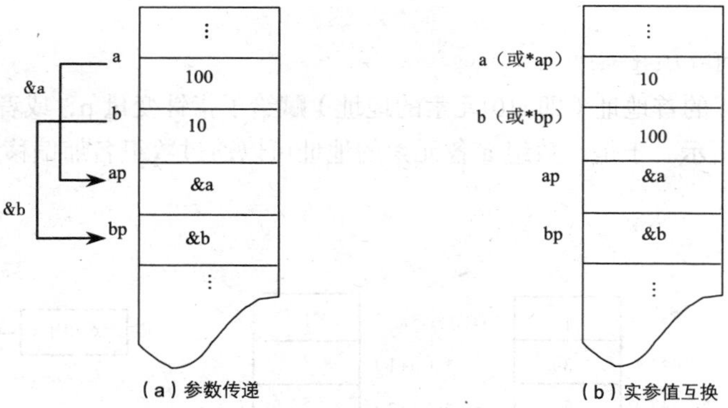

图 7-4　例 7-4 的示意图

从例 7-4 可以看出，虽然 C 语言中的函数参数都是单向值传递，不能通过改变形参的值来实现对实参值的修改，但是可以利用指针变量作为函数参数，通过改变指针变量所指向的目标变量的值（并非形参指针变量自身的值）来实现对主调函数中对应的变量值的修改。

利用指针作为函数参数是函数间数据传递的一条新的途径。

7.3　指针与数组

一个变量，根据它的数据类型占有连续的几个内存单元，这几个连续的内存单元的起始地址

就是该变量的指针。一个数组在内存中占用一块连续的存储单元，数组名就是这块连续内存单元的首地址（即第一个数组元素的地址），它是一个指针常量。**在 C 语言中，把数组的首地址称为数组的指针**。一个数组包含若干元素，每个数组元素也占用连续几个内存单元，这几个连续内存单元的首地址就是数组元素的地址，**在 C 语言中，把数组元素的地址称为数组元素的指针**。指针和数组的关系非常密切，本节主要介绍指向数组元素的指针变量、指向一维数组的指针变量以及如何正确地使用指针来引用和处理数组及其元素，使程序更加简明紧凑，效率更高。

7.3.1 指针与一维数组

1. 指向数组元素的指针变量

设有以下一维数组的定义：

```
int a[10];
```

则该数组包含 10 个整型数据元素 a[0],a[1],a[2],⋯,a[9]，如图 7-5（a）所示。数组名 a 就是数组的指针（即&a[0]），各数组元素的地址可以通过数组名加偏移量来取得。

各数组元素的地址依次可表示为：a,a+1,a+2,⋯,a+9。

相应的数组元素则可表示为：*a, *(a+1),*(a+2),⋯,*(a+9)。如图 7-5（b）所示。

可以通过指向数组元素的指针变量引用数组元素。

由于一个数组元素相当于一个下标变量，所以指向数组元素的指针变量和指向普通变量的指针变量的定义形式相同，一般形式如下：

基类型说明符　*指针变量名;

例如：

```
int a[10];
int *p;
p=&a[0];     /*也可写为：p=a;*/
```

这样，就把数组 a 的首地址（即 a[0]元素的地址）赋给了指针变量 p，或者说使 p 指向数组 a 的首地址。如图 7-6 所示。于是，数组 a 各元素的地址可以通过数组名加偏移量来取得，依次可表示为：

```
p,p+1,p+2,⋯,p+9
```

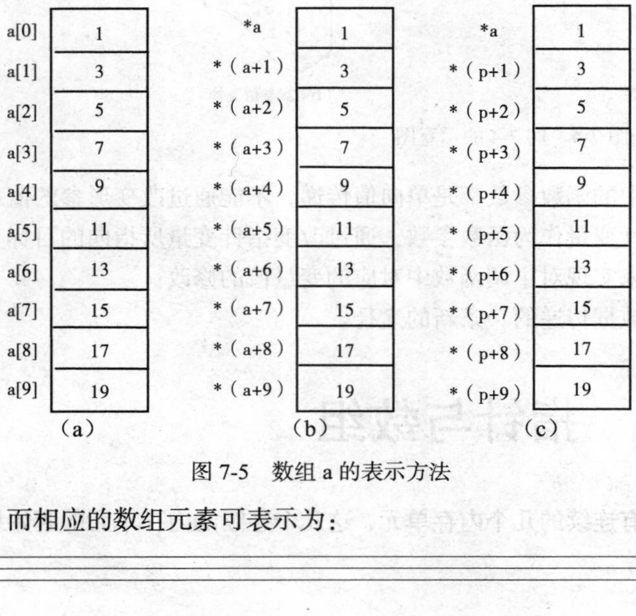

图 7-5　数组 a 的表示方法

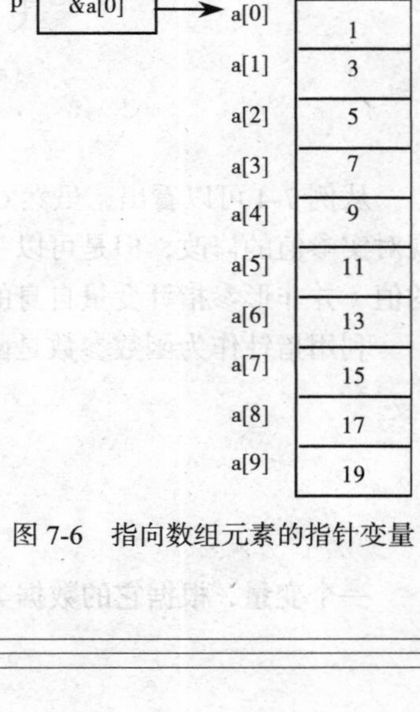

图 7-6　指向数组元素的指针变量

而相应的数组元素可表示为：

```
*p, *(p+1),*(p+2),…,*(p+9)
```

如图 7-5（c）所示。

C 语言规定，数组名代表数组的首地址，即第 0 号元素的地址，显然语句 p=&a[0];和语句 p=a;是等价的。

另外，在定义指针变量时也可以赋初值，例如：

```
int *p=&a[0];
```

或

```
int *p=a;
```

说明

（1）p、a、&a[0]均指向同一单元，它们是数组 a 的首地址，也就是 0 号元素 a[0]的地址，但是 p 是指针变量，而 a、&a[0]都是指针常量。

（2）指向数组元素的指针变量的基类型应该和数组元素的数据类型一致。

2. 通过指针引用数组元素

根据以上叙述，引用一个数组元素可以用以下三种办法：

（1）下标法：即用 a[i]形式访问数组元素。

（2）常量指针法：即采用*（a+i）的形式，通过指针常量 a 间接访问数组元素。

（3）指针变量法：即采用*（p+i）形式，通过指针变量 p 间接访问数组元素，其中 p 是指向数组首地址的指针变量。

【例 7-5】　输出数组中的全部元素。

设有定义 int a[5];则要输出各元素的值有以下 5 种基本方法。请读者结合代码中的注释对程序加以理解。

（1）下标法

程序源代码：

```
#include<stdio.h>
int main()
{    int a[5],i;
     printf("\n 请输入 5 个整数: ");
     for(i=0;i<5;i++)
         scanf("%d", &a[i]);
     for(i=0;i<5;i++)
         printf("a[%d]=%-4d",i,a[i]);
     printf("\n");
     return 0;
}
```

（2）常量指针法

程序源代码：

```
#include<stdio.h>
int main()
{    int a[5],i;
     printf("\n 请输入 5 个整数: ");
     for(i=0;i<5;i++)
         scanf("%d", a+i); /*a 为数组首地址, a+i 表示从地址 a 处移动 i 个整型单元*/
     for(i=0;i<5;i++)
       printf("a[%d]=%-4d",i,*(a+i));
     printf("\n");
     return 0;
}
```

（3）指针变量法

程序源代码：

```
#include<stdio.h>
int main()
{    int a[5],i,*p=a;        /*定义数组 a 和指针变量 p，并对 p 赋初值为数组首地址 a*/
     printf("\n 请输入 5 个整数：");
     for(i=0;i<5;i++)
         scanf("%d", p+i); /*p+i 表示从数组首地址处移动 i 个整型单元*/
     for(i=0;i<5;i++)
         printf("a[%d]=%-4d",i,*(p+i));
     printf("\n");
     return 0;
}
```

（4）指针带下标法

程序源代码：

```
#include<stdio.h>
int main()
{    int a[5],i,*p=a;        /*定义数组 a 和指针变量 p，并对 p 赋初值为数组首地址 a*/
     printf("\n 请输入 5 个整数：");
     for(i=0;i<5;i++)
         scanf("%d", &p[i]);    /*p 初值为数组首地址 a，因此&p[i]等价于&a[i]*/
     for(i=0;i<5;i++)
         printf("a[%d]=%-4d",i,p[i]);
     printf("\n");
     return 0;
}
```

（5）逐个移动指针法

程序源代码：

```
#include<stdio.h>
int main()
{    int a[5],i,*p=a;        /*定义数组 a 和指针变量 p，并对 p 赋初值为数组首地址 a*/
     printf("\n 请输入 5 个整数：");
     for(i=0;i<5;i++)
     scanf("%d", p++); /*p 为指针变量，其值可以改变，p++即使其不断后移*/
     p=a;              /*使指针 p 重新指向数组首地址，以便再次通过 p 引用各数组元素*/
     for(i=0;i<5;i++)
         printf("a[%d]=%-4d",i,*p++);
     printf("\n");
     return 0;
}
```

以上 5 个程序的程序运行结果相同：

```
请输入 5 个整数：1   3   5   7   9
a[0]=1   a[1]=3   a[2]=5   a[3]=7   a[4]=9
```

程序说明：

从上面的例子可以看出：

（1）当指针变量 p 指向数组 a 时，a[i]、p[i]、*(a+i)、*(p+i)四种表示是完全等价的。C 编译系统对 a[i]、p[i]、*(a+i)、*(p+i)四种表示的处理方法也是等价的，即按照相同的地址计算规则计算出元素的地址后取内容，因此四种方法的执行效率也是相同的。

（2）指针变量可以实现本身值的改变，如 p++。利用指针变量的这一特点，在按递增或递减顺序访问数组时，使用 p++或 p--运算，可以提高程序的执行效率，并使程序更加简明。

（3）数组名 a 是数组的首地址，是指针常量，它的值是不能改变的。如 a++是错误的。

（4）要注意指针变量的初始化。如在例 7-5 的第 3、第 4 和第 5 种方法中，在定义指针 p 时就对其初始化为 a。没有初始化的指针其指向是不确定的，对没有初始化的指针在使用过程中存在的隐患本书 7.2.2 节中已经叙述过。

（5）要注意指针变量的当前值。请分析下面的程序。

【例 7-6】　输出数组中的全部元素。

程序源代码：

```
#include<stdio.h>
int main()
{    int a[5],i,*p=a;         /*定义数组 a 和指针变量 p，并对 p 赋初值为数组首地址 a*/
     printf("\n 请输入 5 个整数：");
     for(i=0;i<5;i++)
         scanf("%d", p++); /*p 为指针变量，其值可以改变，p++即使其不断后移*/
     for(i=0;i<5;i++)
         printf("a[%d]=%d ",i,*p++); /*输出 p 所指向内存单元的内容，并使 p 不断后移*/
     printf("\n");
     return 0;
}
```

程序运行结果：

```
请输入 5 个整数：1    3    5    7    9
a[0]=1245120 a[1]=4199193   a[2]=1   a[3]=3673568   a[4]=3673672
```

程序说明：

这个程序初看起来好像没什么问题，但运行结果却显然不是数组 a 各元素的值。这是因为经过第一个 for 循环输入数据以后，指针变量 p 已经从指向数组的首地址 a 移到了数组的末尾 a+5，当执行第二个 for 循环时，每次执行 p++时，p 所指向的已不再是数组 a 的元素，而是数组 a 以外的内存单元。

这里需要指出，当 p 指向数组 a 以外的内存单元时，C 编译系统并不指出越界错误，而是继续执行。这是因为 p 是指向整型数据的指针变量，它可以指向任意的两个连续字节单元。

找到原因后，本程序可在第二个 for 循环之前让 p 重新指向 a 即可，如例 7-5 的第 5 种方法。

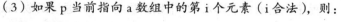

注意

（1）*p++等价于*(p++)，因为++和*同优先级，结合方向自右而左。

（2）(*p)++表示 p 所指向的元素值加 1。

（3）如果 p 当前指向 a 数组中的第 i 个元素（i 合法），则：

```
*(p++)相当于 a[i++]
*(p--)相当于 a[i--]
*(++p)相当于 a[++i]
*(--p)相当于 a[--i]
```

3. 用数组的指针作为函数参数

本书第 6 章中已经介绍过，数组名可以作为函数的参数。在 6.5.2 节中已经介绍过，实参是数组名时，形参应定义为与实参数组同类型的数组形式，当形参数组的元素值发生改变时，实参数组的元素值也相应改变。为什么会产生这样的效果呢？通过对指针的学习以后，我们不难理解其中原因：数组名是数组的首地址，实参向形参传送数组名实际上就是传送数组的地址，形参得到该地址后也指向同一数组。这就好比使同一件事物有两个不同的名称一样。

指针变量可保存数组的首地址，当然也可以作为函数的参数使用。

【例 7-7】　用冒泡法对 10 个整数按升序排序。

程序源代码：

```
#include<stdio.h>
```

```
#define N 10
int main()
{   void output(int *p,int n); /*声明输出函数 output */
    void sort(int x[],int n);  /*声明排序函数 sort*/
    int a[N], *p,i;
    printf("请输入%d 个整数: \n",N);
    for(i=0;i< N;i++)                /*从键盘输入各数组元素的值*/
        scanf("%d,",&a[i]);
    printf("\n");
    printf("各数组元素的原始值如下: \n");
    output(a,N);                  /*输出各数组元素的原始值*/
    p=a;                          /*使指针变量 p 指向数组 a 的首地址*/
    sort(p,N);                    /*用数组 a 的首地址 p 和元素个数 N 作实参调用排序函数 sort*/
    printf("排序后各数组元素的值如下: \n ");
    output(a,N);                  /*输出排序后的各数组元素值*/
    return 0;
}
void output(int *p,int n)
{   int i;
    for(i=0;i<n;i++)
        printf("%-5d",*(p+i));
    printf("\n");
}
void sort(int x[],int n)          /*用数组 x 接收数组 a 的首地址*/
{   int i,j,k,t;
    for(i=0;i<n-1;i++)
    {    for(j=0;j<n-1-i;j++)
             if(x[j]>x[j+1])
             {t=x[j];x[j]=x[j+1];x[j+1]=t;}
    }
}
```

程序运行结果：

```
请输入 10 个整数:
1    0    4    8    12   65   -76  100  -45  123
各数组元素的原始值如下:
1    0    4    8    12   65   -76  100  -45  123
排序后各数组元素的值如下:
-76  -45  0    1    4    8    12   65   100  123
```

程序说明：

（1）程序执行流程：该程序在主函数中读入 10 个数到数组 a，并通过函数 output()将数组各元素的初值依次输出。然后，程序通过调用函数 sort()完成对数组元素的排序工作，并再次通过调用函数 output()将排序后的数组各元素的值依次输出。

（2）关于函数 output()

函数 output()的函数原型为：void output(int *p,int n)；其中，第 1 个形参是指针变量 p，它要求接收一个整型单元的地址量；第 2 个形参 n，接收一个整型值。

程序第 13 行和第 17 行先后两次调用函数 output()，其调用形式为：output(a,N);其中，第 1 个实参是数组名 a，即数组 a 的首地址（也可写成&a[0]）；第 2 个实参为符号常量 N，是数组元素的个数。在函数调用时，将数组的首地址 a 传递给被调函数中的形参 p，p 接收到该地址值后也就指向了数组的存储空间，然后在被调函数中就通过指针 p 访问和处理数组中的数据了。

（3）关于函数 sort()

函数 sort()的函数原型为：void sort(int x[],int n)；其中，第 1 个形参是数组 x，它要求接收一个整型单元的地址量，相当于是一个指针变量；第 2 个形参 n，接收一个整型值。

程序第 15 行函数 sort()的调用形式为：sort(p,N);其中，第 1 个实参是指针变量 p，其值为数组 a 的首地址（由第 14 行语句 p=a;完成）；第 2 个实参为符号常量 N，是数组元素的个数。在函数调用时，将数组 a 的首地址 p 传递给被调函数中的形参数组 x[]，x 接收到该地址值后指向数组 a 的存储空间。这样一来，在被调函数中对 x 所指向的 10 个整型数据单元进行访问并用冒泡法进行排序，实际上也就实现了对数组 a 的访问和排序。

注意　要在被调函数中改变实参数组的元素值，归纳起来，实参和形参的对应关系有以下 4 种情况：①实参和形参都用数组名；②实参和形参都用指针变量；③实参用数组名，形参用指针变量；④实参用指针变量，形参用数组名。

7.3.2 指针与多维数组

使用指针也能指向多维数组及其元素，但情况稍复杂一些。本小节以二维数组为例介绍与多维数组相关的指针变量。

1. 多维数组的地址

设有整型二维数组的定义如下：

```
int a[2][3]={{1,2,3},{4,5,6}};
```

设数组 a 的首地址为 2000H，各下标变量的首地址及其值如图 7-7 所示。

前面介绍过，C 语言允许把一个二维数组分解为多个一维数组来处理。因此数组 a 可分解为两个一维数组，即 a[0]和 a[1]，每一个一维数组又含有三个元素。其中，a[0]含有 a[0][0]、a[0][1]、a[0][2]三个元素，a[1]含有 a[1][0]、a[1][1]、a[1][2]三个元素。如图 7-8 所示。

将图 7-7 和图 7-8 结合起来观察可见，a 是一个 2 行 3 列的二维数组，可将它看成是有两个元素 a[0]和 a[1]的一个特殊一维数组，只不过 a[0]和 a[1]自身又是一个有 3 个元素的一维数组。因此，a 是一个特殊一维数组的数组名，是该一维数组的首个元素 a[0]的地址，等价于&a[0]，即二维数组 0 号行的首地址，值为 2000H。同理，a+1 是二维数组 1 号行的首地址，值为 200CH。

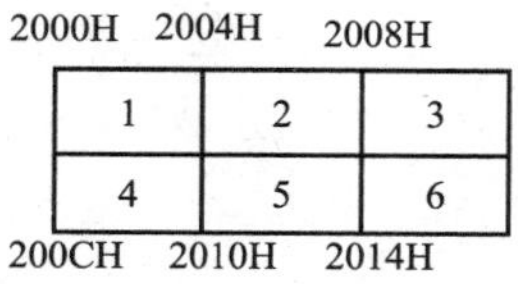

图 7-7　数组 a 各元素的地址及其值

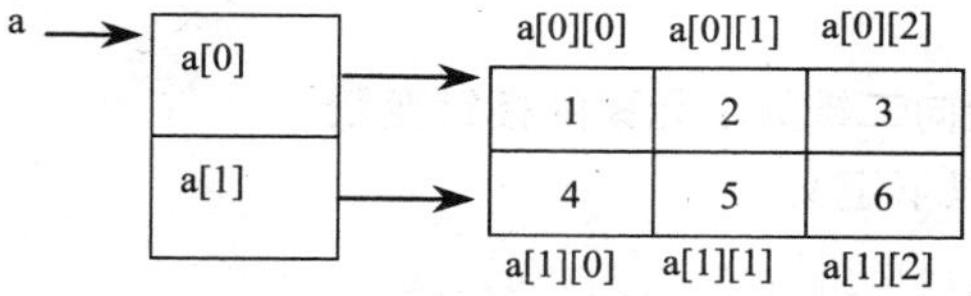

图 7-8　二维数组 a 分解为两个一维数组

对二维数组 a 分行考虑，a[0]是一个一维数组的数组名，是该一维数组的首个元素地址，等价于&a[0][0],值为 2000H。由于 a[0]与*(a+0)或*a 是等效的，因此，它们均表示一维数组 a[0]的 0 号元素首地址，即二维数组 a 的 0 行 0 列元素首地址,值为 2000H。可见，a[0]、*(a+0)、*a、&a[0][0]这四种表达方式是等价的。同理，a[1]也是一个一维数组的数组名和首地址，是该一维数组的首个元素地址，等价于&a[1][0],值为 200CH。由于 a[1]与*(a+1)、&a[1][0]是等效的，因此，它们均表示一维数组 a[1]的 0 号元素首地址，即二维数组 a 的 1 行 0 列元素首地址,值为 200CH。可见，a[1]、*(a+1)、&a[1][0]这三种表达方式是等价的。

注意　在 i 合法（不越界）的情况下，a+i 与 a[i]、*(a+i)、&a[i][0]是等值的,但并不是等价的。a+i 表示数组 a 的 i 号行的行首地址；而 a[i]，*(a+i)，&a[i][0]表示数组 a 的 i 号行的 0 列元素的地址。

综上所述，在 i 和 j 均合法（不越界）的情况下，a[i]也可以看成是 a[i]+0，是一维数组 a[i]的 0 号元素的地址，即&a[i][0]；而 a[i]+j 则是一维数组 a[i]的 j 号元素的地址，即&a[i][j]。数组 a 的 0 号行元素的地址表示如图 7-9 所示。

另外，由 a[i]=*(a+i)得 a[i]+j=*(a+i)+j，都表示二维数组 a 的第 i 行 j 列元素的地址，即&a[i][j]。所以，二维数组 a 的第 i 行 j 列元素的值可表示为：a[i][j]、*(a[i]+j)或*(*(a+i)+j)等。

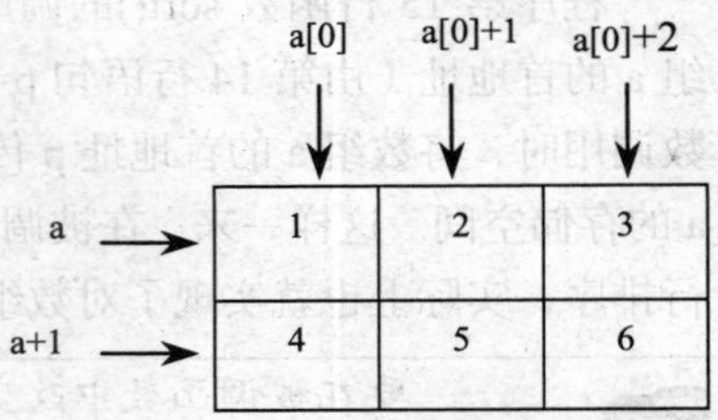

图 7-9　0 号行数组元素的地址表示

【例 7-8】　数组元素及其地址的几种表达形式。

程序源代码：

```
#include<stdio.h>
int main()
{   int a[2][3]= {{1,2,3},{4,5,6}};
    printf("%x,",a);                 /*0 号行首地址*/
    printf("%x,",*a);                /*0 号行 0 列元素地址*/
    printf("%x,",a[0]);              /*0 号行 0 列元素地址*/
    printf("%x,",&a[0]);             /*0 号行首地址*/
    printf("%x\n",&a[0][0]);         /*0 号行 0 列元素地址*/
    printf("%x,",a+1);               /*1 号行首地址*/
    printf("%x,",*(a+1));            /*1 号行 0 列元素地址*/
    printf("%x,",a[1]);              /*1 号行 0 列元素地址*/
    printf("%x,",&a[1]);             /*1 号行首地址*/
    printf("%x\n",&a[1][0]);         /*1 号行 0 列元素地址*/
    printf("%x,",a[1]+1);            /*1 行 1 列元素地址*/
    printf("%x\n",*(a+1)+1);                                  /*1 行 1 列元素地址*/
    printf("%d,%d\n",*(a[1]+1),*(*(a+1)+1));                  /*1 行 1 列元素的值*/
    return 0;
}
```

程序运行结果：

```
12ff68, 12ff68, 12ff68, 12ff68, 12ff68
12ff74, 12ff74, 12ff74, 12ff74, 12ff74
12ff78, 12ff78
5, 5
```

2.　指向二维数组元素的指针变量

设有以下定义：

```
int a[2][3]={{1,2,3},{4,5,6}};
int *p;
p=a[0];
```

则指针变量 p 指向数组 a 的 0 行 0 列元素，通过指针 p 的移动就可以访问数组 a 的各个元素。

【例 7-9】　用指针变量输出多维数组元素的值。

程序源代码：

```
#include<stdio.h>
int main()
{    int a[2][3]= {{1,2,3},{4,5,6}},i;
     int *p=a[0];         /*使指针变量 p 指向数组 a 的 0 行 0 列元素*/
     for( i=0;i<6;i++)
     {
         printf("%-4d",p[i]);
         if((i+1)%3==0) printf("\n");
     }
     return 0;
}
```

程序运行结果：

```
1   2   3
4   5   6
```

3. 指向一维数组的指针变量

指向一维数组的指针变量说明的一般形式如下：

类型说明符　(*指针变量名)[长度];

其中，“类型说明符”为指针变量所指向的数组的类型说明符。“*”表示其后的变量是指针类型。“长度”表示一个二维数组分解为多个一维数组时，一维数组的长度，也就是二维数组的列数。

注意　“(*指针变量名)”两边的括号不可少，如缺少括号则表示是指针数组（将在 7.5 节介绍），意义就完全不同了。

例如，设有二维数组定义如下：

```
int a[2][3];
```

数组 a 可分解为一维数组 a[0]和 a[1]。若有以下指针变量的定义：

```
int (*p)[3];
```

表示 p 是一个指针变量，它可以指向包含 3 个整型元素的一维数组。若执行语句“p=&a[0];”或“p=a;”则表示使指针变量 p 指向一维数组 a[0]，而 p+1 则指向一维数组 a[1]。从前面的分析可知，当 i 和 j 均合法（不越界）时，*(p+i)+j 是二维数组 a 第 i 行 j 列的元素的地址，而*(*(p+i)+j)则是第 i 行 j 列元素的值。

【例 7-10】　用指向一维数组的指针变量输出二维数组中的各元素值。

程序源代码：

```
#include<stdio.h>
int main()
{     int a[2][3]={1,2,3,4,5,6};
      int(*p)[3];            /*定义 p 为指向包含 3 个元素的一维数组的指针变量*/
      int i,j;
      p=a;                   /*使指针变量 p 指向数组 a 的首行*/
      for(i=0;i<2;i++)
      {
           for(j=0;j<3;j++)
                printf("%-4d",*(*(p+i)+j));      /*输出第 i 行 j 列元素的值*/
           printf("\n");
      }
      return 0;
}
```

程序运行结果：

```
1   2   3
4   5   6
```

7.4　字符串与指针

在 C 语言中，可以用字符数组或者字符指针处理字符串。当用字符数组处理字符串时，和前面介绍的数组属性一样，数组名代表字符数组的首地址。而用字符指针处理字符串会更方便、灵活。

7.4.1 字符指针的定义与引用

指向字符型数据的指针称为字符指针。例如：

```
char *p;
```

该语句定义指针变量 p，它可以指向某个字符串，也可以指向某个字符型变量。主要是按对指针变量的赋值不同来区别的。

对指向字符变量的指针变量应赋予该字符变量的地址。如：

```
char c,*p=&c;
```

表示 p 是一个指向字符变量 c 的指针变量。

对指向字符串的指针变量应赋予一个字符串的首地址。如：

```
char *p="China";
```

表示首先定义 p 是一个字符指针变量，然后把字符串的首地址赋予它（应写出整个字符串，以便编译系统把该串装入连续的一块内存单元）。该语句等效于：

```
char *p;
p="China";
```

在 C 语言中，经常用指针来处理字符数组中的字符串。

【例 7-11】 用字符指针处理字符数组中的字符串。

程序源代码：

```
#include<stdio.h>
int main()
{
    char s[]="China";
    char *p=s;                  /*使指针变量 p 指向字符数组 s 的首地址*/
    while(*p!='\0')             /*输出各数组元素的值*/
    {
        putchar(*p);
        p++;            /*使指针 p 不断后移*/
    }
    printf("\n");
    return 0;
}
```

程序运行结果：

```
China
```

程序说明：

该程序中使字符指针 p 指向字符数组 s 的首地址，输出时，从 p 所指向的位置开始逐个输出数组元素，直至遇到字符串结束标志'\0'。如图 7-10 所示。

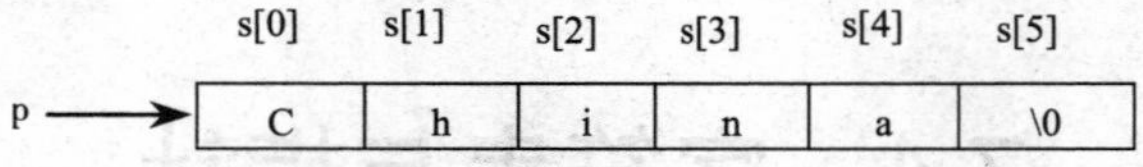

图 7-10 字符串“China”的存储状态

另外，在 C 语言中，也可以直接使用字符指针来处理字符串。

【例 7-12】 用字符指针处理字符串。

```
#include<stdio.h>
int main()
```

```
{   char *p="China";
    printf("%s\n",p);
    return 0;
}
```

程序运行结果：

```
China
```

程序说明：

该程序中没有定义字符数组，而是直接使字符指针 p 指向一个字符串常量“China”。实际上，C 语言对字符串的处理也是把它当作一个字符数组，为其开辟一段连续的存储空间来依次存放各个字符。如图 7-11 所示。

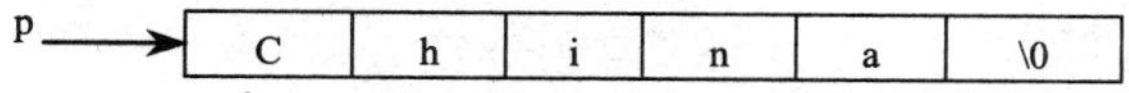

图 7-11　使指针 p 指向字符串"China"

需要说明的是，用字符数组和字符指针变量都可以实现字符串的存储和运算。但是两者是有区别的，读者在使用时应重点注意以下几个问题：

（1）字符指针变量本身是一个变量，用于存放字符串的首地址，而不是存放字符串。字符串本身是存放在以该首地址开始的一段连续内存空间中，并以'\0'作为串的结束标志。而字符数组是由若干个数组元素组成的，它可用来存放整个字符串。

（2）用字符指针变量处理字符串时，对字符指针变量赋初值，可采用以下两种方式：

① 在定义字符指针变量的同时完成初始化；

② 先定义字符指针变量，再用赋值语句对其赋初值。

例如：

```
char *p="China";
```

等价于：

```
char *p;
p="China";
```

而用字符数组处理字符串时，可以在定义数组时整体赋初值，但不能在定义之后用赋值语句整体赋值。例如：

```
char s[]={"China"};
```

不能写为：

```
char s[20];
s={"China"};
```

而只能对字符数组 s 的各元素逐个赋值。

（3）字符数组中各元素的值是可以改变的（即可以对它们多次赋值），但字符指针变量指向的字符串中的内容是常量，是不可以对它们作改变的（即不能对它们再次赋值）。例如：

```
char s[]={"good"};
char *p="good";
s[0]='f';      /*合法，数组 S 的 0 号元素值改为'f'，s 中存放字符串"food"*/
p[0]='f';      /*非法，字符串常量"good"的第一个字符是字符常量，不能作修改*/
```

（4）指针变量的值是可以改变量，使用指针变量处理字符串更加方便、灵活。见下例。

【例 7-13】　输出字符串中第 n 个字符之后的所有字符。

程序源代码：

```
#include<stdio.h>
int main()
{    char *p="this is a book";
     int n;
     printf("请输入整数n:");
     scanf("%d",&n);
     p=p+n;    /*使指针p指向第n+1个字符的地址*/
     printf("%s\n",p);
     return 0;
}
```

程序运行结果：

```
请输入整数n:10
book
```

程序说明：

在程序中对p初始化时，即把字符串首地址赋予它，当执行语句p=p+n之后，p指向字符串的第n个字符，如果输入数字10，则p指向字符'b'，因此输出为“book”。

需要注意的是，如果我们输入的数字超出了0～14的范围（程序中字符串"this is a book"的长度为14），则当执行语句p=p+n之后,p指针变量所指向的内存空间已不在字符串内部，此时的输出将是不确定的。

7.4.2 字符指针作为函数参数

将一个字符串从一个函数传递到另一个函数，可以用“传址”方式实现，即用字符数组名作为函数参数，或用字符指针变量作为参数。如前所述，用字符数组处理字符串时，数组元素的值可以被改变，如果在被调函数中对数组元素作改变，主调函数中的数组元素也随之改变；而用字符指针变量处理字符串时，不允许对字符串中的字符作改变。分析例7-14中的两个程序。

【例7-14】 对字符串内容作修改。

（1）用字符数组作实参处理字符串

程序源代码：

```
#include<stdio.h>
void change(char *s)
{    s[2]='r';                /*修改数组2号元素的值*/
}
int main()
{    char a[]="file";         /*将字符串"file"保存到数组a*/
     change(a);               /*用数组名a作函数实参*/
     printf("%s\n",a);
     return 0;
}
```

程序运行结果：

```
fire
```

（2）用字符指针变量作实参处理字符串

程序源代码：

```
/*本程序运行出错*/
#include<stdio.h>
void change(char *s)
{    s[2]='r';                /*非法，不能修改字符指针变量p所指向的字符串内容*/
}
```

```
}
int main()
{    char *p="file";          /*使字符指针变量 p 指向字符串的首地址*/
     change(p);               /*用字符串"file"的首地址 p 作函数实参*/
     printf("%s\n",p);
     return 0;
}
```

程序说明：

例 7-14 中（1）、（2）两个程序的区别在于：程序（1）中用字符数组作实参处理字符串时，在被调函数 change()中对数组元素作改变 s[2]='r';，因此主调函数中数组 a 的内容由字符串"file"改变为字符串"fire"；程序（2）中用字符指针变量 p 作实参处理字符串，由于指针变量 p 保存了字符串常量"file"的首地址，可以通过 p 引用字符串中的内容，但却不可对其作修改，因此该程序调试过程中，在编译和连接阶段都没有发现错误，但运行阶段会出现异常。

7.5 指针数组

各个元素的值都是指针的数组，叫作指针数组。指针数组是一组有序的指针的集合，其所有元素都必须是具有相同存储类别和相同基类型的指针变量。

指针数组说明的一般形式如下：

基类型说明符 *数组名[数组长度]；

其中基类型说明符为指针值所指向的变量的类型。

例如：

```
int *p[5];
```

表示 p 是一个指针数组，它有 5 个数组元素，每个元素值都是一个指针，指向整型变量。

C 语言中，指针数组常用于对二维数组或一组字符串进行处理。

7.5.1 用指针数组处理二维数组

在 C 程序设计中，通常可用一个指针数组来指向一个多维数组。指针数组中的每个元素被赋予二维数组每一行的首地址，因此也可理解为指向一个一维数组。例如一个二维数组：

```
int a[3][4];
```

可以看作是以 a[0]、a[1]、a[2]为首地址的 3 个一维数组。可以定义指针数组：

```
int *pa[3];
pa[0]=a[0];
pa[1]=a[1];
pa[2]=a[2];
```

这样，指针数组 pa 的 3 个元素就分别指向了 3 个一维数组，也就可以通过这三个指针引用二维数组 a 中的各个元素。a[i][j]和*(a[i]+j)、*(pa[i]+j)和 pa[i][j]四种表示方法完全等价。

【例 7-15】 用指针数组处理二维数组。

程序源代码：

```
#include<stdio.h>
int main()
{    int a[2][3]={{1,2,3},{4,5,6}},i,j;
     int *pa[2];    /*定义数组 pa，它的两个元素 pa[0]和 pa[1]都是存放指针值的*/
```

```
    pa[0]=a[0];           /*使数组元素 pa[0]指向数组 a 的 0 号行首地址*/
    pa[1]=a[1];           /*使数组元素 pa[1]指向数组 a 的 1 号行首地址*/
    for( i=0;i<2;i++)
    {   for(j=0;j<3;j++)
            printf("%-4d",*(pa[i]+j)); /*输出数组 a 各数组元素的值*/
        printf("\n");
    }
    return 0;
}
```

程序运行结果：

```
1  2  3
4  5  6
```

程序说明：

本程序中，pa 是一个指针数组，两个元素 pa[0]和 pa[1]分别指向二维数组 a 的各行。然后用循环语句输出指定的数组元素。其中，*(pa[i]+j)表示第 i 行 j 列元素值。读者要仔细领会元素值的各种不同的表示方法。

7.5.2 用字符指针数组处理一组字符串

前面我们已经介绍过，对于一个字符串，可以用一维字符数组或一个指向字符型数据的指针变量来处理。但是，当有多个字符串，并且这些字符串不等长时，用字符指针数组来处理就显得十分灵活、方便，并且也能提高其存储效率和执行速度。

指向字符串的指针数组的初始化更为简单。例如：

```
char *p[5]={ “Basic” , “Pascal”, “Fortran” , “C” , “Java” };
```

定义了字符指针数组 p，它有 5 个元素，每个元素都是指针值。其中，p[0]指向字符串“Basic”，p[1]指向字符串“Pascal”，p[2]指向字符串“Fortran”，p[3]指向字符串“C”，p[4]指向字符串“Java”。其示意图如图 7-12 所示。

有了上面的定义后，就可以像使用普通指针那样来使用指针数组了。例如：

```
for(i=0;i<5;i++)
   printf(“%s”,pa[i]);
```

将输出：

```
Basic Pascal Fortran C Java
```

【例 7-16】 用冒泡法对图 7-12 所示的字符串按字母顺序升序排序。

程序源代码：

```
#include<stdio.h>
#include <string.h>
void sort(char *a[],int n)
{    int i,j;
     char *t;
     for(i=0;i<n-1;i++)
          for(j=0;j<n-i-1;j++)
              if(strcmp(a[j],a[j+1])>0)
                  {t=a[j]; a[j]=a[j+1]; a[j+1]=t;}
}
int main()
{    char *p[5]={ "Basic", "Pascal","Fortran", "C", "Java"};
     int i;
     sort(p,5);
     for(i=0;i<5;i++)
```

```
        printf("%s\n",p[i]);
    return 0;
}
```

程序运行结果：

```
Basic
C
Fortran
Java
Pascal
```

程序说明：

本程序在主函数中定义了指针数组 p，并对其作了初始化赋值，使每个元素都指向一个字符串，各元素的指向关系如图 7-13 所示。然后又以 p 作为实参调用函数 sort，在调用时把指针数组名 p 赋予形参指针数组 a，元素个数 5 作为第二个实参赋予形参 n。

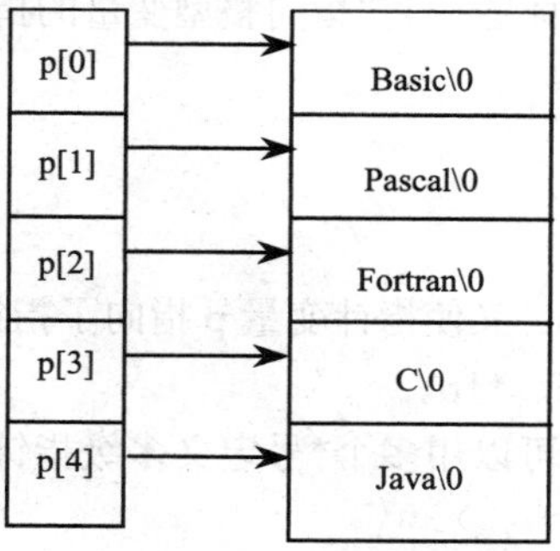

图 7-12　指针数组 pa 的示意图

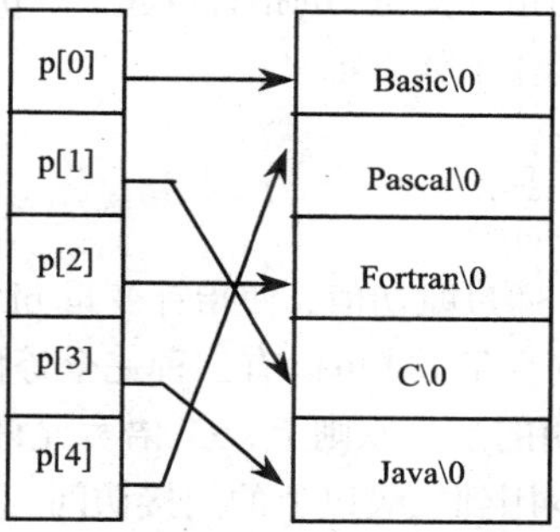

图 7-13　排序后数组 p 各元素的指向关系

sort 函数采用冒泡法排序，与前面介绍过的数值型数据排序的主要不同之处是用 strcmp 函数来实现两个字符串的比较。当两个字符串次序不对时，只是交换两个指针的指向关系，而不是交换字符串本身。这样，不但能充分利用存储空间，而且还提高了程序的执行速度。

执行 sort 函数后，指针数组 p 中各元素的指向关系如图 7-13 所示。从图中可以看出，原字符串的位置并没有改变，改变的只是各指针数组元素的指向关系。

7.6　指向指针的指针

如果一个指针变量存放的又是另一个指针变量的地址，则称这个指针变量为指向指针的指针变量。

在前面已经介绍过，通过指针访问变量称为间接访问。由于指针变量直接指向变量，所以称为“单级间址”。而如果通过指向指针的指针变量来访问变量则构成“二级间址”。其示意图如图 7-14 所示。

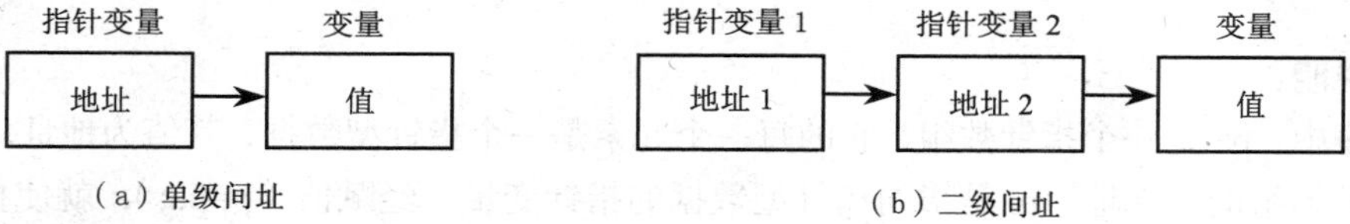

（a）单级间址　　（b）二级间址

图 7-14　间址访问示意图

如果我们作了如下定义：

```
int i=10;
int *pi=&i;
```

此时，要访问变量 i 的值，可以通过变量 i 直接访问，也可以通过指针变量 pi 间接访问。

同样，指针变量 pi 也有地址，也可以通过这个地址间接访问 pi，进而再间接访问 i。C 语言中允许定义指向指针的指针来实现这种多级间接访问功能。

二级指针的定义格式如下：

类型说明符 **指针变量名；

例如：int **p;

p 前面有两个*号，相当于*(*p)。显然*p 是指针变量的定义形式，如果没有最前面的*，那就是定义了一个指向整型数据的指针变量。现在它前面又有一个*号，表示指针变量 p 是指向一个“指向整型变量的指针变量”的指针变量，即 p 所指向的变量本身是一个“指向整型变量的指针变量”。

如果我们作了如下定义：

```
int i=10;
int *pi=&i;
int **p=&pi;
```

在这里，通过赋初值，使指针变量 pi 指向了整型变量 i，又使指针变量 p 指向了指针变量 pi。因此，要访问变量 i 就可以有三种完全等价方式，即 i、*pi、**p。

需要说明的是，原则上，C 语言允许多重间接访问，可以用多个*号定义多级指针，不过一般程序都很少用到二级以上的间接访问。

C 语言中，指向指针的指针主要用来处理指针数组，这是因为指针数组中的元素为指针，而指针数组本身又可以用指针来操作。

【例 7-17】 用指向指针的指针处理多个字符串。

程序源代码：

```
#include<stdio.h>
int main()
{   char *pa[5]={ "Basic", "Pascal", "Fortran", "C","Java"};
    char **p;
    p=pa;                   /*使二级指针变量 p 指向指针数组 pa 的首地址*/
    while(p<pa+5)
    {
        printf("%s\n",*p);
        p++;                /*指针 p 不断后移，指向数组 pa 的各个元素*/
    }
    return 0;
}
```

程序运行结果：

```
Basic
Pascal
Fortran
C
Java
```

程序说明：

该程序中，pa 是一个指针数组，它的每一个元素是一个指针型数据，其值为地址。数组名 pa 代表该指针数组的首地址。p 是指向指针型数据的指针变量。经赋值（p=pa;），就使指针变量 p 指向了数组 pa，之后就可以用 p 来引用指针数组 pa 的各元素了。指针的具体指向情况如图 7-15

所示。

关于指向指针的指针是 C 语言中比较深入的概念，在此只作简单介绍，以便为读者今后进一步的学习提供基础。

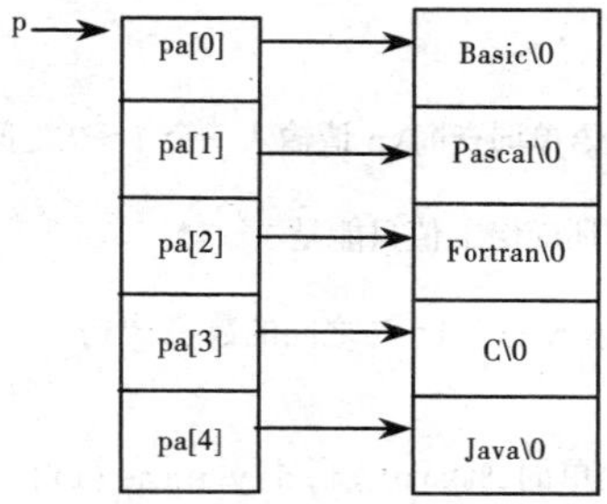

图 7-15　用指向指针的指针处理多个字符串

7.7　指针与函数

指针与函数的联系主要体现在三个方面：一是指针可以作为函数的参数；二是函数的返回值可以是指针；三是指针可以指向函数。

指针可以作为函数参数（包括指针变量、数组指针以及字符指针等作为函数参数），其作用是将变量、数组或字符串的地址传递给函数，使程序更简明、紧凑，提高程序执行速度。这一点在前面两节已经作了详细叙述，在本节中不再赘述。

7.7.1　指针型函数

前面我们介绍过，所谓函数类型是指函数返回值的类型。**在 C 语言中允许一个函数的返回值是一个指针（即地址），这种返回指针值的函数称为指针型函数。**

定义指针型函数的一般形式如下：

```
类型说明符 *函数名(形参表)
{
    …           /*函数体*/
}
```

其中函数名之前加了“*”号表明这是一个指针型函数，即返回值是一个指针。类型说明符表示了返回的指针值所指向对象的数据类型。

例如：

```
int *f(int x,int y)
{
    ...         /*函数体*/
}
```

表示 f 是一个返回指针值的指针型函数，它返回的指针指向一个整型变量。

【例 7-18】　输入一个 1～7 之间的整数，输出对应星期名的英语单词。

程序源代码：

```
#include<stdio.h>
char *day_name(int n)
```

```
{
    char *name[]={"Monday","Tuesday", "Wednesday",
                    "Thursday","Friday","Saturday", "Sunday"};
    return (name[n-1]);    /*返回指针数组 name 的 n-1 号元素值，即一个字符串的地址值*/
}
int main()
{   int i;
    char *day_name(int n);
    printf("\t 星期名对应的英语单词查询\n 请输入一个 1～7 之间的整数:");
    scanf("%d",&i);
    while(i<1||i>7)    /*该循环确保 i 值只能是 1～7*/
    {
        printf("出错!请重新输入一个 1～7 之间的数字:");
        scanf("%d",&i);
    }
    printf("星期%d 对应的英语单词:%s\n",i,day_name(i));
    /*上一行代码调用函数 day_name 将返回一个字符串的首地址，用%s 将该串输出 */
    return 0;
}
```

程序运行结果：

```
        星期名对应的英语单词查询
请输入一个 1～7 之间的整数:2
星期 2 对应的英语单词:: Tuesday
```

程序说明：

本例中定义了一个指针型函数 day_name，它的返回值指向一个字符串。该函数中定义了一个指针数组 name，初始化赋值为 7 个字符串，分别表示各个星期名。形参 n 表示与星期名所对应的整数。在主函数中，把输入的整数 i 作为实参，在 printf 语句中调用 day_name 函数并把 i 值传送给形参 n。day_name 函数通过语句“return (name[n-1]);”向主函数返回了数字 n 所对应的字符串（星期名英语单词）的地址，在主函数中随即输出相应的星期名英语单词。

7.7.2 指向函数的指针变量

在 C 语言中，一个函数总是占用一段连续的内存空间，而函数名就是该函数所占内存空间的首地址。我们可以把函数的这个首地址（或称入口地址）赋予一个指针变量，使指针变量指该函数，使得通过指针变量就可以找到并调用这个函数。我们把这种指向函数的指针变量称为“函数指针变量”。

函数指针变量定义的一般形式如下：

类型说明符 (*指针变量名)( );

其中“类型说明符”表示被指函数的返回值的类型。“(* 指针变量名)”表示“*”后面的变量是定义的指针变量。最后的空括号表示指针变量所指的是一个函数。

例如：

```
int (*p)();
```

表示 p 是一个指向函数的指针变量，该函数的返回值类型（函数类型）是整型。需要注意的是，*p 两侧的圆括号不可省，否则就成了“int *p();”，这样就把 p 说明成了一个返回指针值的函数了。

下面通过一个简单程序来说明用指针形式实现函数调用的方法。

【例 7-19】 求两个整数中的较大者。

程序源代码：

```
#include<stdio.h>
```

```
int max(int a,int b)
{   if(a>b)return a;
    else return b;
}
int main()
{   int x,y,z;
    int(*p)();                  /*定义指向函数的指针变量 p*/
    p=max;                      /*将函数 max 的入口地址赋给指针变量 p*/
    printf("请输入两个整数(用逗号间隔):\n");
    scanf("%d,%d",&x,&y);
    z=(*p)(x,y);          /*通过函数指针 p 调用函数*/
    printf("两数的较大值为: %d\n",z);
    return 0;
}
```

程序运行结果：

```
请输入两个整数(用逗号间隔):5, 8
两数的较大值为: 8
```

程序说明：

从上面的程序可以看出：

（1）用函数指针变量作实参调用函数的步骤如下：

① 定义指向函数的指针变量，如程序中第 8 行的 int (*p)();定义 p 为函数指针变量。

② 把被调函数的入口地址（即函数名）赋予该函数指针变量，如程序中第 9 行的 p=max;。

③ 用函数指针变量作实参调用函数，如程序第 12 行的 z=(*p)(x,y);

（2）用函数指针变量作实参调用函数的一般形式如下：

(*指针变量名) (实参表)　　　　/*此处的*只起标识作用，不是指针运算符*/
或
指针变量名 (实参表)

（3）使用函数指针变量还应注意以下三点：

① 与数组指针变量不同，函数指针变量不能进行算术运算。数组指针变量加减一个整数可使指针移动指向后面或前面的数组元素，而函数指针的移动无实际意义。

② 函数调用中，“(*指针变量名)”两边的括号不可少，其中的“*”不应该理解为指针运算，在此处它只是一种标识符号。

③ 要注意函数指针变量和指针型函数这两者在写法和意义上的区别。如 int(*p)()和 int *p()是两个完全不同的量。前者说明 p 是一个指向函数入口的指针变量，该函数的返回值是整型量，(*p)的两边的括号不能少；而 int *p()则不是变量说明而是函数说明，*p 两边没有括号，说明 p 是一个指针型函数，其函数名为 p，返回值是一个指向整型量的指针。另外，作为函数说明，在括号内还必须写入形式参数，而对函数指针变量的说明可以不指明形式参数。

C 语言中，函数指针主要用来作为参数传递。当函数指针在两个函数之间传递时，主调函数中的实参应该是被传递的函数名，而被调用函数的形参应该是接收函数地址的指针。函数指针作为函数参数是 C 程序设计应用中的一个比较深入的问题，这里不作进一步介绍，读者可根据自身情况进行拓展学习。

7.8 指针应用过程中的注意事项

在 C 语言中，指针是一个相当重要的概念，它使程序结构紧凑，并提高了程序的执行效率。

在学习过程中需要注意以下几个问题。

1. 要准确理解指针的含义，区别指针和指针变量的不同含义。指针就是地址本身，例如，变量的指针就是变量的地址。而指针变量是变量的一种，是用来存放地址的变量，即指针变量的值是一个地址。并且，由于通过地址能找到占用该地址单元的数据对象，因此通常将把某个数据对象的地址存放在指针变量中，称为指针变量指向该数据对象。例如：

```
int a;
int *p=&a;          /*将变量 a 的地址赋给指针变量 p。但通常描述为，使指针变量 p 指向变量 a*/
```

2. 在对数组进行操作时，要能正确地使用指针。数组名代表数组的首地址，是一个地址常量。而指向数组元素的指针变量是一个变量，其值为可变量。例如：

```
int a[10];
int *p=a;           /*使指针变量 p 指向数组 a 的首地址，即元素 a[0]的地址*/
```

a 是数组的首地址，因此将 a 赋给指针变量 p，即使 p 指向 a[0]。但 a 的值是不可变的，例如，“a++;a=a+1;”等用法都是非法的。而指针变量 p 的值却是可变的，例如，“p++;”可使 p 指向数组元素 a[1]，“p=p+2;”可使 p 指向数组元素 a[2]，以此类推。

3. 读者须对各种有关指针变量的定义形式加深理解。

为便于比较，我们把有关指针变量的定义形式全部归纳起来。

设已有如下预处理命令：

```
#define N 10
```

有关指针变量的各种定义形式见表 7-1。

表 7-1　　　　指针变量的定义形式

定义	含义
int i;	定义一个整型变量 i。
int *p	定义一个指向整型数据的指针变量 p。
int a[N];	定义一个数组 a，它有 *N* 个整型元素。
int *p[N];	定义一个指针数组 p，它有 *N* 个元素，每个元素都可指向整型数据。
int (*p)[N];	定义一个指针变量 p，它可以指向一个含有 N 个元素的一维数组。
int f();	声明一个无参函数 f，它的函数类型为整型。
int *p();	声明一个无参函数 p，它的函数类型为指针类型，该指针指向整型数据。
int (*p)();	定义一个指针变量 p，它可以指向一个函数，该函数的函数类型为整型。
int **p;	定义一个二级指针变量 p，它可以指向一个指针变量，被指向的那个指针变量又可以指向一个整型数据。

4. C 语言中还允许使用 void 指针。void 指针，即“指向空类型的指针”，是指不指向具体数据对象的指针，用“void *”类型来进行定义。如：

```
void *p;
```

定义指向空类型的指针变量 p，它不指向任何具体的数据对象。事实上，在 C 语言中，很少定义指向空类型的指针变量，但由于 ANSI 标准把一些有关内存分配函数的函数返回值确定为“void *”，即返回一个不指向任何具体数据对象的指针值，所以读者需掌握 void 指针的用法。

在将一个 void 指针赋给一个非 void 指针变量时，应先将 void 指针进行强制类型转换，使其与对应的非 void 指针变量的类型一致。如：

```
void *p1;
int *p2;
…
p2=( int *)p1;  /*将 void *型指针变量 p1 强制类型转换为 int *型，其值赋给 p2*/
```

一些 C 编译系统（如 Visual C++6.0 等）允许编程者在编写程序代码时不指定以上的强制类型转换，而由系统自动完成类型转换。但是，为了保证程序的规范性、通用性和安全性，编者仍建议读者严格按照语法规定书写程序代码。

5. 指针还可以实现对动态分配的内存空间进行有效管理。

C 语言中，常使用 malloc()和 free()这两个函数以及 sizeof 运算符动态分配和释放内存空间。malloc()函数和 free()函数所需的信息通常在头文件 stdlib.h 中，其函数原型及功能如下。

（1）malloc()函数

函数原型：`void *malloc(unsigned size);`

功能：从内存分配一个大小为 size 个字节的内存空间。如果分配成功，返回新分配内存的首地址；若没有足够的内存分配，则返回 NULL。

注意　malloc()函数的返回值是一个 void 指针，将函数结果赋给指针变量时应先将其进行强制类型转换，使其与对应的指针变量类型一致。

为确保内存分配准确，函数 malloc()通常和运算符 sizeof 一起使用，例如：

```
int *p;
p=(int*)malloc(20*sizeof(int));/*分配 20 个整型数所需的内存空间*/
```

系统会通过 sizeof 计算 int 类型数据所需的字节数，然后分配 20 个整型数据的连续内存空间，并通过 malloc()函数的返回值将该存储空间的首地址赋予指针变量 p。

（2）free()函数

函数原型：void free(void *p);

功能：释放由指针变量 p 所指向的内存块，无返回值。

例如：

```
int  *p;
p=(int*)malloc(20*sizeof(int));/*分配 20 个整型数所需的内存空间*/
…
free(p);
```

以上程序段中，最后一条语句 free(p);的作用是将 p 所指向的 20 个整型数据的连续内存空间释放。

【例 7-20】　输入 n 名学生的 C 语言成绩，并将这些成绩逆序输出。

【简要分析】　不难发现，此题就是简单的批量数据处理问题。但是，由于学生人数不确定（n 名），如果用数组来处理，必须将数组长度定义得足够大（严格来说很难界定），常会出现浪费内存空间的情况，空间利用率不高。所以，我们可以采用动态分配内存空间的方法，定义一个指针变量（如 float *score;），当用户确定 n 值后，再临时分配 n 个连续的 float 类型数据空间并由该指针变量所指向。

程序源代码：

```
#include<stdio.h>
int main()
{   float *score;
    int n,i;
    printf("请输入学生人数：");
```

```
    scanf("%d",&n);
    score=(float *)malloc(n*sizeof(float));
    /*上一行程序功能：分配 n 个 float 类型数据的连续存储空间并由 score 指向*/
    if(!score)     /*此行等价于：if(score==NULL)*/
        printf("分配空间失败！\n");
    else
    {
        printf("请输入%d 个学生的成绩（空白符间隔）：\n",n);
        for(i=0;i<n;i++)
            scanf("%f",score+i);   /*score+i 即为各个 float 类型数据的地址*/
        printf("逆序输出各成绩如下：\n");
        for(i=n-1;i>=0;i--)
            printf("%7.2f",score[i]);
        printf("\n");
        free(score);
    }
    return 0;
}
```

程序运行结果：

```
请输入学生人数：5
请输入 5 学生的成绩（空白符间隔）：
64.5  70  93  81  100
逆序输出各成绩如下：
100.00 81.00  93.00 70.00  64.50
```

程序说明：

以上程序中，引入了动态分配内存空间的管理方法，程序第 3 行 float *score;定义了一个指向 float 类型对象的指针变量 score，在程序第 7 行通过调用 malloc 函数分配 n 个 float 类型数据的连续存储空间并由 score 指向，此后指针变量 score 相当于一个数组名，后续代码比较简单，读者可根据程序中的注释加以理解。

实际上，ANSI 标准建议设 4 个有关的动态存储分配的函数，即 calloc()、malloc()、free()、realloc()，读者可自行参照附录 7 进行学习。

习 题 7

1. 对 10 个整数用选择法进行升序排序并输出。（要求：用指针作为函数参数实现。）

2. 写一个函数，将一个 n 阶整型矩阵转置。（要求：用指针编程实现。）

3. 写一个函数，实现两个字符串的比较。函数原型为：

```
int strcmp(char *p1,char *p2)
```

设 p1 指向字符串 s1，p2 指向字符串 s2。要求当 s1=s2 时，返回 0 值；当 s1≠s2，返回它们二者第一个不同字符的 ASCII 码差值（如“bad”和“bed”，第二个字母不同，'a'-'e'=97-101=-4）。即如果 s1>s2，则输出正值；如果 s1<s2，则输出负值。

4. 分析以下程序的功能。

```
#include<stdio.h>
void cpystr(char *s1,char *s2)
{    while((*s2=*s1)!='\0')
   { s2++; s1++; }
}
int main()
```

```
{
    char *pa="CHINA",b[10],*pb;
    pb=b;
    cpystr(pa,pb);
    printf("string a=%s\nstring b=%s\n",pa,pb);
    return 0;
}
```

5. 有 n 个人围成一圈，顺序排号。从第一个人开始报数（从 1 到 3 报），凡报到 3 的人退出圈子，问最后留下的是最初圈子里的第几号。（要求：用指针编程实现。）

第8章 构造数据类型

在前面的章节我们已经学习了基本类型的变量，也介绍了一种构造类型数据——数组，但是数组中的各元素必须属于同一种数据类型的数据。

在设计程序时，只有这些数据类型是不够的，有时需要将不同类型的数据组合成一个有机的整体，以便于引用。这些组合在一个整体中的数据是相互联系的。比如100个学生的基本信息（姓名、学号、性别、成绩等）要用数组来实现就显得烦琐并且困难。为了解决类似这样的问题，C语言引入了“结构体”等构造数据类型。

主要内容

- 掌握结构体的概念、结构体类型的定义
- 掌握结构体变量的定义、初始化及成员的引用
- 掌握结构体数组的定义、初始化及数组元素的成员引用
- 掌握使用结构体指针实现对结构体变量以及结构体数组元素的成员引用
- 掌握链表的基本结构，理解链表基本操作的算法

学习重点

- 结构体变量、结构体数组

8.1 结构体的概念和结构体变量

8.1.1 结构体的概念

在实际生活中，每个事物都具有多个属性，将对某事物各个属性的描述组合成一个有机整体就是对该事物的一个确定的描述。比如：要描述一个学生的信息，通常需要描述其学号、姓名、性别、年龄以及各门课成绩等属性，当唯一确定各个属性的值之后也就唯一确定了一个学生。如表8-1所示，可以看出，图中各项数据的数据类型各不相同：有的是字符型，有的是整型，有的是实型。假如我们要编写一个学籍管理系统，那么则需要定义若干个数组及变量表示这些数据类型各异的信息，过程非常烦琐。

C语言中允许用户自己构造由不同数据类型的数据所组成的集合体，称为结构体。结构体属于构造数据类型，每个结构体有一个名字，称为结构体名。一个结构体由若干个成员（也称为“域”）组成，每个成员的数据类型可以相同，也可以不同。

表 8-1　　某班级学生信息表

学号（number）	姓名（name）	性别（sex）	年龄（age）	成绩 1(score1)	成绩 2(score2)
1001	ZhaoMin	F	18	70	65
1002	WangHua	M	19	86	89
…	…	…	…	…	…
1050	LiuYe	M	18	81	92.5

8.1.2　结构体类型的定义

下面的定义变量语句我们已经很熟悉：

```
int  i;
```

该语句用类型标识符 int 定义了一个整型变量 i。由于 int 类型是基本类型，是 C 语言系统已经定义好的，所以系统能识别变量 i 的类型是整型。

结构类型是程序员自己定义的，是对 C 语言基本数据类型的扩充，可以理解为是程序员发明的，所以“要定义结构类型的变量，必须先定义结构类型本身”。

结构体类型简称为结构类型，其定义格式如下：

```
struct <结构体类型名>
{
   类型标识符 成员名 1;
   类型标识符 成员名 2;
   …
};
```

其中，“struct”是关键字，必须原样照写；“结构体类型名”代表该结构体类型的名称，遵循标识符命名规则即可；各成员的“类型标识符”可以是任何基本数据类型，还可以是另外一种构造数据类型；每个成员有自己的名字，称为结构体成员名，同样遵循标识符命名规则即可。

下面，我们定义一种结构体类型（student）来描述学生信息，学生由几个基本属性决定，即 number，name，sex，age，score1，score2 等，如表 8-1 所示。

```
struct student
{
    char number[10];            /*学号*/
    char name[20];              /*姓名*/
    char sex;                   /*性别*/
    int age;                    /*年龄*/
    float score1;               /*成绩 1*/
    float score2;               /*成绩 2*/
};                              /*注意这里有分号*/
```

其中，struct 是关键字，不能省略。student 是我们定义的结构体类型名。结构体中的每个数据项，称为结构体“成员”或“分量”。需要引起重视的是，结构体类型定义中，花括号后面的分号（;）切不可丢失。

现在，再定义一个商品结构体类型 goods，设商品包含属性有：商品名、商品编码、厂商、单价、质量。可以把相同类型的成员定义在一行，goods 可定义如下：

```
struct goods
{
     char name[15], code[15], company[30];
     float price, weight;
} ;
```

struct 是结构体的关键字，goods 是结构体名，花括号内的所有变量是这个结构体的成员。这种写法虽然节省了程序行，但降低了可读性，故不建议初学者这样书写。

8.1.3 结构体类型变量的定义

结构体是一种数据类型（像 int、char、float 是数据类型一样），可以用它定义变量。当我们定义好一种结构体类型之后，就可以像使用基本数据类型关键字一样，用结构体类型名去定义结构体类型变量了。

结构体变量有三种定义方法。下面以定义结构类型 student 和结构体变量 s1 和 s2 为例进行说明。

（1）先定义结构类型，再定义结构变量。

```
struct student                  /*定义结构体类型 student*/
{
    char number[10];
    char name[20];
    char sex;
    int age;
    float score1;
    float score2;
};
struct student s1, s2;
/*定义 student 类型的结构体变量 s1, s2*/
```

这种定义结构变量的方法是最常用的。其特点是：可以将对结构体类型的定义放到一个文件中（一般为.h 头文件），若其他源文件需要用此结构体类型，则可方便地用#include 命令将其包含即可。但必须注意不能省略关键字“struct”。

（2）在定义结构类型的同时定义结构变量。

```
struct student                  /*定义结构体类型 student*/
{
    char number[10];
    char name[20];
    char sex;
    int age;
    float score1;
    float score2;
}s1, s2;      /*定义 student 类型的结构体变量 s1, s2*/
```

这种定义方式的特点是：定义一次结构体变量后，还可以用该结构体类型来定义其他该类型的结构体变量。

（3）不定义结构体名，直接定义结构体变量。

```
struct                          /*定义结构体，但未对该结构体类型命名*/
{
    char number[10];
    char name[20];
    char sex;
    int age;
    float score1;
    float score2;
}s1, s2;      /*定义该结构体类型的结构体变量 s1, s2*/
```

这里，定义了两个结构体变量 s1、s2。但是这种定义方式不能用来另行定义别的结构体变量，要想定义新的该类型的结构体变量，就必须将 struct{ }部分重写。

当某结构类型的成员又是另外一个结构类型时，可以嵌套定义，其定义方法如下：

```
struct date                       /*定义结构体类型 date*/
{
    int  month ;                  /*月*/
    int  day ;                    /*日*/
    int  year ;                   /*年*/
} ;
struct employee                   /*定义结构体类型 employee*/
{
    char name[10] ;               /*姓名*/
    char sex[3];                  /*性别*/
    int age;                      /*年龄*/
    struct data birthday;         /*出生日期。结构体成员 birthday 为另一结构体类型 date*/
    char address[30];             /*家庭住址*/
    char tel[12];                 /*联系电话*/
} employee1;                      /*定义结构体变量 employee1*/
```

上例定义了一个职工类型（employee）的结构体变量 employee1，其成员 birthday（出生日期）的数据类型为另一种结构体类型 date。像这样的定义就称之为嵌套定义。

注意

（1）结构体成员名可以与程序中的其他变量名相同，两者有不同的从属关系，系统不会混淆。

（2）注意区别结构体类型和结构体变量的概念。结构体类型是抽象的，它仅通知系统这个结构体类型由哪些成员构成，并不占内存空间；结构体变量是具体的，它占有一片连续的内存空间，空间大小是所有成员变量所占内存字节数的总和。

（3）编程时，常用“sizeof(struct 结构体名)”或“sizeof(结构体变量名)”来计算得出结构体变量所占内存空间的字节数。如 sizeof(struct student)或 sizeof(s1)。

8.1.4　结构体变量的引用

结构体变量是变量的一种，它也遵守变量的规则。例如，同一类型的结构体变量之间可以互相赋值（如 s1=s2;），也可以对结构体变量进行长度运算（如 sizeof(s1)，运算结果为所有成员变量所占内存字节数的总和，即 43）。但同时结构变量也有其特殊性，那就是一个变量包含若干成员变量，所以不能对结构体变量整体进行算术、关系、逻辑、输入、输出等操作。对结构体变量的这些操作都只能通过对结构体变量的成员分别进行引用来实现。

引用结构体成员的方法如下：

结构体变量名.成员名

其中，“.”是“成员运算符”（或称分量运算符），它反映的是成员与结构体变量之间的对应关系。成员运算符虽然写法与小数点相同，但是完全没有小数点的含义。在 C 运算符中，它与括号一样具有最高的优先级。

以前面定义的结构体变量 s1 为例，可以这样访问它的成员：

```
s1.age=18;
gets(s1.name);
```

说明

如果一个结构体内又嵌套了一个结构体类型，则访问一个成员时，应采取逐级访问的方法，直到要访问的成员为止。例如，要访问上面定义的结构体变量 employee1 的 year 成员，采用的方法为：employee1.(date.year)。

对结构体变量成员的操作与前面各章所使用的简单变量是相同的。例如：

```
s1.age=s2.age;                 /*将 s2 的 age 成员值对应赋给 s1 的 age 成员*/
strcpy(s1.name,s2.name);       /*字符串复制，将 s2 的 name 成员值复制到 s1 的 name 成员*/
if(s1.age>s2.age ) { … }       /*成员之间进行关系运算*/
```

8.1.5 结构体变量的初始化

在定义结构变量的同时可以给它的各成员赋初值。例如：

```
struct student                          /*定义结构体类型 student*/
{
    char number[10];
    char name[20];
    char sex;
    int age;
    float score1;
    float score2;
};
struct student s1, s2={"1002", "WangHua", "M", 19,86,89 };
```

由于结构体变量中的各成员在内存中顺次存放在连续内存空间，上面程序段中最后一条语句就对变量 s2 中的各成员变量依次完成了初始化。即将“1002”，“WangHua”，“M”，19，86，89这 6 个值依次对应赋给了结构体变量 s2 的成员 number、name、sex、age、score1、score2。

【例 8-1】 分析以下代码及输出结果。

程序源代码：

```
#include<stdio.h>
struct curriculum                       /*定义结构体类型 curriculum*/
{   char name[30] ;                     /*课程名*/
    float credit;                       /*学分*/
    float grade;                        /*成绩*/
};

struct student                          /*定义结构体类型 student*/
{   char id[8];                         /*学号*/
    char name[20];                      /*姓名*/
    struct curriculum course;         /*选课信息，为另一结构体类型*/
}s1={"1003","LiHong","C",4,87};       /*定义全局变量 s1 并初始化各成员*/

int main( )
{   struct student s2;
    printf("请输入 s2 的信息: \n");
    printf("学号\t 姓名\t 课程名\t 学分\t 成绩\n");
    /*从键盘输入数据初始化 s2 */
    scanf("%s\t%s\t%s\t%f\t%f",s2.id,s2.name,s2.course.name,
                                      &s2.course.credit,&s2.course.grade);
    /*输出两名学生信息*/
    printf("\n 两名学生信息如下 : \n\n 学号\t 姓名\t 课程名\t 学分\t 成绩\n");
    printf("%s\t%s\ t%s\t%.1f\t%.2f\n",s1.id,s1.name,s1.course.name,
                                  s1.course.credit,s1.course.grade);
    printf("%s\t%s\t%s\t%.1f\t%.2f\n",s2.id, s2.name,s2.course.name,
                                  s2.course.credit,s2.course.grade);

    return 0;
}
```

程序运行结果：

```
请输入 s2 的信息:
学号    姓名    课程名  学分    成绩
1004    HuJing  VB      3       70

两名学生信息如下 :

学号    姓名    课程名  学分    成绩
1003    LiHong  C       4       87
1004    HuJing  VB      3       70
```

程序说明：

上例中的结构体类型 student 是嵌套定义的，它的 course 成员的数据类型是另一种结构体类型 curriculum。student 类型的结构如图 8-1 所示。

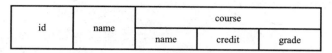

<table>
<tr><td rowspan="2">id</td><td rowspan="2">name</td><td colspan="3">course</td></tr>
<tr><td>name</td><td>credit</td><td>grade</td></tr>
</table>

图 8-1　student 类型的结构示意图

结构体变量的初始化，可以按照所定义的结构体类型的成员的顺序，依次写出各个初始值（如例 8-1 中程序第 14 行中对变量 s1 的初始化）；也可以通过输入/输出函数来完成（如例 8-1 中程序第 22、23 行调用 scanf()函数从键盘输入数据初始化 s2）。

注意

（1）结构嵌套时访问底层成员的方法，如访问结构体变量 s1 的 course 成员的成绩成员 grade，应采用 s1.course.grade 的形式，而不能用 s1.grade 或 course.grade 的形式。

（2）在同一程序中，结构体类型名和结构体变量名不能出现重复。

（3）不同结构体类型中的成员名是可以相同的，系统并不会混淆。

8.2　结构体数组

在例 8-1 中，用两个结构体变量处理了两名学生的信息。试想一下，如果要处理某个班 50 名学生的信息应如何解决？如果使用 50 个变量来处理，是可以的，但却不是科学的。稍作思考，显然我们应当使用数组来实现批量数据处理。此时使用的数组，其数据类型应为结构体类型，这就是结构体数组。结构体数组与以前介绍的普通数据类型数组的不同之处在于每个数组元素都是一个结构体类型的数据，都分别包含若干成员。

8.2.1　结构体数组的定义

定义结构体数组之前也必须先定义结构体类型。例如：

```
struct student                    /*定义结构体类型 student*/
{
    char number[10];
    char name[20];
    char sex;
    int age;
    float score1;
    float score2;
};
struct student stu[50];           /*定义结构体数组 stu，可以存放 50 个学生的所有信息*/
```

结构体数组的定义方法与 8.1.3 节中结构体变量的定义方法是相同的，也有三种方法：（1）先定义结构类型，再定义结构数组。（2）在定义结构类型的同时定义结构数组。（3）不定义结构体名，直接定义结构体数组。请读者自行参照学习。

8.2.2　结构体数组的初始化

结构体数组初始化的方法如下。

（1）在定义的时候赋初值。

```
struct student     /*定义结构体类型 student 的同时定义结构体数组 stu，并初始化数组 stu*/
{
    char number[10];
    char name[20];
    char sex;
    int age;
    float score1;
    float score2;
} stu[2]={{"1001","ZhaoMin",'F',18,70,65},{"1002","WangHua",'M',19,86,89}};
```

这种赋值方式通常需要程序员预先知道全部数组元素的具体信息。

（2）定义完成后，用循环语句赋初值。

例如，分析以下程序段：

```
struct student                          /*定义结构体类型 student 的同时定义结构体数组 stu*/
{
    char number[10];
    char name[20];
    char sex;
    int age;
    float score1;
    float score2;
}stu[20];
int i;
for(i=0;i<20;i++) /*通过 for 循环，对结构体数组 stu 各元素分别赋初值*/
{
    printf("请输入第%d 名学生的学号:\n",i+1);
    scanf("%s",stu[i].number);
    printf("请输入第%d 名学生的姓名:\n",i+1);
    scanf("%s",stu[i].name);
    getchar();          /*跳过输入姓名时的结束符，否则将被下一字符型成员 sex 所接收*/
    printf("请输入第%d 名学生的性别:\n",i+1);
    scanf("%c",&stu[i].sex);
    printf("请输入第%d 名学生的年龄:\n",i+1);
    scanf("%d",&stu[i].age);
    printf("请输入第%d 名学生的课程 1 成绩:\n",i+1);
    scanf("%f",&stu[i].score1);
    printf("请输入第%d 名学生的课程 2 成绩:\n",i+1);
    scanf("%f",&stu[i].score2);
}
```

从本例的程序段可以看出，对结构体数组各元素的成员的访问方法与 8.1 节中结构体变量成员的引用方法是相同的，也是通过成员运算符“.”来实现的，并且也只能通过对各成员的操作来实现对各个数组元素的操作。只是在初始化数组和输入/输出时，通常要使用循环的方式。

8.2.3 结构体数组举例

【例 8-2】 对候选人得票的统计程序。

设有候选人 3 名，*N* 位选民参加投票，选民投票时输入候选人的姓名。投票结束后，输出各候选人得票结果。

【简要分析】 先定义符合题意要求的结构体类型，由于候选人数不只一个，所以考虑定义结构体数组。

程序源代码：

```
#include<stdio.h>
#include<string.h>
```

```
#define N 5
struct condidate              /*定义候选人信息结构体类型 condidate*/
{    char name[10];           /*姓名*/
     int count;               /*得票数*/
}person[3]={{"LiMing",0},{"ZhangHua",0},{"WangFeng",0}};
/*初始化 person 数组，各候选人得票数均为 0*/

int main()
{    int i,j,invalid=0;                  /*变量 invalid 用于统计无效票*/
     char name[10];                      /*存放得票人姓名*/
     for(i=1;i<=N;i++)                   /*N 位选民参加投票*/
     {
         printf("请输入候选人姓名：");
         gets(name);
         for(j=0;j<3;j++)                /*投票姓名与 3 名候选人姓名比较*/
             if(strcmp(name,person[j].name)==0)
             {
                 person[j].count++;/*相应的候选人的 count 成员值增 1 并结束循环*/
                 break;
             }
         if(j==3) invalid++;                  /*下标变量 j 越界，表明是无效票*/
     }
     printf("\n 投票人数%d,有效票%d 票,无效票%d 票。\n",N,N-invalid,invalid);
     printf("得票情况：\n");
     for(i=0;i<3;i++)                    /*输出 3 名候选人的姓名和得票数*/
         printf("%10s：%d 票\n",person[i].name,person[i].count);
     return 0;
}
```

程序运行结果：

```
请输入候选人姓名：LiMing
请输入候选人姓名：Zhang
请输入候选人姓名：WangFeng
请输入候选人姓名：Li
请输入候选人姓名：x

投票人数 5，有效票 2 票,无效票 3 票。
得票情况：
LiMing：1 票
ZhangHua：0 票
WangFeng：1 票
```

程序说明：

此例中除引入了结构体数组之外，在程序设计方面比较简单，请读者根据程序代码中的注释加以理解，并自行分析。

8.3　结构体指针

8.3.1　结构体指针与指向结构体变量的指针变量的概念

一个结构体变量的地址就是这个结构体变量的指针。如果一个指针变量存放的是结构体变量的地址，则该指针变量称为指向结构体变量的指针变量。

指向结构体变量的指针变量与指向普通变量的指针变量的不同之处在于，指向结构体变量的指针变量其“基类型”必须是某种已经定义的结构体类型。

结构体指针定义的一般形式如下：

struct 结构体名 *指针变量名;

例如：

```
struct student *p;
```

需要强调的是，这里的结构体名 struct student 必须是预先定义好的，否则是错误的。

8.3.2 用指向结构体变量的指针变量引用结构体变量的成员

一个定义好的结构体指针变量就可以指向该结构体类型的结构体变量了，也可以通过指针变量引用它所指向的结构体变量的成员。通过结构体指针变量访问目标结构体变量的成员要使用指向运算符“->”。

【例 8-3】 分析以下代码及输出结果。

程序源代码：

```
#include<stdio.h>
#include<string.h>
struct student              /*定义结构体类型 student*/
{
    char number[10];
    char name[20];
    float score1;
    float score2;
};

void output(struct student x)
{
    printf("number\tname\tscore1\tscore2\n");
    printf("%s\t%s\t%.2f\t%.2f\n",x.number,x.name,x.score1,x.score2);
}

int  main()
{
    struct student s1={"1001","ZhaoMin",70,65};
    /*定义结构体变量 s1 并初始化各成员*/
    struct student *p=&s1;          /*定义结构体指针变量 p 并使其指向结构体变量 s1*/
    printf("初始信息如下:\n");
    output(*p);                     /*输出原始成绩*/
    p->score1=80.5;                 /*修改 p 所指向的变量 s1 的 score1 成员的值*/
    p->score2=95;                   /*修改 p 所指向的变量 s1 的 score2 成员的值*/
    printf("\n 修改后信息如下:\n");
    output(s1);                     /*输出修改后的成绩*/
    return 0;
}
```

程序运行结果：

```
初始信息如下:
Number  name    score1  score2
1001    ZhaoMin 70.00   65.00

修改后信息如下:
Number  name    score1  score2
1001    ZhaoMin 80.50   95.00
```

程序说明：

从程序 main()中第 3 行 struct student *p=&s1;可以看出，结构体指针变量的存储内容是结构体变量所占内存单元的首地址。当结构体指针变量 p 指向结构体变量 s1 之后，对“p->score1” "p->score2"的引用分别对应的是"s1. score1""s1. score2"，即可以使用指向运算符"->"通过结构体指针变量引用其目标变量的成员值。

读者需重点体会对 output 函数的两次调用。第一次调用过程中，由于指针变量 p 已经指向变量 s1，所以把*p 作为实参，在函数 output 中被输出的内容就是变量 s1 的内容。第二次调用过程中，用 s1 作为实参，但由于在此之前已经通过指针 p 改变了 s1 的两个成员变量 score1 和 score2 的值，因此在函数 output 中被输出的内容是被修改后的值。

8.3.3　用指向结构体变量的指针变量引用结构体数组元素

与指向普通变量的指针变量一样，指向结构体变量的指针变量既可以用于指向结构体变量，也可以用于指向结构体数组的某个元素。

【例 8-4】　分析以下代码及输出结果。

程序源代码：

```
#include<stdio.h>
#include<string.h>
struct student          /*定义结构体类型 student*/
{
    char number[10];
    char name[20];
    float score1;
    float score2;
};

void change(struct student *q)
{
    strcpy(q->number,"1050");    /*改变形参 q 所指向的目标变量的 number 成员值*/
}

int  main()
{
    struct student stu[3]={{"1001","ZhaoMin",70,65},
                          {"1002","WangHua",86,89},{"1003","LiuYe",81,92.5}};
    /*上一条语句功能：定义结构体变量数组 stu 并初始化各元素*/
    struct student *p;          /*定义结构体指针变量 p*/
    p=stu;                      /*使 p 指向 stu 数组的 0 号元素，也可写为：p=&stu[0];*/
    change(p+2);        /*以 p+2(即&stu[2])作实参调用函数 change()*/
    printf("学生信息如下:\n");
    printf("number\tname\tscore1\tscore2\n");
    for(;p<stu+3;p++) /*通过 p++，不断使 p 后移，依次指向数组的各个元素*/
        printf("%s\t%s\t%.2f\t%.2f\n",p->number,p->name, p->score1,p->score2);
    return 0;
}
```

程序运行结果：

```
学生信息如下:
Number  name    score1  score2
1001    ZhaoMin 70.00   65.00
1002    WangHua 86.00   89.00
1050    LiuYe    81.00   92.50
```

程序说明：

程序 main()中第 4 行 p=stu; 使 p 指向 stu 数组的 0 号元素 stu[0]，main()中第 5 行以 p+2 作实参调用函数 change()，实参 p+2 即为&stu[2]，在 change()函数中用形参 q 接收了&stu[2],即指针变量 q 也指向数组元素 stu[2],之后通过字符串复制函数 strcpy(q->number,"1050");将 stu[2]的 number

成员值修改为"1050"（main()函数中初始化为"1003"）。最后，通过 for 循环，在 main()函数中输出数组中各元素的各个成员值。

可以看出，当指向结构体变量的指针变量指向结构体数组的某个元素时，通过对指针变量进行加或者减一个整数，就能达到使指针变量前移或后移的效果。

事实上，指向结构体变量的指针变量的用法与指向普通变量的指针变量的用法是完全相通的。

8.3.4 用指向结构体变量的指针变量作为函数参数

通过例 8-3 和例 8-4 可以看出，指向结构体变量的指针变量也能作为函数参数，并且用法与指向普通变量的指针变量也完全相通，只是指向结构体变量的指针变量其目标变量必须是结构体类型而已。在此不再赘述。

注意

（1）结构体指针变量只能指向该结构体类型的变量，而不能指向结构体类型变量的成员。

（2）结构体数组名作函数实参是“地址传递”方式的函数调用。

（3）结构体变量作函数实参是“值传递”方式的函数调用。

（4）结构体指针变量作函数实参是“值传递”方式的函数调用，只不过传递的是一个地址值。

（5）注意理解和区别运算符“.”和“->”。“.”是成员运算符，它的左边应为结构体变量，而“->”是指向成员运算符，它的左边应为结构体指针。如例 8-3 中，当指针变量 p 指向变量 s1 之后，“p->score1”“(*p).score1”以及“s1.score1”三者是等价的。

8.3.5 用指向结构体变量的指针变量处理链表

在构造数据类型中，数组作为同类型数据的集合，给程序设计带来很多方便，但同时也存在一些问题，由于数组的大小必须事先定义好，并且在程序中不能对数组的大小进行调整，这样一来，有可能会出现使用的数组元素超出了数组定义的大小，导致数据不正确而使程序发生错误，严重时会引起系统发生错误；另有一种情况就是实际所需的数组元素的个数远远小于数组定义时的大小，造成了存储空间的浪费。

链表为解决这类问题提供了一个有效的途径。

1．链表的基本结构

链表指的是将若干个数据项按一定的规则连接起来的表，链表中的数据项称为结点。

链表中的每一个结点都包含有若干个数据成员和一个指向下一结点的指针，依靠这些指针将所有的结点连接成一个链表。这样的链表称为单向链表或单链表。

链表中每一个结点的数据类型都是一个自引用结构体类型。自引用结构体类型就是结构体成员中包含一个指针成员，该指针成员指向与该自引用结构体类型同一类型的数据，例如：

```
struct node
{   char  name[20];
    char Tel[12];
    struct node *next;
};
```

定义了一个自引用结构体类型 struct node。它有 3 个成员，字符数组成员 name 和 Tel 用于存放用户需要用到的数据；另一个成员是指针类型的成员 next，该指针成员又指向 struct node 类型的数据。如图 8-2 所示，我们可以建立一个单链表，用于管理通讯录中的 5 个联系人信息。

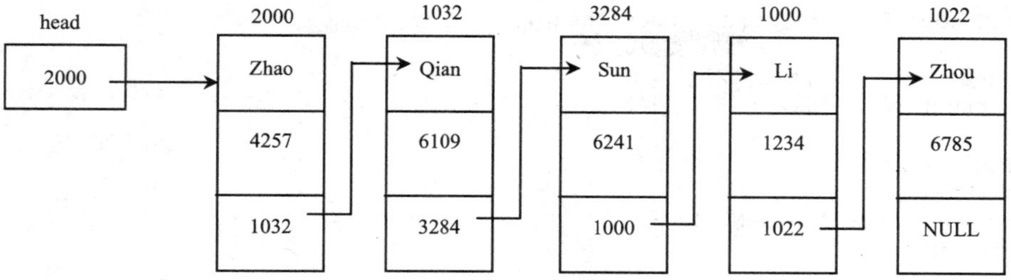

图 8-2 单链表结构示意图

说明

（1）链表中有一个被称之为“头指针”的变量 head，它存放一个地址，该地址指向链表中的第一个结点。第 1 个结点的指针成员存放第 2 个结点的地址，第 2 个结点的指针成员存放第 3 个结点的地址……直到最后一个结点（称为表尾或尾结点），它的指针成员存放 NULL（表示不指向任何对象），链表到此结束。

（2）链表中各结点的地址可以连续，也可以不连续。

（3）由图 8-2 可见，要访问单链表中的任何一个结点都必须从头指针（head）出发，根据每个结点的指针成员存放的地址的指引，才能找到要访问的结点。

（4）链表是一种动态数据结构，可根据需要动态地分配存储单元，将不连续的内存数据连接起来。常使用 malloc()和 free()这两个函数以及 sizeof 运算符动态分配和释放内存空间（详见本书 7.8 节）。

根据数据之间的相互关系，链表可以分为单向链表（简称单链表）、循环链表、双向链表等。本书只介绍单链表，其他链表可参见“数据结构”等教程。

2. 链表的基本操作

链表的基本操作包括建立链表，链表的输出，在链表中插入、删除、查找或统计结点等。下面通过一个例子，以简单的菜单操作方式将链表建立、输出、插入结点、删除结点等基本操作有机整合，并说明各基本操作的原理。

【例 8-5】 建立图 8-2 所示的通讯录联系人信息管理的动态单链表，并完成链表的输出、插入结点、删除结点等操作。

说明

我们将定义 main、create、output、dele、insert 5 个函数来完成题目功能。其中，create 函数实现建立单链表的功能，output 函数实现输出单链表的功能，dele 函数实现在单链表中删除指定结点的功能，insert 函数实现在单链表的指定结点前插入结点的功能。在主函数中设计简单的菜单界面，根据用户输入的操作代号选择调用对应的函数以实现相应功能。

下面对程序源代码分为 5 个部分进行分析和讨论。

（1）预处理部分、函数声明部分、结构体类型定义及主函数的定义

程序源代码：

```
#include <stdio.h>
#include <stdlib.h>
#include <string.h>
#define  NEW  (struct node *)malloc(sizeof(struct node))  /*定义符号常量 NEW*/
/*以下为函数声明*/
struct node *create();
void output(struct node *head);
struct node *dele(struct node *head);
```

```
struct node *insert(struct node *head);
struct node              /*结点类型定义*/
{   char name[20],tel[12];
    struct node *next;
 };
/*以下为主函数的定义*/
void main( )
{   struct node *head=NULL;
    int ch;
    do
    {
        system("cls");               /*清屏*/
        printf("\t 单链表基本操作示例\n\t 请选择操作代号\n");
        printf("1:创建链表\t2: 输出链表\n3: 删除结点\t4: 插入结点\n 其他数字: 退出\n");
        scanf("%d",&ch);
        system("cls");
        switch(ch)                              /*简单的菜单处理*/
        {
            case 1:head=create();break;         /*调用创建链表的函数 create*/
            case 2:output(head);break;          /*调用输出链表的函数 output*/
            case 3:head=dele(head);break;       /*调用删除结点的函数 dele*/
            case 4:head=insert(head);break;     /*调用插入结点的函数 insert*/
            default:ch=0;break;                 /*结束程序*/
        }
    }while(ch!=0);
}
```

程序说明：

① 程序第 1 行至第 4 行是编译预处理部分，除包含相关的头文件以外，还定义了一个符号常量 NEW，以使程序更简洁明了。在后续代码中引用 NEW 时代表的就是字符串"(struct node *)malloc(sizeof(struct node))"，即调用 malloc 函数分配一个结点内存空间。

② 程序第 6 行至第 9 行是函数声明部分，声明了 create、output、dele 和 insert 等 4 个函数，分别用于创建链表、输出链表、删除结点和插入结点。

③ 程序第 10 行至第 13 行是对结点类型的定义，结点类型是一个自引用结构体类型 struct node，包含有 2 个字符数组成员 name 和 tel，分别存放联系人的姓名和电话号码，另外还有一个指向下一结点的指针成员 next。

④ 程序 main()中第 1 行 struct node *head=NULL;将链表头指针 head 置空，相当于创建了一个空链表；然后通过菜单方式，由用户选择执行相关操作（即 4 个函数：creat、output、dele 和 insert）。

执行以上程序代码段后，将出现如下界面，等待用户选择操作代号。

```
        单链表基本操作示例
        请选择操作代号
1: 创建链表        2: 输出链表
3: 删除结点        4: 插入结点
其他数字: 退出
```

当用户从键盘输入操作代号 1～4 之间的整数时，程序将调用对应的函数以实现相应的操作，完成操作后再次返回到以上界面；当用户输入其他数字时，程序运行结束。

（2）单链表的建立

建立链表是指一个一个地输入各结点数据，并建立起各结点前后相链的关系。在建立前后相链关系的时候主要有两种方法：一是始终将当前结点作为链表的首结点插入到链表中，通常将这种方法为称为“头插法”；另一种方法是“尾插法”，始终将当前结点作为链表的尾结点链接到链表的尾部。

以下是用“尾插法”创建链表的的程序代码。

【简要分析】　“尾插法”建立一个单链表的主要步骤如下。

① 建立表头（建立一个空表），如程序第 4 行 head=NULL;。

② 利用 malloc 函数向系统申请分配一个结点空间，如程序第 10 行 p=NEW;。

③ 将新结点的指针成员的值赋为空（如程序第 12 行 p->next=NULL;），若是空表，将新结点连接到表头（如程序第 13 行、14 行）；若非空表，则将新结点连接到表尾（如程序第 15 行）。

④ 若有后续结点要接入链表，则转到步骤②继续执行，否则结束。

算法流程图如图 8-3 所示。

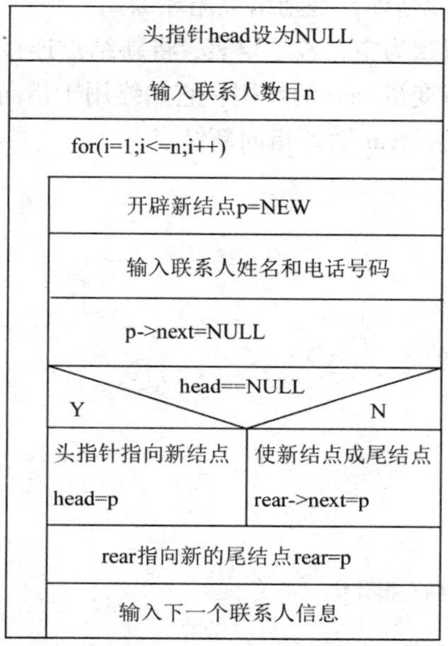

图 8-3　建立单链表的 N-S 图

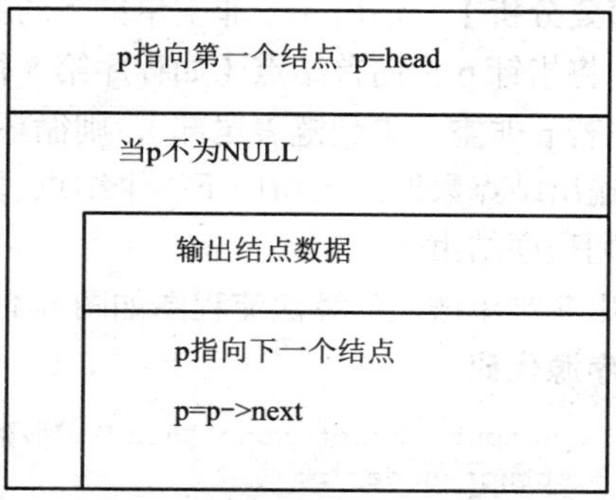

图 8-4　输出单链表的 N-S 图

程序源代码：

```
struct node *create()
{    struct node *head,*p,*rear;      /*head 是头指针，p 指向新结点，rear 指向尾结点*/
     int n,i;
     head=NULL;                       /*链表初始化为空*/
     printf("请问要录入几个联系人的信息：");
     scanf("%d",&n);
     printf("姓名\t 电话号码\n");
     for(i=1;i<=n;i++)
     {     p=NEW;                     /*动态分配一个结点内存空间，并由 p 指向*/
           scanf("%s\t%s",p->name,p->tel);
           p->next=NULL;              /*将新结点的指针成员的值赋为空（NULL）*/
           if(head==NULL)             /*链表为空，即 p 指向的结点（新结点）是链表的第一个结点*/
                head=p;               /*使头指针 head 指向新结点*/
           else rear->next=p;         /*使 rear 指向的结头(即尾结点)的 next 域指向新结点*/
           rear=p;                    /*使 rear 指向新的尾结点*/
     }
     printf("链表创建成功\n");
     system("pause");            /*程序暂停执行，并显示“请按任意键继续…”*/
     return head;                /*将创建的链表头指针返回给主调函数*/
}
```

程序运行结果：

```
请问要录入几个联系人的信息：2
姓名    电话号码
Zhao    15800000000
Qian    13911111111
链表创建成功
请按任意键继续…
```

程序说明：

① create 函数的返回值是所建立的链表的首结点的地址，用 return 语句返回到主调函数中（本例中是在主函数中用 head 指针接收，见主函数 switch 分支结构中 head=create(); ）。

② 建立链表过程中，结点的数目可以同本例一样由用户从键盘输入，也可以用其他方式决定（如检查用户输入的联系人姓名是否为空，如果非空就继续循环，否则结束循环）。

③ 算法中最核心的部分是将新结点的指针成员的值赋为空，若是空表，将新结点连接到表头；若非空表，则将新结点连接到表尾。读者需重点理解变量 rear 的作用，它始终用于指向链表的尾结点，当新结点被连接到链表尾部成为新的尾结点后，rear 随即指向新结点。

（3）单链表的输出

输出单链表就是将链表中各个结点的数据依次输出。

【简要分析】 输出一个非空单链表的主要步骤如下。

① 将指针 p 指向首结点（如程序第 8 行 p=head; ）。

② 若 p 非空（未到链表尾部），则循环执行下列操作：

{ 输出结点数据； p 指向下一个结点; }

否则程序结束。

输出非空单链表的算法流程图如图 8-4 所示。

程序源代码：

```
void output(struct node *head) /*形参 head 接收链表的头指针*/
{    struct node *p;
     if(head==NULL)                    /*链表为空*/
        printf("链表为空！通讯录中无联系人信息！\n");
     else
     {    p=head;                      /*将指针 p 指向首结点，访问单链表必须从头指针出发*/
        printf("姓名\t 电话号码\n");
        while(p)                       /*等价于 while(p!=NULL)，表示未到链表尾部*/
        {    printf("%s\t%s\n",p->name,p->tel);
             p=p->next;                /*使 p 指向下一结点*/
        }
     }
     system("pause");
}
```

程序运行结果（如果链表中只有上例中输入的 2 个联系人信息）：

```
姓名    电话号码
Zhao    15800000000
Qian    13911111111
请按任意键继续…
```

程序运行结果（如果链表为空）：

```
链表为空！通讯录中无联系人信息！
请按任意键继续…
```

程序说明：

① output 函数的形参 head 通过主函数的调用语句 output(head);从实参接收了链表的首结点的

地址，继而将它赋给指针变量 p，通过 p 的不断后移即可将链表中所有结点的数据输出。

② 本例中一开始就对链表是否为空作判断并给出相应提示信息，目的在于使程序效率更高，与用户的沟通更友好。

【思考验证】 参考以上输出链表的程序源代码，试编写一个统计链表结点个数的函数。

（4）删除指定结点

从单链表中删除结点是指对已建好的链表删去一个结点而不破坏原链表的结构。

【简要分析】 假设已建好了如图 8-2 所示的单链表。现在要删除图 8-5 中 p 所指向的结点，使链表成为图 8-6 所示的形式。

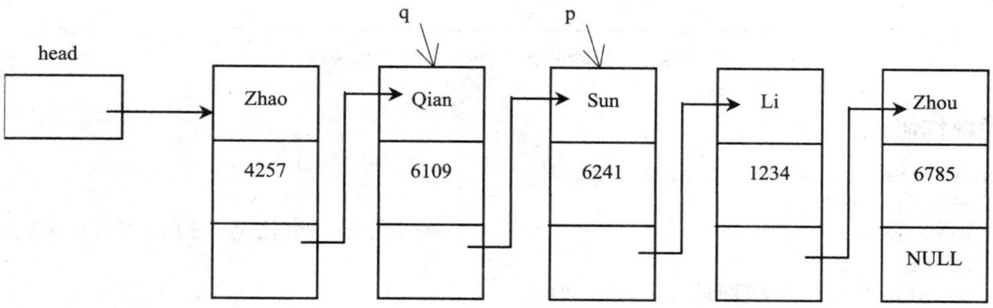

图 8-5 指针变量 p 所指结点待删除

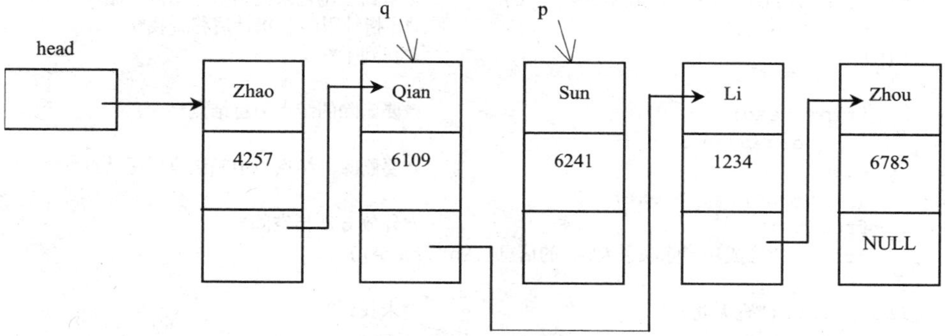

图 8-6 指针变量 p 所指结点已删除

由图 8-6 可以看出，在链表中删除结点，主要是修改结点指针域的值来完成的。作进一步思考不难发现，对于被删除的结点 p，在表中的位置只有 3 种情况，对应的修改结点指针域的方法也相应地有 3 种。

① p 结点在表的中间（即不在表头，也不在表尾）：q->next=p->next;

② p 结点位于表头：head=p->next;

③ p 结点位于表尾：q->next=NULL;

注意

情况③中，由于 p 结点位于表尾，其 next 域值恰为 NULL，因此可将修改结点指针域的方法与情况①统一，即 q->next=p->next;。

表中的结点一旦被删除后，就应该用 free()函数释放被删除结点所占用的内存空间，对图 8-6 中的 p 结点而言，可用 free(p);语句来释放其所占用的空间，将空间交还给系统。

算法流程图如图 8-7 所示。

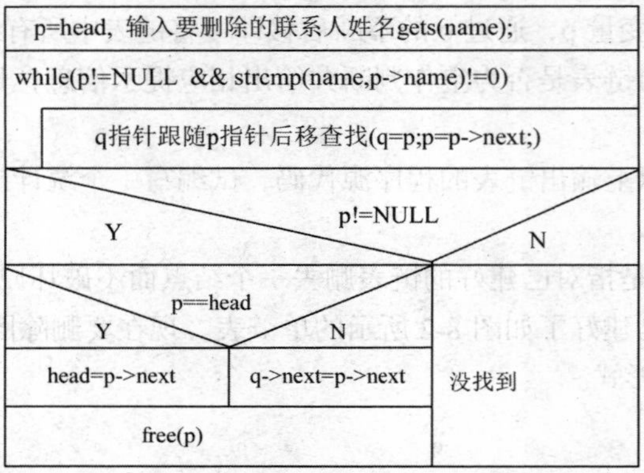

图 8-7　删除链表中指定结点的 N-S 图

程序源代码：

```
struct node *dele(struct node *head)
{   char name[20];
    struct node *p,*q;                          /*p 用于指向当前结点，q 用于指向上一结点*/
    getchar();
    printf("请输入要删除的联系人姓名：");
    gets(name);
    p=head;                                     /*使 p 指向链表首结点*/
    while(p&&strcmp(p->name,name)!=0)           /*未到表尾且未找到指定结点，循环查找*/
    {q=p;p=p->next;}                            /*q 指针跟随 p 指针后移查找*/
    if(p!=NULL)                                 /*找到了*/
    {
        if(p==head)                             /*要删除的结点为首结点*/
            head=p->next;
        else                                    /*要删除的结点为中间结点或尾结点*/
            q->next=p->next;
        free(p);                                /*释放 p 所指空间*/
        printf("已成功删除联系人%s 的信息！\n",name);
    }
    else printf("查无此人！\n");                /*未找到*/
    system("pause");
    return head;                                /*返回完成删除操作后的链表头指针*/
}
```

假设链表中已有上例中输入的 2 个联系人信息：

```
姓名    电话号码
Zhao    15800000000
Qian    13911111111
```

程序运行结果：

```
请输入要删除的联系人姓名：Zhao
已成功删除联系人 zhao 的信息！
请按任意键继续…
```

程序说明：

① dele 函数的形参 head 通过主函数的调用语句 head=dele(head);从实参接收了链表的首结点的地址，继而将它赋给指针变量 p，通过将 p 所指结点的 name 成员值与用户输入的数组 name 中的值作比较 strcmp(p->name,name)，如果没有找到要删除的结点且又还没到表尾则 q 指针跟随 p 指针后移继续查找。循环结束后，如果 p==NULL 表明 p 已指向表尾，未找到要删除的结点，给

出提示信息；否则，修改结点指针域的值来完成删除工作并释放 p 所指空间。最后将头指针 head 返回到主函数赋给 head。

②本程序以菜单方式工作，完成删除操作之后的链表中的数据可在主函数部分的菜单运行界面中选择操作代号 2 调用 output 函数来输出。

注意　由于 dele 函数删除的结点有可能是首结点，这样头指针 head 的值就会被改变，所以 dele 函数必须将 head 返回到主函数赋给 head，以确保主函数中使用的链表是完成删除操作之后的链表。读者可思考使用别的方式来确保主函数中使用的链表是完成删除操作之后的链表。

（5）在指定结点前插入新结点（如果指定结点不存在，则插入到表尾）

与在单链表中删除结点一样，也可以向链表中插入结点，而不破坏原链表的结构。

【简要分析】 如要在图 8-8 所示链表的结点 p 之前插入一个结点 s，使其成为图 8-9 所示的链表。

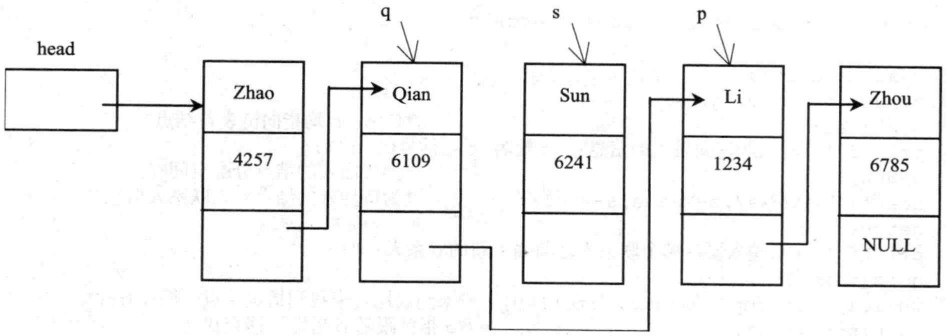

图 8-8　在 p 所指结点前插入 s 所指结点之前

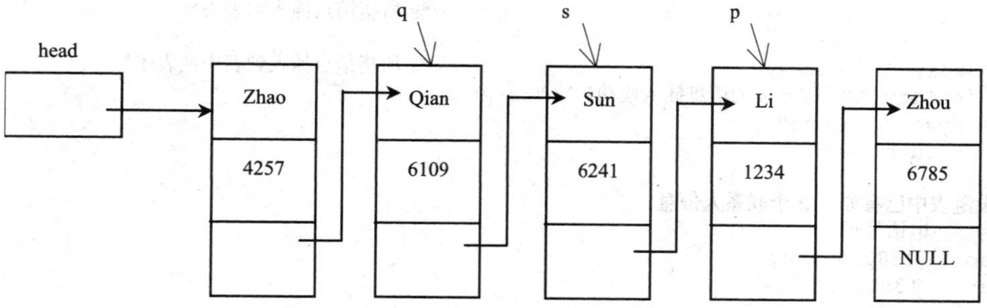

图 8-9　在 p 所指结点前插入 s 所指结点之后

由图 8-9 可以看出，向链表中插入一个结点，也是通过修改结点指针域的值来完成的。作进一步思考不难发现，结点 s 被插入到链表中的位置只有 3 种情况，与之相对应的修改结点指针的方法也相应有 3 种。

① s 结点插入到表中（既不在表头，也不在表尾）：s->next=p; q->next=s;

② s 结点插入到表头：s->next=p; head=s;

③ s 结点插入到表尾：s->next=NULL; q->next=s;

算法流程图如图 8-10 所示。

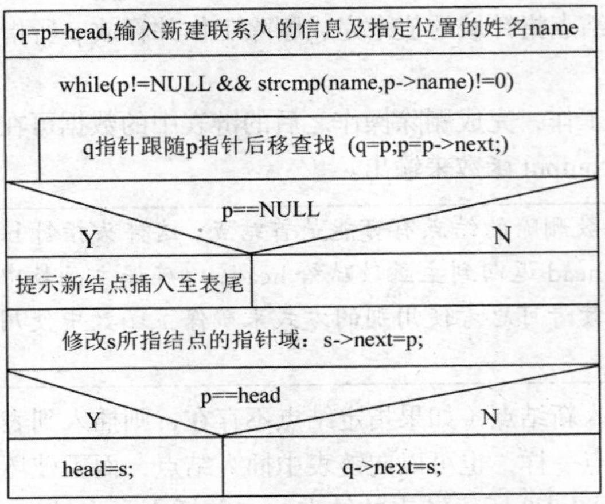

图 8-10 在链表指定位置前插入结点的 N-S 图

程序源代码：

```
struct node *insert(struct node *head)
{
    char name[20];
    struct node *p,*q,*s;
    q=p=head;                                       /*使 p、q 均指向链表首结点*/
    printf("请输入新建联系人的信息：\n 姓名\t 电话号码\n");
    s=NEW;                                          /*为待插入的结点分配空间*/
    scanf("%s\t%s",s->name,s->tel);                 /*为待插入的结点录入联系人信息*/
    getchar();
    printf("\n 请输入要在哪个联系人之前插入新的联系人：");
    gets(name);
    while(p&&strcmp(p->name,name)!=0)     /*未到表尾且未找到指定结点，循环查找*/
    {q=p;p=p->next;}                      /*q 指针跟随 p 指针后移查找*/
    if(!p)                   /*等价于 if(p==NULL)，表示 p 已指向表尾，即未找到指定结点*/
        printf("查无此人！新建联系人的信息将插入至表尾！\n");
    s->next=p;                                      /*修改 s 所指结点的指针域*/
    if(p==head)                                     /*s 所指结点插入到表头*/
        head=s;
    else q->next=s;                                 /*s 所指结点插入到表中或表尾*/
    printf("联系人%s 的信息插入成功！\n",s->name);
    system("pause");
    return head;
}
```

假设链表中已有如下 2 个联系人信息：

```
姓名    电话号码
Zhao   15800000000
Qian   13911111111
```

程序运行结果：

```
请输入新建联系人的信息：
姓名    电话号码
Sun    13100000000
请输入要在哪个联系人之前插入新的联系人：Zhao
联系人 Sun 的信息插入成功！
请按任意键继续…
```

程序说明：

① insert 函数的形参 head 通过主函数的调用语句 head=insert(head);从实参接收了链表的首结点的地址，继而将它赋给指针变量 p、q，通过循环将指针变量 p、q 一前一后逐次后移，最终使

得 p 指向指定的结点，q 指向上一个结点，如图 8-8 所示情况；如果没有找到指定的结点，则 p 的值为 NULL，q 指向尾结点；最后，修改结点指针域的值来完成插入工作并将头指针 head 返回到主函数赋给 head。需要强调的是，当没有找到指定的结点而将 s 所指结点插入到表尾时，以上程序执行过程中，由于此时 p 的值恰为 NULL，所以对 s 所指结点指针域的处理方法可与插入结点到表中或表头的方法一致，即 s->next=p;。

② 本程序以菜单方式工作，完成插入操作之后的链表中的数据可在主函数部分的菜单运行界面中选择操作代号 2 调用 output 函数来输出。

注意

由于 insert 函数可能将新结点插入到表头，从而头指针 head 的值被改变，所以 insert 函数必须将头指针 head 返回到主函数赋给 head，以确保主函数中使用的链表是完成插入操作之后的链表。

说明

链表是 C 语言中比较深入的一个内容。非计算机专业的初学者对链表的相关知识有一定了解即可，在以后需要使用时再作进一步学习；计算机专业的人员是应该掌握链表的概念和基本操作的。

8.4 枚举类型和共用体类型简介

枚举类型和共用体类型也是构造数据类型，它们在定义和使用的形式上与结构体类型很相似，但是在本质上是不同的。

8.4.1 枚举类型

1. 枚举类型的定义

如果一个变量的值被限定在一个有限的范围内，在 C 程序中可以将它定义为枚举类型。例如，保存性别的变量只能取值“男”或“女”；用来表示星期几的变量只能取“星期一”“星期二”“星期三”“星期四”“星期五”“星期六”“星期天”7 个值之一，等等。

枚举类型定义形式如下：

```
enum 枚举类型名 { 枚举表; };
```

其中，“enum”是定义枚举类型的关键字；“枚举类型名”是枚举类型的名称，遵循标识符命名规则；“枚举表”是由若干个被称为枚举符的元素组成，称之为枚举常量，相邻的枚举常量之间用逗号隔开。

说明

（1）定义枚举类型时，“枚举表”中每个枚举常量的名称必须是唯一的。

（2）枚举类型是用标识符表示的整型常量的集合，从其作用上看，枚举常量是自动设置值的符号常量。枚举常量的起始值为 0，例如：

```
enum months{JAN, FEB, MAR, APR, MAY, JUN, JUL, AUG, SEP, OCT, NOV, DEC};
```

其中，各枚举常量的值被依次自动设置为整数 0～11。

（3）也可以采用在定义时指定枚举常量的初值来改变枚举常量的取值，例如：

```
enum months{JAN=1, FEB, MAR, APR, MAY, JUN, JUL, AUG, SEP, OCT, NOV, DEC};
```

这样，枚举常量的值被依次自动设置为整数 1～12。

（4）可以在枚举类型定义时为每一个枚举常量指定不同的值，也可以对中间的某个枚举常量指定不同的值，例如：

```
enum clolor{red, yellow, blue, green=5, black, white};
```

则枚举常量的取值情况为：red=0，yellow=1，blue=2，green=5，black=6，while=7。

（5）完成枚举类型定义后，其枚举常量的值就不可更改了，但可以作为整型常量使用。

2. 枚举类型变量的定义

同结构体类型一样，只有定义了枚举类型之后，才可以定义枚举类型变量。

枚举类型变量的一般定义形式如下：

enum　枚举类型名　枚举变量名列表;

例如：

```
enum weekday{sun, mon, tue, wed, thu, fri, sat};
    enum weekday week;
```

枚举类型的名称是 weekday，用它定义的枚举变量的名称是 week，该变量的值只能取枚举表中罗列的 7 个常量，即 sun 到 sat 之一。

说明

（1）与结构体类似，可以在定义枚举类型的同时定义枚举变量。例如：

```
enum weekday{sun, mon, tue, wed, thu, fri, sat} week;
```

（2）也可以不声明枚举类型的名称，而直接定义该类型的枚举变量。例如：

```
enum {sun, mon, tue, wed, thu, fri, sat} week;
```

3. 枚举变量的引用

枚举变量定义后可以直接使用。例如：

```
enum clolor{red, yellow, blue, green=5, black, white};
enum color apple,banana;
apple=red,banana=yellow;
```

【例 8-6】　分析以下代码及运行结果。

程序源代码：

```
#include <stdio.h>
int main()
{   enum weekday {SUM,MON,TUE,WED,THU,FRL,SAT};
    enum weekday date1, date2, date3;
    date1=SAT;
    date2=WED;
    date3=SUM;
    printf("date1=%d,date2=%d,date3=%d\n", date1, date2, date3);
    return 0;
}
```

程序运行结果：

```
date1=6, date2=3, date3=0
```

程序说明：

作简单分析后不难发现，以上程序只是输出各枚举常量代表的整数值，含义不明。这是因为，枚举常量标识符是不能直接输入/输出的，只能通过其他方式来输出枚举常量标识符。如例 8-7 所示。

【例 8-7】　根据代码中的注释，分析以下代码及运行结果，了解枚举变量的输出方式。

程序源代码：

```
#include <stdio.h>
/*定义枚举类型 months*/
enum months{JAN=1,FEB,MAR,APR,MAY,JUN,JUL,AUG,SEP,OCT,NOV,DEC};
int main()
{    enum months i;          /*定义枚举变量 i*/
     /*定义指针数组 name,其 1～12 号元素分别指向代表月份的 12 个字符串*/
     char *name[]={"","January","February","March","April",
                   "May","June","July","Auguest","September",
                   "October","November","Dcember"};
     for(i=JAN;i<=DEC;i++)
         printf("%2d 月: %s\n",i,name[i]);    /*输出月份及其对应的英文*/
     return 0;
}
```

程序运行结果：

```
1 月: January
2 月: February
3 月: March
4 月: April
5 月: May
6 月: June
7 月: July
8 月: Auguest
9 月: September
10 月: October
11 月: November
12 月: Dcember
```

【融会贯通】 某校有 8 个系，定义一个名为 department 的枚举类型，然后编程实现输入一个学生所属系别代号，显示他是哪个系的学生。

8.4.2　共用体类型

1. 共用体类型的定义

共用体类型，又称为联合体类型，简称共用体或联合体。它是把不同类型的数据项组成一个整体，这些不同类型的数组项在内存中所占用的起始单元是相同的。

共用体类型的定义形式与结构体类型的定义形式相同，只是其关键字为 union。

共用体类型定义的一般形式如下：

union<共用体名>

{ 成员列表 };

2. 共用体变量的定义

与结构体类型变量的定义形式相似，共用体变量的定义方式也有 3 种。

（1）先定义共用体类型，再定义共用体类型变量。

例如：

```
union data
{    float v;
     Short int n;
     char c;
};
union data u1, u2;
```

（2）在定义共用体类型的同时定义共用体类型变量。

例如：

```
union data
{     float v;
      Short int n;
      char c;
} u1, u2;
```

（3）定义共用体类型时，省去共用体名，同时定义共用体类型变量。需要注意的是，这种方法定义的共用体类型不能再用来定义另外的共用体类型变量。

例如：

```
union
{     float v;
      Short int n;
      char c;
} u1, u2;
```

共用体变量占用的内存空间，等于最长成员的长度，而不是各成员长度之和。例如，在 Visual C++6.0 编译环境下，上例中的共用体变量 u1 和 u2 占用的内存空间均为 4 字节（而不是 4+2+1=7 字节）。变量 u1 所占用的内存单元示意图如图 8-11 所示。

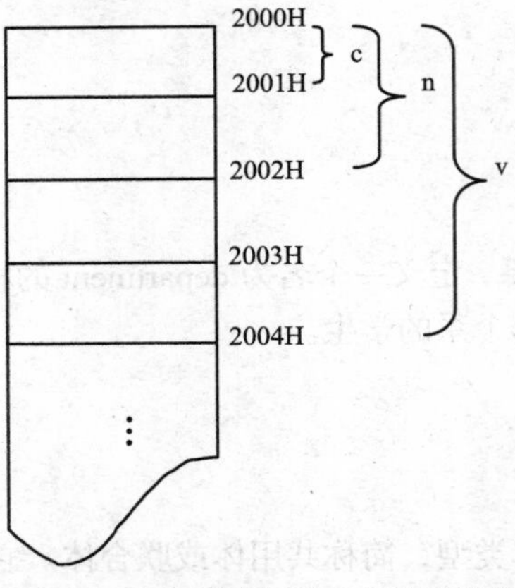

图 8-11　变量 u1 所占用的内存单元示意图

观察图 8-11 可见，共用体变量 u1 的 3 个不同类型的成员变量存放在同一段内存单元中。3 个成员变量在内存单元中所占用的字节数是不相同的，但都从 2000H 地址单元开始存放。不难发现，这 3 个成员变量之间会互相覆盖，但同时也节约了内存空间。

3. 共用体变量的引用以及共用体类型数据的特点

共用体变量的引用与结构体变量一样，也只能逐个引用共用体变量的成员。

例如，访问共用体变量 u1 各成员的格式为：

```
u1.v, u1.n, u1.c
```

在使用共用体类型数据时要注意以下一些特点：

（1）系统采用覆盖技术，实现共用体变量各成员的内存共享，所以在某一时刻存放的、起作用的是最后一次存入的成员值。

例如，依次执行语句“u1.n=1; u1.c='c';”后，成员变量 u1.n 的值为 99。

（2）由于所有成员共享同一内存空间，故共用体变量与其各成员的地址相同。

例如：

&u1、&u1.v、&u1.n、&u1.c 四者的值是相等的。

（3）共用体类型变量在定义时只能对第一个成员进行赋初值。

【例 8-8】 分析以下代码及运行结果。

程序源代码：

```
#include <stdio.h>
union u
{    char u1;
     short u2;
 };
int main( )
{
     union u a={0x9741};
     printf("1. %c %x\n",a.u1,a.u2);
     a.u1='a';
     printf("2. %c %x\n",a.u1,a.u2);
     return 0;
}
```

程序运行结果：

```
1. A 41
2. a 61
```

程序说明：

由于第一个成员 u1 是字符型，占用一个字节，所以对于定义变量 a 时赋予的初值 0x9741 仅能接受 0x41，初值的高字节被截去。

（4）不能将共用体变量作为函数参数，也不能使函数返回一个共用体类型数据，但可以使用指向共用体变量的指针。

（5）共用体类型可以出现在结构体类型定义中，反之亦然。也就是说，共用体类型和结构体类型可以相互嵌套定义。

习　题　8

1. 用结构体类型编写程序，输入一个学生的数学期中和期末成绩，然后计算并输出其平均成绩。

2. 有 10 个学生，每个学生的数据包括学号（num）、姓名（name[9]）、性别（sex）、年龄（age）、三门课成绩（score[3]），要求在 main()函数中输入这 10 个学生的数据，并对每个学生调用函数 count()计算总分和平均分，然后在 main()函数中输出所有各项数据（包括原有的和新求出的），试编写程序。

3. 将第 2 题改用指针方法处理，即用指针变量逐次指向数组中各元素，输入每个学生的数据，然后用指针变量作为函数参数将地址值传给 count()函数，在 count()中做统计，最后将数据返回 main()函数中并输出，试编写程序。

4. 建立职工情况链表，每个结点包含的成员为：职工号（id）、姓名（name）、工资（salary）。用 malloc()函数开辟新结点，从键盘输入结点中的所有数据，然后依次把这些结点的数据显示在屏幕上，试编写程序。

5. 设单链表结点类型node定义如下：

```
struct node
{         int data;
         struct node *next;
};
```

试将一个单链表反转排列，即将链头当链尾，链尾当链头，试编写程序。

第9章 预处理命令

在前面各章中，已多次使用过以“#”号开头的预处理命令，如包含命令#include，宏定义命令#define 等。在源程序中这些命令都放在函数之外，而且一般都放在源文件的前面，它们称为预处理部分。

预处理就是指源程序被正式编译之前所进行的处理工作。C 语言的预处理功能是由预处理程序实现的，它负责分析和处理行首以“#”开头的控制行。这些控制行包括文件包含、宏定义和条件编译等。在大多数系统中，当使用编译程序时，会自动引用预处理程序、汇编程序和连接程序。预处理程序控制行的作用范围仅限于说明它们的那个文件。

所有的预处理指令均以“#”开头，在它的前面不能出现空格以外的其他字符，而且在行结尾处没有分号，这是它和 C 语言中语句的重要区别，因为 C 语言语句都是以分号结尾的。

主要内容

- 文件包含
- 宏定义
- 条件编译

学习重点

- 文件包含的使用方法，掌握#include 指令的两种格式
- 宏定义的两种形式，掌握简单宏的使用，了解带参数的宏与函数的区别
- 了解条件编译的概念

9.1 文件包含

如果在一个文件中用到另一个文件中的某些或全部内容，不必把该文件重复输入到自己的文件中，只要用一个文件包含指令就可以了。该包含指令可以自动将另一个指定的源文件的内容包含进来。预处理指令#include 可以完成这一任务。#include 指令的功能是用指定文件的一份拷贝来取代这条预处理指令。

#include 指令有如下两种格式：

（1）#include <文件名>

（2）#include "文件名"

其中，#include 为包含命令，文件名是被包含文件的全名。

这两种格式的差别在于预处理程序查找被包含文件的路径不同。如果是用尖括号括起来的文件名（多用来查找标准库头文件），预处理程序用与实现无关的方式查找被包含文件，通常是在预

指定的目录中查找；而用双引号括起文件名，则预处理程序在当前正在编译的程序的所在目录中查找被包含文件，该方法通常用来包含程序员自定义的头文件。

被包含文件通常放在文件开头，因此称作头文件，一般用“.h”作扩展名（h 是英文 header 的缩写）。C 编译系统提供了许多头文件，我们在使用标准库函数进行程序设计时，需要在源程序中包含相应的头文件，这些头文件中含有一些公用性的常量定义、函数说明及数据结构等。例如在使用标准库函数进行输入输出操作时，一般应有如下包含命令：

```
#inciude <stdio.h>
```

把 stdio.h 头文件包含进来。

不同类的库函数有不同的头文件，如使用标准数学函数，应采用

```
#include <math.h>
```

把标准数学库函数的头文件 math.h 包含进来。如要使用字符串处理函数，就应采用

```
#indude <string.h>
```

把字符串处理库函数的头文件 string.h 包含进来。

一个 include 命令只能指定一个被包含文件，若有多个文件要包含，则需用多个 include 命令。文件包含允许嵌套，即在一个被包含的文件中又可以包含另一个文件。

9.2 宏定义

宏定义命令是将一个标识符定义为一个字符串，在编译之前将程序中出现的该标识符用字符串替换，所以又称宏代换或宏展开。这个标识符称为宏名，被代替的字符串就称为宏值。宏定义分两种：一种是简单的宏定义，另一种是带参数的宏定义。

这个定义的过程是通过#define 命令实现的。其一般格式为：

#define <宏名> <宏值>

<宏名>可以出现在程序中，在程序被编译之前，预处理程序会先把<宏名>原封不动地替换成<宏值>（这称为宏代换），然后再进行编译。

<宏名>可以不带参数，这称为简单宏；也可以带有参数，这称为带参数的宏。

9.2.1 简单的宏定义

简单的宏定义是用一个标识符来代替一个字符串，它的一般形式如下：

#define 标识符 字符串

其中，#define 是宏定义命令，标识符即宏名，字符串即宏值。例如：

```
#define PI 3.1415926
```

其含义是用标识符 PI 来代替“3.1415926”这个字符串，在程序中出现的都是宏名 PI。在编译前预处理时，将程序中所有的 PI 都用 3.1415926 来替换。又如：

```
#define TRUE 1
#define FALSE 0
#define FORMAT "%d%f%s\n"
```

可见宏定义可以用来简化程序书写，即用一个简单的宏名代替一个较繁杂的字符串，同时还可提高程序的可读性，减少书写中的错误。使用宏定义也便于程序的修改，例如程序中多次出现

PI，如果要修改 PI 的值，只需在宏定义中修改一次就可以了。

宏定义在应用时应注意如下几点：

（1）根据一般习惯，在宏定义时，宏名用大写字母表示，以便于与变量名相区别。但用小写字母也可以，并无语法错误。

（2）在进行宏定义的预处理时，只作简单的替换，不作任何的语法检查，替换时不管其含义是否正确。

（3）预处理命令的结尾不应有分号，如宏定义末尾加了分号，则该分号一起被替换。

例如：

```
#define PI 3.1415926;
```

有赋值语句

```
area=PI*r*r;
```

经宏展开后就为 area=3.1415926;*r*r;

系统在预处理时不指出错误，到编译阶段，才指出错误。

（4）如果宏值过长，可在换行前加一个续行符“\”，如：

```
#define LONG_STRING this is a long\
string that is used in the program
```

（5）当宏值为表达式时，最好用小括号括起来，以避免引起误解。如：

```
#define A 3+2
```

程序员的本意是想让 A 代表 3+2 这个整体，但在宏代换中，比如：

```
i= 5/A;
```

就会被替换成：

```
i=5/3+2;
```

根据运算符的优先级，先算 5/3=1，然后 1+2=3，即最后结果 i=3 而非 i=1 这个预期的正确结果。这不是预处理程序误解了你的意思，而是你误解了预处理程序。因为宏代换是机械地、没有智能地、不做任何处理地去做简单的替换工作，它不管替换后的语法和语义正确与否，因此保证宏代换正确性的责任必须由程序员自己承担。如果你熟知了宏代换的操作规定，那么在宏定义时对宏值加一对小括号，就不会出现这样的问题了。如定义成:

```
#define A (3+2)
```

这样不管怎样使用 A，都不会出现任何问题。

（6）宏定义允许嵌套，在宏定义的字符串中可以使用已经定义的宏名。在宏展开时由预处理程序层层代换。

例如：

```
#define PI 3.1415926
#define AREA PI*r*r           /* PI 是已定义的宏名*/
```

对语句：

```
printf("AREA=%f",AREA);
```

在宏代换后变为：

```
printf("AREA=%f",3.1415926*r*r);
```

（7）双引号中字符串内的字符不作宏替换。如上例 printf 语句中，有两个 AREA，一个在双引号内，不作替换，另一个在双引号外面，则作替换。

（8）宏名的有效范围是从定义点至其所在文件末尾，或遇到取消宏定义的指令#undef 为止。对终止点以后的宏名还可以再定义其他宏值。如：

```
#define A 100 ┐
...           ├ A代表100的有效范围
#undef A      ┘

#define A 10
…                 /*从这里开始，A 代表 10*/
```

【例 9-1】 根据宏代换的相关知识，试分析下边程序的输出结果。

程序源代码：

```
#include <stdio.h>
#define M (y*y+3*y)
int main( )
{
    int s,y;
    printf("input a number: ");
    scanf("%d",&y);
    s=3*M+4*M+5*M;
    printf("s=%d\n",s);
    return 0;
}
```

程序运行结果：

```
input a number: 2
s=120
```

程序说明：

上例程序中首先进行宏定义，定义 M 来替代表达式(y*y+3*y)，在 s=3*M+4*M+5*M 中作了宏调用。在预处理时经宏展开后该语句变为：

```
s=3*(y*y+3*y)+4*(y*y+3*y)+5*(y*y+3*y);
```

注意

在宏定义中表达式(y*y+3*y)两边的括号不能少。否则会发生错误。如当作以下定义后：

```
#difine M y*y+3*y
```

在宏展开时将得到下述语句：

```
s=3*y*y+3*y+4*y*y+3*y+5*y*y+3*y;
```

这相当于：

$3y^2+3y+4y^2+3y+5y^2+3y$；

显然与原题意要求不符。计算结果当然是错误的。因此在作宏定义时必须十分注意。应保证在宏代换之后不发生错误。

【例 9-2】 根据宏的有效范围，试分析下边程序的输出结果。

程序源代码：

```
#include <stdio.h>
#define A 100
int main( )
{
    int i=2,j=3;
    int max(int,int);
    printf("i+A=%d\n",i+A);            /*第一个宏定义没有结束，A=100*/
```

```
    printf("max=%d\n",max(i,j));          /*调用 max()函数，函数体在第二个宏定义之后*/
    #undef A
    #define A 10
    printf("i+A=%d\n",i + A);
    printf("max=%d\n",max(i,j));
    return 0;
}
int max(int a, int b)
{return a>b?a+A:b+A;}                    /*用第二个宏代换，A=10*/
```

程序运行结果：

```
i+A=102
max=13
i+A=12
max=13
```

程序说明：

本例中，A 被定义了两次，作用范围各不相同。在 max 函数中用到的 A 是第二次宏定义的、可作用到文件尾的 A(A 代表 10)，而第一个 A 遇到#undef A 就被取消了。

【思考验证】 如果把 max 函数定义在主函数之前，结果会怎么样？

9.2.2 带参数的宏定义

宏定义的第二种情况是宏名后面可以带有参数，因而在宏值中也有相同的参数。

带参数宏定义的一般格式为：

#define <宏名 >(<参数表>) <含有参数的字符串>

例如：

```
#define S(x) (5*x)
```

其中 S 为宏名，x 为参数，5*x 是带参数的字符串。

对带有参数的宏的处理方法是：先用替换字符去替换参数，然后再把宏展开。比如 S(5)会被处理成 5*5(注意不是 25)，即先用 5 去替换参数 x，再把 S(5)展开成 5*5。

定义和使用带参数的宏时应注意的问题有：

（1）为了不致引起误解，宏值中间的参数要用小括号括起来。

例如，定义一个求圆面积的带参数的宏：

```
#define PI 3.1415926
#define AREA(x) (PI*(x)*(x))        /*注意小括号的使用，每个小括号都不可少*/
```

如果有语句：

```
area=AREA(4);
```

则会被预处理程序展开成：

```
area=(3.1415926*(4)*(4));
```

因为表达式只由常量组成，所以在编译时就能计算出该表达式的值并赋给 area。用小括号把参数括起来是为了在参数是表达式时迫使编译器以正确的顺序计算表达式的值。例如：

```
area=AREA(3+c);
```

则被展开成：

```
area= (3.1415926*(3+c)*(3+c));
```

其中小括号使表达式以正确的顺序进行计算。如果去掉(x)中小括号，宏会被展开成

area=3.1415926*3+c*3+c;

显然这是不正确的。

同理，(PI*(x)*(x))最外围的小括号也是不可以去掉的。

（2）宏名和后面的小括号之间，即和参数之间不能有空格，如有：

```
#define CUBE (a) (a* a*a)     /* CUBE和(a)间有空格*/
```

则预处理程序会把 CUBE 作为无参的宏名，而把"(a) (a*a*a)"作为宏值。

（3）参数表中的参数和字符序列中的参数必须一一对应，即参数表中的参数必须全部在字符串中出现；反过来，字符串中的参数都必须出现在参数表中。如：

```
#define s(a,b) 3*a+6
#definie s(a) a+b
```

都是错误的。第一种情况是参数表中的参数 b 在后面未用到，因此它在参数表中的出现毫无意义。第二种情况是字符序列中的 b 未在参数表中出现，运行时会发生错误。

（4）用带参数的宏可以代替某些简单的带参函数。例如，可以用

```
#define AREA(x) (PI*(x)*(x))
```

去代替函数：

```
float area(float x)
{return 3.1415926*x*x;}
```

既然两者都能完成同样的工作，那么带参宏和带参函数之间有何区别？它们各有哪些优缺点呢？

① 函数调用时先对参数表达式进行计算，把计算的结果作为一个值去代替形参，而宏代换时不对参数求值，如：

```
area=area(5+8);
```

会被处理成

```
area=area(13);
```

而

```
area=AREA(5+8);
```

则被处理成：

```
area=PI*(5+8)*(5+8);
```

② 函数需要形参和实参的类型匹配，至少要求可以兼容，而宏的参数没有类型。

③ 函数调用是在运行时处理的，要占用运行时间，而宏是在预编译阶段处理的，不占用运行时间。

④ 函数调用需要一些额外开销，而宏直接把代码插入到程序中，不会增加额外的开销，并保持了程序的可读性，因此对一些小的、调用次数频繁的函数，最好用带参的宏去代替。

【例 9-3】 根据带参数宏的定义，试求圆面积和圆柱体体积。

程序源代码：

```
#include <stdio.h>
#define PI 3.1415926
#define AREA(x) (PI*(x)*(x))                    /*注意小括号的使用*/
#define VOLUME(x,y) ((AREA(x))*(y))             /*注意体积的定义*/
int main( )
{
    int r,h,area,volume;
```

```
    printf("input radius: ");
    scanf("%d",&r);
    printf("input heigh: ");
    scanf("%d",&h);
    area=AREA(r);
    volume=VOLUME(r,h);
    printf("area=%d,volume =%d\n",area,volume);
    return 0;
}
```

程序运行结果：

```
input radius: 2
input heigh: 2
area=12,volume =25
```

程序说明：

分析宏调用语句，AREA(r)被代换成 3.1415926*r*r，又因为 area 是整型数据，结果也被强制转换为整型数据。VOLUME(r,h)被代换成 3.1415926*r*r*h，相当于 3.1415926*2*2*2，结果是 25，而不是面积 12*2=24。

以上讨论说明，对于宏定义不仅应在参数两侧加括号，也应在整个字符串外加括号。

【思考验证】 在上例中，如果把宏定义成：#define VOLUME(y) ((AREA(x))*(y))结果会怎么样？它与宏的嵌套定义有何不同？

9.3 条件编译

程序并不是每时每刻都需要宏，那么能否根据条件决定哪些宏需要处理和代换呢?答案是肯定的。预处理条件指令#if、#else、#e1if、#endif 等允许预处理根据计算条件处理和代换宏。

条件编译有三种形式，下面分别介绍：

（1）第一种形式：

#ifdef　标识符

　　程序段 1

#else

　　　　程序段 2

#endif

它的功能是，如果标识符已被#define 命令定义过，则对程序段 1 进行编译；否则对程序段 2 进行编译。如果没有程序段 2（它为空），本格式中的#else 可以没有，即可以写为：

#ifdef　标识符

　　程序段

#endif

【例 9-4】 根据条件编译的相关知识，试分析下边程序的输出结果。

程序源代码：

```
#include <stdio.h>
#define NUM 1                /*定义宏*/
struct
{   int num;
    char *name;
    char sex[4];
```

```
    float score;
} student;
int main( )
{
    student.num = 101101;
    student.name = "张三";
    strcpy(student.sex, "男");
    student.score = 82.5;
    /* 条件编译 */
    #ifdef  NUM                       /* 如已定义标识符 NUM,则显示相关信息 */
        printf("已定义标识符 NUM\n 学号:%d\n 姓名:%s\n 性别:%s\n 成绩:%.2f\n",
                    student.num, student.name, student.sex,student.score);
    #else                             /* 如未定义标识符 NUM,则不显示*/
        printf("未定义标识符 NUM\n");
    #endif
    return 0;
}
```

程序运行结果：

```
已定义标识符 NUM
学号:101101
姓名:张三
性别:男
成绩:82.5
```

程序说明：

在程序的第一行宏定义中，定义 NUM 表示字符串 1，因此应对第一个 printf()作编译。实际上可以为任何字符串，甚至不给出任何字符串，例如上例可以改写为：

```
#define NUM
```

具有同样的意义。只有取消程序对 NUM 的宏定义才会去编译第二个 printf()函数。

（2）第二种形式：

#ifndef 标识符

程序段 1

#else

程序段 2

#endif

与第一种形式的区别是将“ifdef”改为“ifndef”。它的功能是，如果标识符未被#define 命令定义过，则对程序段 1 进行编译，否则对程序段 2 进行编译。这与第一种形式的功能正相反。

（3）第三种形式：

#if 常量表达式

程序段 1

#else

程序段 2

#endif

它的功能是，如常量表达式的值为真（非 0），则对程序段 1 进行编译，否则对程序段 2 进行编译。因此可以使程序在不同条件下，完成不同的功能。

【例 9-5】 根据条件编译的相关知识，试分析下边程序的输出结果。

程序源代码：

```
#include <stdio.h>
```

```
#define NUM 0                /*定义宏*/
struct
{
    int num;
    char *name;
    char sex[3];
    float score;
}student;
int main( )
{
    student.num = 101101;
    student.name = "张三";
    strcpy(student.sex, "男");
    student.score = 82.5;
    /* 条件编译 */
    #if  NUM                 /*NUM 值为真,则显示相关信息 */
        printf("NUM 值为真\n 学号:%d\n 姓名:%s\n 性别:%s\n 成绩:%.2f\n",
               student.num, student.name, student.sex,student.score);
    #else                    /*NUM 值为假,则不显示*/
        printf("NUM 值为假\n");
    #endif
    return 0;
}
```

程序运行结果：

NUM 值为假

程序说明：

本例中采用了第三种形式的条件编译。在程序第一行宏定义中，定义 NUM 为 0，因此在条件编译时，常量表达式的值为假，故输出#else 后面的信息。

上面介绍的条件编译当然也可以用条件语句 if 来实现。但是用条件语句将会对整个源程序进行编译，生成的目标代码程序很长，而采用条件编译，则根据条件只编译其中的程序段 1 或程序段 2，生成的目标程序较短。如果条件选择的程序段很长，采用条件编译的方法是十分必要的。

【融会贯通】 试用选择结构控制语句 if、else 改写例题 9-4、9-5，注意判断语句之间的区别。

习 题 9

1. 从键盘输入半径，计算圆的周长和圆的面积。要求把 PI 定义成宏，把圆周长和圆面积的计算设计成 2 个头文件，并包含进来。

2. 设计输出实数的格式，包括：一行输出一个实数；一行输出两个实数；一行输出三个实数。该输出格式用宏定义完成，保存在一个头文件中，使用时包含进来。

3. 输入两个整数，求它们相除的余数。用带参数的宏来实现。

4. 定义一个带参数的宏，使两个参数的值互换。要求输入两个数作为使用宏时的实参。输出交换后的两个数。

5. 输入 10 个整数，根据需要设置条件编译，能够求 10 个整数的和，或求 10 个整数的积。

6. 输入一行字母字符，根据需要设置条件编译，使之能将字母全部变成大写，或全部变成小写，然后输出。

第10章 C语言的文件操作

到目前为止，我们在程序设计中总是将所处理的数据暂时地存放在内存中，当程序运行结束后，这些数据也就消失了。为了能够永久地保存这些数据，应当把它们存储到二级存储设备中，特别是磁盘存储设备中。要把数据存储在磁盘上，就必须将其组织成文件。文件是计算机内外存储信息交换的单位。不管信息多么简单，哪怕只有一个字符，也不管信息多么复杂，即使有成千上万个记录，我们都要以文件的形式加以存储和处理。

本章将介绍C语言文件的概念、缓冲文件系统及其在输入输出中的应用。

主要内容

- 文件的概念
- 文件的打开、关闭、读写操作的方法

学习重点

- 文件的读写操作

10.1 C文件概述

文件是程序设计中的一个重要概念，所谓“文件”是指存储在外部介质（如磁盘）上的一组相关数据的集合，为了便于定位这组数据，通常要为它取一个名称，即文件名。操作系统就是以文件为单位对数据进行管理的，如果想找到存储在外部介质上的数据，必须按文件名找到存放该数据的文件，然后再从文件中读取数据。

从用户的角度来看，文件可以分为普通文件和设备文件。

普通文件是驻留在外部介质上的有序数据集，它可以是源文件、目标文件、可执行程序，也可是一组待输入的原始数据，或者是一组输出结果。前者通常称为程序文件，后者则可称为数据文件。

设备文件是指与主机相联的各种外部设备，如显示器、键盘等，对于操作系统而言，每一个与主机相联的输入/输出设备都是一个文件，其输入输出等同于文件的读和写。例如，通常将显示器定义为标准输出文件，将键盘定义为标准输入文件。我们前面使用的printf()、putchar()等C函数就是输出到标准输出文件（即显示器），scanf()、getchar()等C函数就是从标准输入文件（即键盘）输入数据。

从数据的组织来看，文件又分为两类：文本文件和二进制文件。文本文件又称为ASCII文件，文件中的每个元素都是字符，例如源程序文件就是文本文件。二进制文件是把数据转换成二进制形式后存储起来的文件。在内存中，所有的文件都是以二进制形式存储，因此二进制文件可以不经转换直接和内存通信。对于文本文件来说，要把它存入内存，中间会有一个转换成二进制的过程，输出时又要把二进制形式转换成字符形式，因而会影响速度。但文本文件有一个长处，就是在输出时能以字符形式显示文件的原有内容，便于阅读。对于二进制文件来说，因为它的每个字节并不和字符相对应，因而在 DOS 状态下用 type 命令输出时会出现乱码。

下面看一下这两种文件的具体差别。例如对数据 1234，它们的文件形式和内存形式之间的关系如图 10-1 所示。

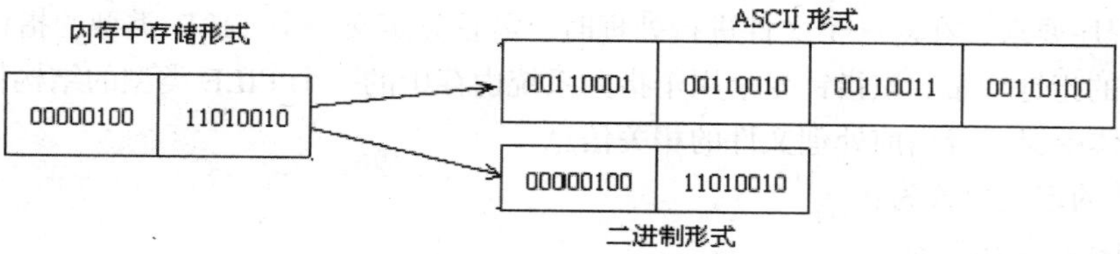

图 10-1　数据的存储形式

文本文件每个字节存放一个 ASCII 代码，表示一个字符。文本文件的优点是便于对字符逐个处理，也便于输出字符，数据可以用文本编辑器阅读；缺点是数据所占的存储空间较多，而且要花费转换时间（二进制与 ASCII 码之间的转换）。

二进制文件每个字节的存放与数据在内存中的存储形式一致，其中一个字节并不表示一个字符，如上图所示，对于整数 1234，占 2 个字节。其优缺点与文本文件正好相反。

在早期版本的 C 语言中对文件的处理方式有两种：一种是缓冲文件系统——又称标准文件系统，另一种是非缓冲文件系统——又称非标准文件系统。

所谓非缓冲文件系统是指系统不自动开辟确定大小的内存缓冲区，而由用户根据所处理数据量的大小在程序中设置数据缓冲区。

所谓“缓冲文件系统”是指系统自动地在内存区为每一个正在使用的文件开辟一个缓冲区，从内存向磁盘输出数据时必须先送到内存中的缓冲区，缓冲区装满数据后，再一起送到磁盘中去。同样，从磁盘向内存中读入数据时，则一次从磁盘文件中将一批数据读入到缓冲区，然后再从缓冲区逐个地将数据送到程序数据区（即程序中的变量），如图 10-2 所示。缓冲区的大小随 C 语言的版本不同而不同，一般为 512 字节。

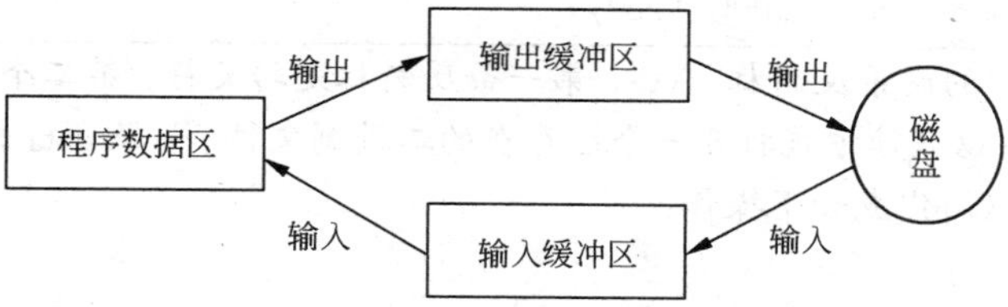

图 10-2　文件的缓冲

C 语言中没有专门的输入输出语句，对文件的读写都是用库函数来实现的，ANSI 规定了输入输出函数，用它们对文件进行读写。

本章只介绍 ANSI C 规定的缓冲文件系统，即标准文件系统。

10.2 文件的打开与关闭

在缓冲文件系统中有一个关键概念是“文件类型指针”，每一个存在的文件都在内存中开辟一个区域，用来存放文件的有关信息（如文件的名称、文件状态、文件当前位置等），这些信息保存在一个结构体变量中，该结构体由系统声明，取名为 FILE。FILE 类型的结构和操作系统有关，也就是说，结构的成员随系统对文件处理的方式的不同而不同。

C 语言程序要求，在对一个文件进行处理时，需首先定义一个 FILE 类型的指针，即建立一个 FILE 类型的指针变量，该指针变量用于指向系统内存中的一个 FILE 类型的结构体（即文件信息区），结构体中保存着当前处理文件的相关信息。

文件指针的定义形式为：

FILE *<文件指针名>;

例如：

```
FILE *fp1, *fp2, *fp[3];
```

则文件指针 fpl 和 fp2 可以指向某个文件结构体从而可以访问该文件。数组文件指针 fp 中有 3 个文件的信息。

注意：操作文件时，并不都要用到文件结构中的所有信息。

10.2.1 文件的打开

程序在对文件读写操作之前应该先打开文件，操作结束之后应关闭该文件。这两个操作是通过调用库函数 fopen()和 fclose()实现的。

fopen()函数的原型为：

```
FILE *fopen (char *filename, char *type);
```

其中，filename 是文件名，type 是文件的打开方式。

因此，想要打开 D 盘的 temp 目录下的 data 文件，可以进行如下操作：

```
FILE * fp;
fp=fopen("D:\\temp\\data.dat", "rb");
```

注意：路径名中的两条反斜杠”\\”，第一条反斜杠是转义符，第二个反斜杠是子目录分隔符。“rb”表示以只读方式打开一个已存在的二进制文件。如果 data 文件是当前默认目录，上述语句可以简化成如下操作：

```
FILE * fp;
fp=fopen("data.dat", "rb");
```

文件的打开方式列于表 10-1 中，其中列出了各种文件的打开方式，隐含的是打开 ASCII 文件，如果打开的是二进制文件，则增加一个字符 b(binary)。其他字符的含义为：r 代表 read，用于读；w 代表 write，用于写；a 代表 append，用于追加。

在正常情况下，fopen()函数返回指向文件流的指针，若有错误发生，则返回值为 NULL。为了防止错误发生，一般都要对 fopen()函数的返回值进行判断。

表 10-1　　文件的打开方式

type	含义	文件不存在时	文件存在时
r	以只读方式打开一个文本文件	返回错误标志	打开文件
w	以只写方式打开一个文本文件	建立新文件	打开文件，原文件内容清空
a	以追加方式打开一个文本文件	建立新文件	打开文件，只能从文件尾向文件追加数据
r+	以读/写方式打开一个文本文件	返回错误标志	打开文件
w+	以读/写方式建立一个新的文本文件	建立新文件	打开文件，原文件内容清空
a+	以读/写方式打开一个文本文件	建立新文件	打开文件，可从文件中读取或往文件中写入数据
rb	以只读方式打开一个二进制文件	返回错误标志	打开文件
wb	以只写方式打开一个二进制文件	建立新文件	打开文件，原文件内容清空
ab	以追加方式打开一个二进制文件	建立新文件	打开文件，从文件尾向文件追加数据
rb+	以读/写方式打开一个二进制文件	返回错误标志	打开文件
wb+	以读/写方式打开一个新的二进制文件	建立新文件	打开文件，原文件内容清空
ab+	以读/写方式打开一个二进制文件	建立新文件	打开文件，可从文件读取或往文件中写入数据

【例 10-1】　了解文件正确的打开方式。

程序源代码：

```
#include <stdio.h>
int main( )
{
    FILE *fp;
    fp=fopen("mydata.txt","w");  /*mydata 是当前目录下的文本文件*/
    if(fp==NULL)
        printf("file open error!\n");
    else
        printf("file open OK!\n");
    return 0;
}
```

程序运行结果：

```
file open OK!
```

程序说明：

当不指定路径时，默认是当前目录，即当前源程序的编译目录。当然我们也可以指定路径，例如 d:\\dest\\mydata.txt。需要”\\”是因为第一个”\”是转义符。

有三个与标准输入/输出流对应的设备文件不需用户打开，在执行程序时，系统自动将它们打开。这三个文件是标准输入文件、标准输出文件和标准出错文件，指向它们的文件指针分别是 stdin、stdout 和 stderr。

10.2.2　文件的关闭

为了防止文件操作完成后发生意外，应该在完成操作后关闭文件。

文件关闭的函数原型为：

```
int fclose(FILE *stream);
```

用 fclose 函数关闭一个由 fopen 函数打开的文件，当文件关闭成功时返回 0，否则返回 EOF。

EOF 是在 stdio.h 中定义的符号常量，值为-1。可以根据该函数返回的值判断文件是否正常关闭。

【例 10-2】 正确地打开与关闭文件示例。

程序源代码：

```
#include <stdio.h>
int main( )
{
    FILE *fp;
    int i;
    fp=fopen("mydata.dat", "rb");
    if(fp==NULL)
        printf("File open failed!\n");
    else
        printf("File open successful!\n");
    i=fclose(fp);
    if(i==0)
        printf("File close successful!\n");
    else
        printf("File close failed!\n");
    return 0;
}
```

程序运行结果：

```
File open successful!
File close successful!
```

程序说明：

"rb"表示以只读方式打开一个已存在的二进制文件。根据程序的需求，打开方式可以不同。

应该养成在程序结束前关闭所有正在使用的文件的习惯：

（1）可以避免数据的可能丢失。因为在写操作时，如果数据未填满缓冲区而程序结束运行，就会将缓冲区中的数据丢失，用 fclose 函数关闭文件可以避免这个问题，因为函数 fclose 先把缓冲区中的数据输出到文件中，然后才终止文件指针与文件之间的联系。

（2）系统规定的允许打开的文件数目是有限制的，及时关闭一些不用的文件可以避免因打开文件太多而影响其他文件的打开操作。

（3）可以防止对该文件的误用。

【思考验证】 只能打开 txt 或 dat 文件吗？其他格式的文件是否也能打开？

10.3 文件的读写

一个文件打开后，就可以对它进行读或写操作。所有对文件的读写操作都可以调用库函数中的文件读写函数来实现。

对文件的读写有两种方式：顺序读写和随机读写，也称为顺序存取和随机存取。

顺序读写的特点是：从文件开始到文件结尾，一个字节一个字节地顺序读写，读写完第一个字节，才能顺序读写第二个字节，读写完第二个字节，才能顺序读写第三个字节，依次类推。

随机读写的特点是：允许从文件的任何位置开始读写，利用后面介绍的 fseek()和 rewind()函数，可以使文件内部的位置指针指向某一个位置，从该位置开始读写。用程序来控制文件内部的位置指针的移动，称为文件的定位。

对于存储在磁盘上的文件，既可以采用顺序读写方式，也可以采用随机读写方式。

10.3.1　文件的顺序读写

文件的顺序读写是指文件被打开后，按照数据流的先后顺序对文件进行读写操作，每读写一次后，文件指针自动指向下一个读写位置。在 C 语言中，对文件的读写操作是通过函数调用实现的，这些函数的声明都包含在头文件 stdio.h 中。

下面是 3 组常用的文件顺序读写函数的原型。

（1）字符读写函数

① 从文件读一个字符，函数的原型为：

```
int fgetc(FILE *stream);
```

该函数的调用形式为：

```
ch=fgetc(fp);
```

作用：从 fp 所指的文件中读取一个字符，赋予变量 ch，当读到文件尾或读出错时，返回-1（EOF）。

② 向文件写一个字符，函数的原型为：

```
char fputc(char ch, FILE *stream);
```

该函数的调用形式为：

```
fputc(ch, fp);
```

作用：把字符变量 ch 的值写到文件指针 fp 所指的文件中去（不包括"\0"），若写入成功，返回值为输出的字符，若出错，返回值为 EOF。

【例 10-3】　编写一个程序，先将当前目录下的文本文件输出到屏幕上，然后从键盘输入若干字符，保存至文件中。

【简要分析】　假设在当前目录下保存有文本文件 mydata.txt，里面预先保存有信息“好好学习，天天向上”。现在要把它打开并输出在屏幕上，我们可以先用 fopen 打开该文件，然后调用 fgetc 读取该文件内容。需要写入字符，我们可以调用 fputc 函数。

程序源代码：

```
#include <stdio.h>
int main( )
{
    FILE *fp;
    char ch,name[30], *filename=name;
    printf("please input filename: ");       /*现在打开文件，文件名从键盘上输入*/
    gets(name);
    fp=fopen(filename,"r");                   /*只读方式打开*/
    if(fp==NULL)
        printf("error\n");
    else
        while((ch=fgetc(fp))!=EOF)
        putchar(ch);
    fclose(fp);
    printf("\nplease input filename: ");     /*现在写入文件*/
    gets(name);
    fp=fopen(filename,"a");                   /*追加方式打开*/
    if(fp==NULL)
        printf("error\n");
    else
        while((ch=getchar())!=EOF)
            fputc(ch,fp);
```

```
    fclose(fp);
    return 0;
}
```

程序运行结果：

```
please imput filename: mydata.txt
好好学习，天天向上
please imput filename: mydata.txt
study study hard, day day up
```

程序说明：

打开文件时，因为文件名从键盘上输入，因此必须定义一个字符数组存放文件名。如果不需要从键盘输入文件名，可以参考例题 10-1、10-2 的打开方式。写入文件时，可从键盘上输入任何内容，以回车作为换行，以输入^z（同时按下 Ctrl+Z 组合键）作为输入结束。

完成后，可查看文本文件 mydata.txt 的内容。

注意 输入的文件名必须完整，且包含后缀。如果只输入 mydata，程序将不能正确打开。文件输入结束时，应该先换行，然后以^z 作为输入结束。

（2）字符串读写函数

① 从文件中读取字符串，函数的原型为：

```
char *fgets(char *string, int n, FILE *stream);
```

该函数的调用形式为：

```
fgets(str, n, fp);
```

作用：从 fp 所指的文件中读取 n-1 个字符，放到以 str 为起始地址的存储空间（str 可以是一个字符数组名），若在 n-1 个字符前，遇到回车换行符或文件结束符，则读操作结束，并在读入的字符串后面加一个 "\0" 字符。若读操作成功，返回值为 str 的地址，若出错，返回值为 NULL。

② 向文件写入字符串，函数的原型为：

```
int fputs(char *str, FILE *stream);
```

该函数的调用方式：

```
fputs(str, fp);
```

作用：将 str 所表示的字符串内容（不包含字符串最后的 "\0"）输出到 fp 所指的文件中去，若写入成功，返回一个非负数，若出错，返回 EOF。

【例 10-4】 编写程序，用字符串读取方式将某个文本的内容输出到屏幕上，并计算该文本有多少行，最后输出其行数。

程序源代码：

```
#include <stdio.h>
int main()
{
    FILE *fp;
    char w[81],name[30], *filename=name;
    int lines=0;
    printf("please input filename: ");
    gets(name);
    fp=fopen(filename,"r");
    if(fp==NULL)
        printf("File open error\n");
    else
```

```
    {
        while (fgets(w,80,fp)!=NULL)
        {
            lines=lines+1;
            printf("%s",w);
        }
        printf("文件的总行数=%d\n",lines);
        fclose(fp);
    }
    return 0;
}
```

程序运行结果：

```
please input filename: mydata.txt
好好学习，天天向上 study study hard, day day up
文件的总行数=1
```

【例 10-5】 编写程序，用字符串输入方式将键盘上输入的一行字符保存到指定的新文件中去。

【简要分析】 我们需要建立一个新文件，该文件是不存在的。因此可以用" W" 方式打开文件。

程序源代码：

```
#include <stdio.h>
#include <string.h>
int main()
{
    FILE *fp;
    char w[20],name[30], *filename=name;
    printf("请给出要生成的文件：");
    gets(name);
    fp=fopen(filename,"w");                    /*只写打开方式*/
    if(fp==NULL)
        printf("File open error\n");
    else
    {
        while(strlen(gets(w))>0)
        {
            fputs(w,fp);
            fputs("\n",fp);
        }
        fclose(fp);
    }
    return 0;
}
```

程序运行结果：

```
please imput filename: mydata2.txt
```

程序说明：

程序首先输入文件名，如果文件不存在，则自动创建一个空的新文件。接着程序可从键盘输入任何内容，以回车作为换行，以不输入任何字符直接按回车键作为程序结束。完成后，可查看文本文件 mydata2.txt 的内容。该程序和例题 10-3 具有相同的功能，都可以把从键盘输入的内容写到文件中去。

【融会贯通】 思考一下，例 10-3 和 10-5 有什么区别？试用 fputs 改写例题 10-3，用 fputc 改写例题 10-5。

（3）数据块读写函数

fgetc()和 fputc()函数一次只能读写一个字符，fgets()和 fputs()函数一次只能读写不能确定字符长度的一串字符。但是，在程序的应用中，我们常常需要能够一次读写有一定字符长度的数据，比如一个记录，数组，结构体等等，为此 C 语言又提供了两个这样的读写函数，即 fread()和 fwrite()函数。

① fread 函数

fread()函数的原型定义为：

```
int fread(char * buffer,int size,int count,FILE * fp);
```

其中：

参数 buffer 为指向为存放读入数据设置的缓冲区的指针或作为缓冲区的字符数组；

参数 size 为读取的数据块中每个数据项的长度（单位为字节）；

参数 count 为要读取的数据项的个数；

参数 fp 是文件型指针。

如果执行 fread()函数时没有遇到文件结束符，则实际读取的数据长度应为：size × count（字节）。fread()函数在执行成功以后，会将实际读取到的数据项个数作为返回值；如果读取数据失败或一开始读就遇到了文件结束符，则返回一个 NULL 值。因此，fread 函数调用的一般格式为：

```
fread(buf,size,count,fp);
```

当文件以二进制形式打开（即 fp=fopen("filel"，"rb");)时，fread 函数就可以用来读取各种类型的数据信息。如：

```
fread(fbuf,sizeof(float),4,fp);
```

则从 fp 指定的文件中读出 4 个大小为 size(float)的数据放入 fbuf 中，fbuf 为一实型数组名，也是其第一个元素的地址。

fread 函数的返回值：若读取成功，则返回读取的项数即 count 值；若失败，则返回-1。

② fwrite 函数

fwrite()函数的原型定义为：

```
int fwrite(char * buffer,int size,int count,FILE * fp);
```

其中：

参数 buffer 是一个指针，它指向输出数据缓冲区的首地址；

参数 size 为待写入文件的数据块中每个数据项的长度（单位为字节）；

参数 count 为待写入文件的数据项的个数；

参数 fp 是文件型指针。

fwrite()函数具有整型的返回值，当向文件输出操作成功时，则返回写入的数据块的个数，如果输出失败，则返回 NULL。因此，fwrite()函数调用的格式为：

```
fwrite(buf, size, count, fp);
```

如语句：

```
fwrite(ibuf, 2,5, fp);
```

是把整型数组中的 5 个整数写入 fp 指定的文件中。

返回值：若输出成功，则返回写入文件中的数据项数；若输出失败，则返回-1。

【例 10-6】 利用键盘输入四个学生的基本信息，将这些信息保存到当前目录下的磁盘文件 student.dat 中，然后读取 student.dat 中的学生信息记录，并将它们显示到输出终端上来。

【简要分析】 定义一个有 4 个元素的结构体数组，用来保存 4 个学生的数据。从主函数输入、输出 4 个学生的数据。用 save 函数实现输入，用 read 函数实现读取并输出。

程序源代码：

```
#include <stdio.h>
#define SIZE 4
struct student          /*定义一个结构体，存放学生信息*/
{
    char  name[10];
    int  num;
    int  age;
    char  addr[15];
}stud[SIZE];
void save()
{
    FILE  *fp;
    int i;
    if((fp=fopen("student.dat","wb"))==NULL)
    {
        printf("Cannot  open  file\n");
        return;
    }
    for(i=0;i<SIZE;i++)        /*利用循环写入每个学生的信息*/
    if(fwrite(&stud[i],sizeof(struct student),1,fp)!=1)
        printf("file write error\n");
    fclose(fp);
}
void read()
{
    FILE  *fp;
    int i;
    fp=fopen("student.dat","rb");
    if((fp=fopen("student.dat","wb"))==NULL)    /*文件打开出错*/
    {
        printf("Cannot  open  file\n");
        return;
    }
    for(i=0;i<SIZE;i++)
    {
        fread(&stud[i],sizeof(struct student),1,fp);
        printf("%-10s %4d %4d %-15s\n",stud[i].name,stud[i].num,
        stud[i].age,stud[i].addr);
    }
    fclose(fp);
}
int main()
{
    int  i;
    printf("请输入四个学生的信息数据:\n");
    for(i=0;i<SIZE;i++)
    scanf("%s%d%d%s",&stud[i].name,&stud[i].num,&stud[i].age,&stud[i].addr);
    save();
    read();
    return 0;
}
```

程序运行结果：

```
请输入四个学生的信息数据：
jiang 001 21 shanghai
wang 002 21 beijing
li 003 22 guangzhou
qing 004 20 shenzhen
```

```
jiang     1 21 shanghai
wang      2 21 beijing
li        3 22 guangzhou
qing      4 20 shenzhen
```

程序说明:

数据从键盘输入后，保存在磁盘文件"student.dat"中。fwrite 将结构体的各组数据原封不动的、不加装换地从内存复制到磁盘上。数据不以单个字符读写，而是以整体的一组数据，以二进制形式读写。

fread()函数和 fwrite()函数可以对任何类型的数据进行读写，读写二进制文件时尤其方便。因为它是按指定大小存储数据块的，而数据块都是由有效数据项组成的。从二进制文件中读取一个结构体信息时，能把结构体的各个分量数据完整地读进来。当 fread()和 fwrite()调用成功时，函数都将返回 count 的值，即输入输出数据项的个数。常常联合使用 fread 和 fwrite 函数对二进制文件进行读写。

（4）格式化读写函数

与标准格式化输入输出函数 scanf()和 printf()相对应，有两个对一般文件格式化输入输出函数 fscanf()和 fprintf()。它们功能完全一样,格式控制参数也一样。只是读写对象不同，前者对应键盘、屏幕，后者可以是一般文件，比如磁盘上的文件。它们的函数原型如下：

① 按格式化读取的函数原型为：

```
int fscanf (FILE *stream, char *format , &arg1, &arg2, …, &argn);
```

该函数的调用形式为：

```
fscanf(fp, format, &arg1, &arg2, …, &argn);
```

作用：按照 format 所给出的输入控制符，把从 fp 中读取的内容，分别赋给变元 arg1，arg2，...，argn。

② 按格式化写入的函数原型为：

```
int fprinft(FILE *stream, char *format, arg1,arg2, ...argn);
```

函数的调用形式为：

```
fprintf(fp, format, arg1, arg2, ...argn);
```

作用：按 format 所给出的输出格式，将变元 arg1，arg2，...，argn 的值写入到 fp 所指的文件中去。

【例 10-7】 以文本格式读写一个文本文件。

程序源代码：

```
#include <stdio.h>
#include <stdlib.h>
int main( )
{
    int stuid,score,stunum,i;
    float average;
    FILE *fp;
    printf("请输入学生数：");
    scanf("%d",&stunum);
    if((fp=fopen("stuscore.txt", "w"))==NULL)
    {
        printf("cannot open file\n");
        exit(0);
    }
```

```
    printf("请输入%d 个学生的信息(学号 成绩): \n",stunum);
    for(i=1;i<=stunum;i++)
    {
        scanf("%d%d",&stuid,&score);
        fprintf(fp,"%d %d\n",stuid,score);
    }
    fclose(fp);
    if((fp=fopen("stuscore.txt", "r"))==NULL)
    {
        printf("cannot open file\n");
        exit(0);
    }
    stunum=0;average=0.0;
    printf("%6s%6s\n","学号","成绩");
    while(fscanf(fp,"%d%d",&stuid,&score)!=EOF)  /*读入成功时，即未到文件尾*/
    {
        stunum++;
        average+=score;
        printf("%6d%6d\n",stuid,score);
    }
    fclose(fp);
    average/=stunum;
    printf("平均成绩:%6.2f\n",average);
    return 0;
}
```

程序运行结果：

```
请输入学生数：2
请输入 2 个学生的信息(学号 成绩)：
001 89
002 76
学号   成绩
89    76
平均成绩：82.50
```

【融会贯通】 如何将 scanf()和 fscanf()，printf()和 fprintf()相互转换？

10.3.2 文件的随机读写

文件的顺序读写比较简单，也容易理解，但有时效率不高。例如档案馆存放了几百万份档案，如果按顺序方法查找某个人的档案，工作量可想而知了。因此我们必须可以从任意位置进行查找和访问。

文件的随机读写，是指在对文件进行读写操作时，可以对文件中指定位置的信息进行读写操作。这样，就需要对文件进行详细定位，只有定位准确，才有可能对文件进行随机读写。一般地，文件的随机读写适合于具有固定长度记录的文件。

C 语言提供了一组用于文件随机读写的定位函数，其函数原型在 stdio.h 中。采用随机读写文件的方法可以在不破坏其他数据的情况下把数据插入到文件中去，也可以在不重写整个文件的情况下更新和删除以前存储的数据。

（1）文件定位函数，函数原型为：

```
int fseek(FILE *stream, long offset, int fromwhere);
```

函数的调用形式：

```
fseek(fp, d, pos);
```

作用：把文件指针 fp 移动到距 pos 为 d 个字节的地方，其中 d 为长整形数据，表示位移量，也叫偏移量。

若定位成功，返回值为 0；若定位失败，返回非零值。位移量 d 的取值有以下两种情况：

① d>0，表示 fp 向前（向文件尾）移动；

② d<0，表示 fp 向后（向文件头）移动。

移动时的起始位置为 pos，它的取值有以下 3 种可能的情况：

① pos=0 或 pos=SEEK_SET，表示文件指针在文件的开始处；

② pos=1 或 pos=SEEK_CUR，表示文件指针在当前文件指针位置；

③ pos=2 或 pos=SEEK_END，表示文件指针在文件尾。

它们已在 stdio.h 中定义。例如，用 SEEK_SET 和用 0 表示是等价的。

位移量与文件指针的关系如图 10-3 所示。

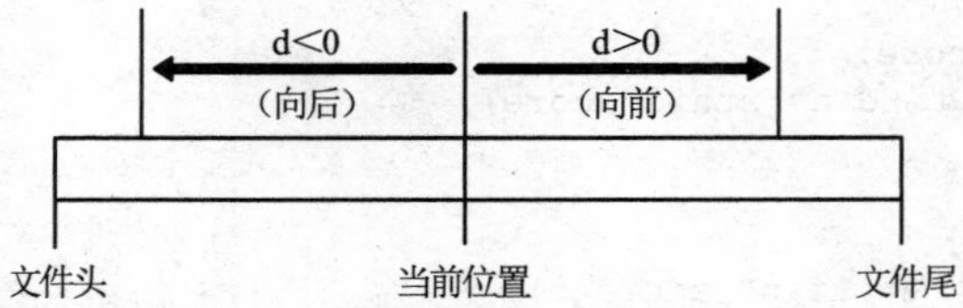

图 10-3　位移量与文件指针的关系

例如：

```
fseek(fp, 20L, 0);          /*将文件指针从文件头向前移动 20 个字节*/
fseek(fp,-10L, 1);          /*将文件指针从当前位置向后移动 10 个字节*/
fseek(fp,-30L, 2);          S/*将文件指针从文件尾向后移动 30 个字节*/
```

（2）位置函数，函数原型为：

```
long int ftell(FILE *stream);
```

函数的调用形式：

```
loc=ftell(fp);
```

作用：将 fp 所指位置距文件头的偏移量的值赋予长整型变量 loc。若正确，则 loc≥0；若出错，则 loc=-1L。

（3）重定位函数，函数原型为：

```
void rewind(FILE *stream);
```

函数的调用形式：

```
rewind(fp);
```

rewind 函数的作用：将文件指针 fp 重新指向文件的开始处。

对文件随机读写操作可以采用下面的文件随机读写函数：

```
int fread (void *buf, int size, int count, FILE *stream);
int fwrite (void *buf, int size, int count, FILE *stream);
```

fread 函数的作用：从 stream 所指的文件中读取 count 个数据项，每一个数据项的长度为 size 个字节，放到由 buf 所指的块中（buf 通常为字符数组）。读取的字节总数为 size × count。

若函数调用成功，返回值为数据项数（count 的值），若调用出错或到达文件尾，返回值小于 count。

fwrite 函数的作用：将 count 个长度为 size 的数据项写到 stream 所指的文件流中去。若函数调用成功，返回值为数据项数（count 的值），若出错，则返回值小于 count。

【例 10-8】 在当前目录下有一个 student.dat 磁盘文件，里面存有若干记录。现要求从键盘再输入若干条学生信息，输入的信息都追加到文件尾部，然后再把所有的信息显示出来。

【简要分析】 首先定义一个结构体，用以描述学生信息。文件用二进制读写方式打开，定义一个变量 StuNum，表示需要追加的学生的个数，用 fwrite 函数写入 StuNum 个数据到文件中。为了能够读出所有数据，必须对指针重定位，以便计算所有记录的个数，然后用 for 循环输出。

程序源代码：

```
#include <stdio.h>
#include <stdlib.h>
struct StuType
{
    int id;
    char name[15];
    int age;
    int score;
};
void PrintStu(struct StuType Stu)   /*输出一个学生信息*/
{
    printf("%4d %14s %4d %5d\n",Stu.id,Stu.name,Stu.age,Stu.score);
}
int main( )
{
    struct StuType Stu;
    FILE *fp;
    int StuNum,i,InfoSize;
    if((fp=fopen("student.dat", "ab+"))==NULL)
    {
        printf("cannot open file\n");
        exit(0);
    }
    InfoSize=sizeof(struct StuType);
    printf("\n*********追加信息*********\n");
    printf("请输入需要追加信息的学生的个数:");
    scanf("%d",&StuNum);
    printf("请输入信息(Id Name Age Score):\n");
    for(i=0;i<StuNum;i++)             /*输入学生信息，并追加至文件中*/
    {
        scanf("%d%s%d%d",&Stu.id,Stu.name,&Stu.age,&Stu.score);
        fwrite(&Stu,InfoSize,1,fp);
    }
    printf("\n*************输出信息*************\n");
    printf("%4s %14s %4s %5s\n","Id","Name","Age","Score");
                                      /*上一行控制输出格式，确保对齐*/
    fseek(fp,0L,SEEK_END);            /*将文件读写指针移至文件尾*/
    StuNum=ftell(fp)/InfoSize;        /*求文件中存储的学生信息总个数*/
    rewind(fp);                       /*将文件读写指针置于文件头*/
    for(i=0;i<StuNum;i++)             /*读入学生信息并显示*/
    {
        fread(&Stu,InfoSize,1,fp);
        PrintStu(Stu);
    }
    fclose(fp);
    return 0;
}
```

程序运行结果：

```
*********追加信息*********
请输入需要追加信息的学生的个数:2
请输入信息(Id Name Age Score):
```

```
003 Li 21 89
004 Zhou 22 73
************输出信息************
Id          Name    Age Score
1           Zhao     20   91
2           Qian     22   87
3             Li     21   89
4           Zhou     22   73
```

程序说明：

本例演示了如何用 fseek 函数移动文件读写指针，如何用 rewind 函数重定位指针，如何用 ftell 函数测试指针的当前位置。fseek 函数调用时，开始时我们用 SEEK_END 指定位置为文件尾部，那么位移量就是 0L。fell 返回当前文件指针位置的值，即尾部的值，除以 sizeof(struct StuType)，即 InfoSize，就可以得到学生信息总个数。为输出所有信息，文件应重定位为首部，因此调用函数 rewind(fp)，使指针重定位。

注意　fseek 函数位移量类型是 long 型，数据后面有标识 L。其作用是使位移量长度最大化，可以超过 65535 个字节的长度限制。

【融会贯通】 上例程序比较复杂，是否可以简化？不用 ftell 和 rewind 是否可行？

10.3.3　文件检测

在对文件的访问过程中，经常会因各种原因，产生读写数据的错误。如同人们在做数学题时，要进行错误检查一样，程序中也应该为文件处理加上一些必要的错误检测手段，这样就能够在程序运行期间检测到一些错误，以便进行必要的错误处理，增强程序的健壮性。此外，有时还需要对文件的一些特殊的状态进行检测，以便决定进行相应的处理，从而增强程序的灵活性。

C 语言系统专门提供了一些用于检测文件特殊状态与读写错误的函数。下面简单地介绍一下这些函数的功能与用法。

（1）文件结束检测函数 feof，函数原型：

```
int  feof(FILE *fp);
```

该函数的调用形式为：

```
feof(fp);
```

作用：判断文件位置指针当前是否处于文件结束位置。当处于文件结束位置时，返回非零值，否则返回 0。

（2）读写文件出错检测函数 ferror，函数原型：

```
int  ferror(FILE *fp);
```

作用：检查文件在使用输入输出函数（如 putc，getc，fread，fwrite 等）进行读写时，是否有错误发生。如果没有错误产生则返回零值；如果出错，返回非零值。在执行 fopen 函数时，ferror 函数的初始值将被自动置为 0。

我们经常用下面的这种方式来调用 ferror 函数：

```
if (ferror(fp))
{
    printf("Operation of File is Error!\n");
    fclose(fp);
    exit(0);
}
```

注意

对于同一个文件，每次执行对文件的读写操作，然后马上调用函数 ferror，均能得到一个相应的返回值，由该值可以判断出上一次读写数据是否正常。因此在调用一个输入输出函数后，如果需要判断读写数据是否正常，应当立即对 ferror 的返回值进行检查，否则在下次读写数据时，该次 ferror 的值会丢失。

（3）置零函数 clearerr，函数原型：

```
void clearerr(FILE *fp);
```

该函数的调用形式为：

```
clearerr (fp);
```

clearerr 的作用是将文件错误标志和文件结束标志置为 0。假设在调用一个输入输出函数时出现了错误，ferror 函数会返回一个非零值，此时如果调用 clearerr(fp)函数，ferror(fp)的值将会被自动置 0。只要出现错误标志，ferror(fp)函数的状态将会一直保留不变，这种状态会一直保持到对同一文件调用 clearerr 函数，或者使用 rewind 函数，或者调用其他任意输入输出函数。

【例 10-9】 以只写方式打开文件，观察出错标志的变化。

程序源代码：

```
#include <stdio.h>
int main()
{
    FILE *fp;
    fp=fopen("c:\\text.c","w");      /*以只写方式打开文件*/
    printf("打开文件时的错误标志为：");
    printf("%d\n",ferror(fp));       /*输出打开文件后的错误标记*/
    fgetc(fp);                        /*读文件操作*/
    printf("\n读文件后的错误标志为：");
    printf("%d\n",ferror(fp));       /*输出读文件后的错误标记*/
    clearerr(fp);                     /*错误标志置 0*/
    printf("\n调用置 0 函数后的错误标志为：");
    printf("%d\n",ferror(fp));       /*输出错误标志置 0 后的错误标记*/
    fclose(fp);
    return 0;
}
```

程序运行结果：

```
打开文件时的错误标志为：0
读文件后的错误标志为：32
调用置 0 函数后的错误标志为：0
```

程序说明：

程序以“只写”方式调用了 C 盘根目录下的 text.c 文件。当指定文件不存在时，将建立一个新文件，因此打开文件总能成功，ferror(fp)值为 0，表示未出错。调用 fgetc(fp)进行读文件操作后，因为是“只写”方式，ferror(fp)值为 32（非零值），表示出错。调用 clearerr(fp)后重新置 0。

【思考验证】 如果把打开方式改成其他方式，比如 w+，结果将会怎么变化？

10.4　文件操作举例

学习了上述内容后，结合前面章节的知识点，我们现在可以编辑一个简单的学生信息管理系统。

【例 10-10】 简单学生信息管理系统示例。

【简要分析】 定义一个结构体描述学生相关信息，包括学号，姓名，年龄，分数这 4 项。程序运行时出现一个主界面，上面有选项可以选择，我们可以定义一个界面函数 Menu( )来完成这个任务。另外我们分别定义 InputInfo( )、DisplayInfo()、WriteInfo( )、ReadInfo( )函数，这 4 个函数按顺序分别表示从键盘输入学生信息到内存中，将学生信息显示在屏幕上，将学生信息输出到文件中，从文件中读取学生信息。

程序源代码：

```
#include <stdio.h>
struct StuType                    /*学生信息类型*/
{
    int id;
    char name[15];
    int age;
    int score;
}StuInfo[100];                         /*全局变量，用于存储学生信息*/
int StuNum;                       /*全局变量，用于存储学生个数*/
void Menu( );
void InputInfo( );
void DisplayInfo();
void WriteInfo( );
void ReadInfo( );
int main( )  /*主函数*/
{
    int select;
    while(1)
    {
        Menu( );
        scanf("%d",&select);
        switch(select)
        {
            case 1: InputInfo(); WriteInfo(); break; /*输入信息并存盘*/
            case 2: ReadInfo(); DisplayInfo(); break; /*读取信息并显示*/
            case 0: return; /*退出*/
        }
    }
    return 0;
}
void Menu( )  /*主界面*/
{
    printf("*********************************\n");
    printf("    Student Information System   \n");
    printf("*********************************\n");
    printf("           Main Menu           \n");
    printf("      1--Input information       \n");
    printf("      2--Display information     \n");
    printf("      0--Exit                   \n");
    printf("      Select:");
}
void InputInfo( )                             /*学生信息输入*/
{
    int i;
    printf("\nInput the number of Students:");
    scanf("%d",&StuNum);
    printf("Please input info(Id Name Age Score):\n");
    for(i=0;i<StuNum;i++)
    scanf("%d%s%d%d",&StuInfo[i].id,StuInfo[i].name,&StuInfo[i].age,
      &StuInfo[i].score);
}
```

```
void DisplayInfo( )               /*学生信息显示*/
{
    int i;
    printf("\n------*Student Information*------\n\n");
    printf("%4s %14s %4s %5s\n","Id","Name","Age","Score");
    for(i=0;i<StuNum;i++)
        printf("%4d %14s %4d %5d\n",StuInfo[i].id,StuInfo[i].name,
        StuInfo[i].age,StuInfo[i].score);
    printf("\n");
}
void WriteInfo( )                 /*将学生信息输出至文件*/
{
    FILE *fp;
    int i;
    if((fp=fopen("student.dat", "wb"))==NULL) /*以只写方式打开二进制文件*/
    {
        printf("cannot open file\n"); return;
    }
    for(i=0;i<StuNum;i++) /*利用循环向文件中写入学生信息*/
        if(fwrite(&StuInfo[i],sizeof(struct StuType),1,fp)!=1)
        {
            printf("Write error!\n"); break;
            fclose(fp);
}
void ReadInfo( )                      /*从文件中读取学生信息*/
{
    FILE *fp;
    int i;
    if((fp=fopen("student.dat", "rb"))==NULL)   /*以只读方式打开二进制文件*/
    {
        printf("Cannot open file\n");
        return 0;
    }
    for(i=0;i<StuNum;i++)                 /*利用循环向从文件中读入学生信息*/
        if(fread(&StuInfo[i],sizeof(struct StuType),1,fp)!=1)
        {
            printf("Read error!\n");
            break;
        }
    fclose(fp);
}
```

程序运行结果：

```
*********************************
   Student Information System
*********************************
         Main Menu
      1--Input information
      2--Display information
      0--Exit
      Select:1
Input the number of Students:2
Please input info(Id Name Age Score):
001 Jiang 22 94
002  Wang 21  61
*********************************
    Student Information System
*********************************
         Main Menu
      1--Input information
      2--Display information
```

```
    0--Exit
    Select:2
------*Student Information*------
Id          Name    Age Score
1           Jiang    22  94
2            Wang    21  61
```

程序说明:

从键盘输入 1 则调用 InputInfo()、WriteInfo()函数，完成输入、存盘功能；从键盘输入 2 则调用 ReadInfo()、DisplayInfo()函数，完成读入、显示功能；从键盘输入 0 则退出。所有数据保存在文件 student.dat 中。

【例 10-11】 根据例题 10-10 的结果，利用 fseek 函数重定位文件指针，输出第 3，5 条记录，然后再输出倒数第 2 条记录。

【简要分析】 要输出 5 条记录，必须确保文件 student.dat 里包含了 5 条及以上的记录，否则输出结果不正确。首先用 fopen 打开文件，然后用 fseek 定位，定位后读取文件内容至内存中，最后输出。

程序源代码:

```
#include <stdio.h>
struct StuType
{
    int id;
    char name[15];
    int age;
    int score;
};
void PrintStu(struct StuType stu)  /*输出一个学生信息*/
{
    printf("%d %s %d %d\n",stu.id,stu.name,stu.age,stu.score);
}
int main( )
{
    FILE *fp;
    int InfoSize;
    struct StuType stu;
    if((fp=fopen("student.dat", "rb"))==NULL)
    {
        printf("cannot open file\n");
        exit(0);
    }
    InfoSize=sizeof(struct StuType);
    fseek(fp,(long)(2*InfoSize),SEEK_SET);
    /*跳过 2 个记录，将文件位置指针移至第 3 个学生的数据处*/
    fread(&stu,InfoSize,1,fp);
    /*读取一个同学信息后，文件位置指针移至第 4 个学生的数据处*/
    PrintStu(stu);
    fseek(fp,(long)(InfoSize),SEEK_CUR);
    /*当前文件指针指向第 4 个学生，跳过 1 个记录，指针位置指针移至第 5 个同学的数据处*/
    fread(&stu,InfoSize,1,fp);
    PrintStu(stu);
    fseek(fp,(long)(-2*InfoSize),SEEK_END);
    /*将文件位置指针移至倒数第 2 个同学的数据处*/
    fread(&stu,InfoSize,1,fp);
    PrintStu(stu);
    fclose(fp);
    return 0;
}
```

程序运行结果：

```
3          Qian    22   87
5            Li   21   89
4          Zhou    22   73
```

程序说明：

程序使用数据块读写数据时，一定要确保指针指向正确的位置，否则输出就无意义了。例如本题中，文件指针必须指向结构体的开始处，即变量 id 的位置。如果指向其他位置，比如 name 处，那么结果的输出顺序就变成了 name、age、score、id，结果就是乱码。

【融会贯通】 结合例题 10-8，10-10，10-11，如何编写一个完整的学生管理信息系统，使其能够输入、输出、追加、删除、查找数据？

习 题 10

1. 请调用 fputs()函数，把 10 个字符串输入到文件中，再从此文件中读入这十个字符串放在一个字符串数组中，最后把字符串中的字符串输出到终端屏幕，以检验所有操作是否正确。

2. 从键盘输入十个浮点数，以二进制形式存入文件中，再从文件中读出数据显示在屏幕上，修改文件第四个数，再从文件中读出数据显示在屏幕上，以验证修改是否正确。

3. 编写一个程序，由键盘输入一个文件名，然后把从键盘输入的字符依次存放到该文件中，用“!”作结束标志。

4. 有两个磁盘文件 test1 和 test2，各存放一行字母，要求把这两行字母读出，合并之后存放在新文件 test3 中去。

5. 建立一个班级人员情况表。其数据项包括证件号码、姓名、百分制记分的 3 门课成绩（整数），计算该班 5 人的各门课程的平均成绩，并将原有的数据和计算出来的平均分存放到文件 stud 中。

6. 将上一题 stud 文件中的学生数据，按平均分进行排序处理，将已排序的学生数据输出到屏幕上，并存入一个新文件 stud_sort 中。

7. 编写一个程序，把 10 个字符串输入文件中，再从此文件中读入这 10 个字符串放在 1 个字符串数组中，最后把字符串中的字符串输出到终端屏幕，以检验所有操作是否正确。

8. 编写一个程序，将指定文本文件中所有的指定单词替换成另一个单词。

9. 从键盘输入 10 个浮点数，以二进制形式存入文件中，再从文件中读出数据显示在屏幕上，修改文件第 4 个数，再从文件中读出数据显示在屏幕上，以验证修改是否正确。

第 11 章 C 语言程序开发实例——学生成绩管理系统的设计与实现

本章内容旨在训练读者的基本编程能力和对前面所学知识的综合应用能力，使读者了解管理信息系统的开发流程，熟悉 C 语言文件和单链表的基本操作，为学生读者进行 C 语言课程设计提供参考，也为进一步开发出高质量的信息管理系统打下坚实的基础。

主要内容：

- 前言
- 功能描述
- 总体设计
- 程序实现

11.1 前言

随着科学的发展和社会的进步，许多过去由人工处理的繁杂事务开始交付计算机来完成。为了实现学生成绩信息管理工作流程的系统化、规范化和自动化，提高广大教师的工作效率。因此，学生成绩管理系统对教育部门或单位起着越来越重要的作用。

11.2 功能描述

学生成绩管理系统功能模块图如图 11-1 所示。该成绩管理系统主要利用单链表实现，它由如下五大功能模块组成。

（1）输入记录模块。该模块主要完成将数据输入单链表中的工作。学生记录可以从数据文件中读取，逐条复制到单链表中；也可以从键盘逐个输入，逐条链接到单链表中。

（2）查询记录模块。该模块主要完成在单链表中查找满足相关条件的学生记录。用户可按学生的学号或姓名进行查找，若找到相应记录则返回该记录的指针，否则返回 NULL 空指针并给出相应提示信息。

（3）更新记录模块。该模块主要完成对学生记录的维护，实现对学生记录的修改、插入、删除和排序操作，并将更新后的数据存入数据文件中。

（4）统计记录模块。该模块主要完成对学生记录中各门课程最高分和不及格人数的统计。

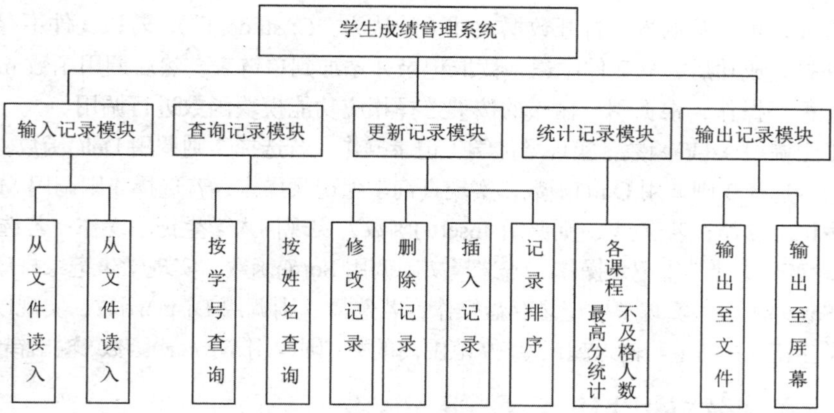

图 11-1　学生成绩管理系统功能模块图

（5）输出记录模块。该模块主要完成两个任务：一是将单链表中的学生记录写入数据文件中，即实现对学生记录的存盘工作；二是将单链表中的学生记录以表格形式在屏幕上输出来。

11.3　总体设计

11.3.1　功能模块设计

该学生成绩管理系统执行的主流程如图 11-2 所示。

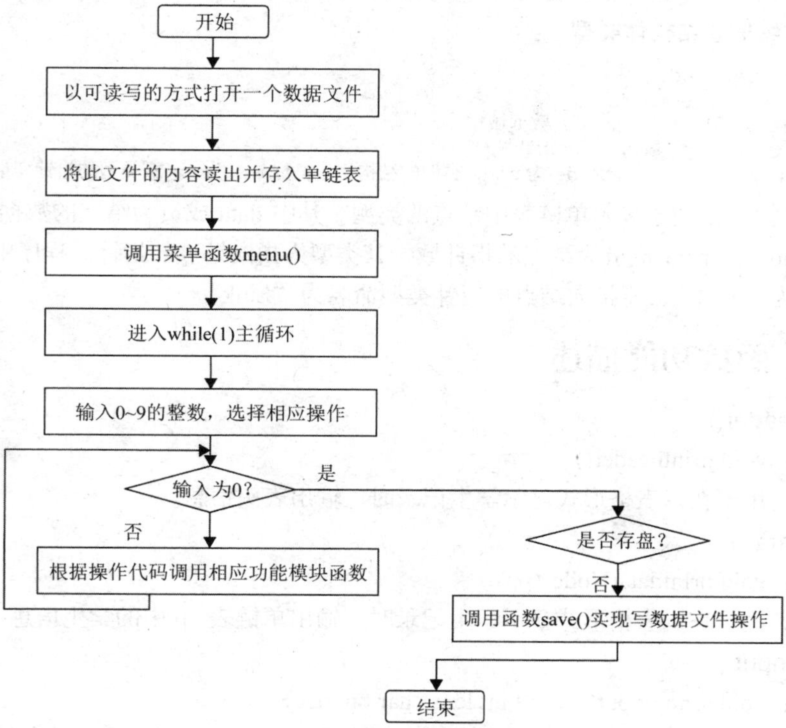

图 11-2　学生成绩管理系统执行的主流程

本程序首先以可读写的方式打开数据文件（默认为“C:\student”），若该文件不存在，则新建此文件，文件打开成功后，从文件中逐条读取记录并添加到单链表。然后调用函数 menu()显示主菜单，进入主循环操作，根据用户输入的按键选择相应功能模块函数进行调用。

若选择 1 则调用 Add()函数，实现增加学生记录操作；若选择 2 则调用 Del()函数，实现删除学生记录操作；若选择 3 则调用 Qur()函数，实现查询学生记录操作；若选择 4 则调用 Modify()函数，实现修改学生记录操作；若选择 5 则调用 Insert()函数，实现插入学生记录操作；若选择 6 则调用 Tongji()函数，实现统计学生记录操作；若选择 7 则调用 Sort()函数，实现学生记录排序操作；若选择 8 则调用 Save()函数，实现学生记录存盘操作；若选择 9 则调用 Disp()函数，实现以表格形式在屏幕上显示学生记录操作；若输入超出 0～9 范围内的数，则调用 Wrong()函数，输出错误提示信息。

11.3.2　数据结构设计

1. 学生成绩信息结构体类型

```
struct student           /*标记为 student*/
{
    char num[10];     /*学号*/
    char name[15];    /*姓名*/
    int cgrade;       /*C 语言成绩*/
    int mgrade;       /*数学成绩*/
    int egrade;       /*英语成绩*/
    int total;        /*总分*/
    float ave;        /*平均分*/
    int mingci;       /*名次*/
};
```

结构体类型 student 用于存储学生的基本信息，将作为单链表结点中的数据域。为了简化程序，我们只管理学生 3 门课程的成绩。各成员（成员又称为字段）的具体含义如注释所示。

2. 学生成绩信息结构体类型

```
typedef struct node
{
    struct student data;  /*数据域*/
    struct node *next;     /*指针域*/
}Node,*Link;              /*Node 为 node 类型的结构变量，*Link 为 node 类型的指针变量*/
```

结构体类型 Node 用于表示单链表中结点的类型。其中 data 成员为结点的数据域，其类型为结构体类型 student；next 成员为结点的指针域，其类型为指向结点的指针。程序中用 typedef 将结点类型命名为“Node”，将指向结点的指针类型命名为“Link”。

11.3.3　函数功能描述

1. printheader()

函数原型：void printheader()

函数功能：用于在以表格形式显示学生记录时，输出表头信息。

2. printdata ()

函数原型：void printdata(Node *pp)

函数功能：用于在以表格形式显示学生记录时，输出单链表 pp 中的学生信息。

3. stringinput ()

函数原型：void stringinput(char *t,int lens,char *notice)

函数功能：用于输入字符串，并进行字符串长度验证（长度<参数 lens）。参数 t 用于保存输

入的字符串，由于 t 是指针类型，所以 t 相当于该函数的返回值。参数 notice 用于保存 printf()中输出的提示信息。

4. numberinput ()

函数原型：int numberinput(char *notice)

函数功能：用于输入数值型数据。参数 notice 用于保存 printf()中输出的提示信息。该函数返回用户输入的整型数据。

5. Disp ()

函数原型：void Disp(Link l)

函数功能：用于显示单链表 l 中存储的学生记录。

6. Locate ()

函数原型：Node* Locate(Link l,char findmess[],char nameornum[])

函数功能：用于定位链表中符合条件的结点，并返回指向该结点的指针。参数 findmess[]指明要查找的具体内容，参数 nameornum[]指明按什么字段在单链表 l 中查找。

7. Add ()

函数原型：void Add(Link l)

函数功能：用于在单链表 l 中增加学生记录的结点。

8. Qur ()

函数原型：void Qur(Link l)

函数功能：用于在单链表 l 中按学号或姓名查找满足条件的学生记录，并显示出来。

9. Del ()

函数原型：void Del(Link l)

函数功能：用于先在单链表 l 中找到满足条件的学生记录结点，然后删除该结点。

10. Modify ()

函数原型：void Modify(Link l)

函数功能：用于在单链表 l 中修改学生记录。

11. Insert ()

函数原型：void Insert(Link l)

函数功能：用于在单链表 l 中插入学生记录。

12. Tongji ()

函数原型：void Tongji(Link l)

函数功能：用于在单链表 l 中实现学生记录的统计工作，统计总分第一名、单科第一名以及各课程不及格的人数。

13. Sort ()

函数原型：void Sort(Link l)

函数功能：用于在单链表 l 中用插入排序法实现对单链表按总分字段降序排序的操作。

14. Save ()

函数原型：void Save(Link l)

函数功能：用于将单链表 l 中的数据写入磁盘中的数据文件。

15. main ()

整个学生成绩管理系统的控制部分。

11.4 程序实现

11.4.1 程序源代码

1. 预处理部分

包括加载头文件，定义结构体类型、符号常量、全局变量等。

```
#include "stdio.h"    /*标准输入输出函数库*/
#include "stdlib.h"   /*标准函数库*/
#include "string.h"   /*字符串函数库*/
#include "conio.h"    /*屏幕操作函数库*/
#define HEADER1 "     ----------------------STUDENT-------------------------- \n"
#define HEADER2 "    |    number      |        name      |Comp|Math|Eng |     sum   |   ave
|mici | \n"
#define HEADER3 "    |-----------|---------|----|----|----|------|-------|-----| "
#define FORMAT  "     |    %-10s |%-15s|%4d|%4d|%4d| %4d    | %.2f |%4d |\n"
#define                                                                        DATA
p->data.num,p->data.name,p->data.egrade,p->data.mgrade,p->data.cgrade,p->data.total,p-
>data.ave,p->data.mingci
#define END     "     -------------------------------------------------------- \n"

int saveflag=0;  /*是否需要存盘的标志变量*/
/*定义与学生有关的数据结构*/
typedef struct student      /*标记为 student*/
{
     char num[10];    /*学号*/
     char name[15];   /*姓名*/
     int cgrade;      /*C 语言成绩*/
     int mgrade;      /*数学成绩*/
     int egrade;      /*英语成绩*/
     int total;       /*总分*/
     float ave;       /*平均分*/
     int mingci;      /*名次*/
};

/*定义每条记录或结点的数据结构，标记为：node*/
typedef struct node
{
     struct student data;  /*数据域*/
     struct node *next;    /*指针域*/
}Node,*Link;   /*Node 为 node 类型的结构变量，*Link 为 node 类型的指针变量*/
```

2. 主函数 main()

实现对整个程序的运行控制，以及相关功能模块的调用。

```
void main()
{    Link l;         /*定义链表*/
     FILE *fp;       /*文件指针*/
     int select;      /*保存选择结果变量*/
     char ch;        /*保存(y,Y,n,N)*/
     int count=0; /*保存文件中的记录条数（或结点个数）*/
     Node *p,*r;         /*定义记录指针变量*/
     l=(Node*)malloc(sizeof(Node));
     if(!l)
     {
          printf("\n allocate memory failure "); /*如没有申请到，打印提示信息*/
```

```
        return ;                /*返回主界面*/
    }
    l->next=NULL;
    r=l;
    fp=fopen("C:\\student","ab+"); /*以追加方式打开一个二进制文件，可读可写，若此文件不存在，
                                     会创建此文件*/
    if(fp==NULL)
    {
        printf("\n=====>can not open file!\n");
        exit(0);
    }
    while(!feof(fp))
    {
        p=(Node*)malloc(sizeof(Node));
        if(!p)
        {
            printf(" memory malloc failure!\n");    /*没有申请成功*/
            exit(0);        /*退出*/
        }
        if(fread(p,sizeof(Node),1,fp)==1) /*一次从文件中读取一条学生成绩记录*/
        {
            p->next=NULL;
            r->next=p;
            r=p;                        /*r 指针向后移一个位置*/
            count++;
        }
    }
    fclose(fp); /*关闭文件*/
    printf("\n=====>open file sucess,the total records number is : %d.\n",count);
    menu();
    while(1)
    {
        system("cls");
        menu();
        p=r;
        printf("\n              Please Enter your choice(0～9):");
                            /*显示提示信息*/
        scanf("%d",&select);

        if(select==0)
        {
            if(saveflag==1) /*若对链表的数据有修改且未进行存盘操作，则此标志为 1*/
            {    getchar();
                printf("\n=====>Whether save the modified record to
                        file?(y/n):");
                scanf("%c",&ch);
                if(ch=='y'||ch=='Y')
                    Save(l);
            }
            printf("=====>thank you for useness!");
            getchar();
            break;
        }
        switch(select)
        {
            case 1:Add(l);break;            /*增加学生记录*/
            case 2:Del(l);break;            /*删除学生记录*/
            case 3:Qur(l);break;            /*查询学生记录*/
            case 4:Modify(l);break;         /*修改学生记录*/
            case 5:Insert(l);break;         /*插入学生记录*/
            case 6:Tongji(l);break;         /*统计学生记录*/
            case 7:Sort(l);break;           /*排序学生记录*/
```

```
            case 8:Save(l);break;                /*保存学生记录*/
            case 9:system("cls");Disp(l);break;       /*显示学生记录*/
            default: Wrong();getchar();break;         /*按键有误，必须为数值 0～9*/
        }
    }
}
```

3. 主菜单界面

此代码被 main()函数调用。用户进入系统后，需显示主菜单，提示用户进行选择，以完成相应操作。

```
void menu()  /*主菜单*/
{
    system("cls");    /*调用 DOS 命令，清屏.与 clrscr()功能相同*/
    textcolor(10);    /*在文本模式中选择新的字符颜色*/
    gotoxy(10,5);      /*在文本窗口中设置光标*/
    cprintf("       The Students' Grade Management System \n");
    gotoxy(10,8);
    cprintf("********************Menu****************************\n");
    gotoxy(10,9);
    cprintf("     *  1 input   record       2 delete record           *\n");
    gotoxy(10,10);
    cprintf("     *  3 search  record       4 modify record           *\n");
    gotoxy(10,11);
    cprintf("     *  5 insert  record        6 count  record          *\n");
    gotoxy(10,12);
    cprintf("     *  7 sort    reord        8 save   record           *\n");
    gotoxy(10,13);
    cprintf("     *  9 display record        0 quit   system          *\n");
    gotoxy(10,14);
    cprintf("****************************************************\n");
            /*cprintf()送格式化输出至文本窗口屏幕中*/
}
```

4. 表格形式显示记录

用于显示单链表 l 中存储的学生记录。

```
void Disp(Link l)  /*显示单链表 l 中存储的学生记录，内容为 student 结构中定义的内容*/
{
    Node *p;
    p=l->next; /*l 存储的是单链表中头结点的指针，该头结点没有存储学生信息，
                 指针域指向的后继结点才有学生信息*/
    if(!p)  /*p==NULL,NUll 在 stdlib 中定义为 0*/
    {
        printf("\n=====>Not student record!\n");
        getchar();
        return;
    }
    printf("\n\n");
    printheader(); /*输出表格头部*/
    while(p)     /*逐条输出链表中存储的学生信息*/
    {
        printdata(p);
        p=p->next;  /*移动至一个结点*/
        printf(HEADER3);
    }
    getchar();
}

void printheader() /*格式化输出表头*/
{
    printf(HEADER1);
```

```
    printf(HEADER2);
    printf(HEADER3);
}

void printdata(Node *pp) /*格式化输出表中数据*/
{
    Node* p;
    p=pp;
    printf(FORMAT,DATA);
}

void Wrong()  /*输出按键错误信息*/
{
    printf("\n\n\n\n\n***********Error:input has wrong!
            press any key to continue**********\n");
    getchar();
}

void Nofind()  /*输出未查找此学生的信息*/
{
    printf("\n=====>Not find this student!\n");
}
```

5. 记录查找定位

用于实现结点定位的功能，为链表中符合条件的结点，并返回指向该结点的指针。

```
Node* Locate(Link l,char findmess[],char nameornum[])
{
    Node *r;
    if(strcmp(nameornum,"num")==0) /*按学号查询*/
    {
        l->next;
        while(r)
        {
            if(strcmp(r->data.num,findmess)==0) /*若找到 findmess 值的学号*/
            return r;
            r=r->next;
        }
    }
    else if(strcmp(nameornum,"name")==0)  /*按姓名查询*/
    {
        r=l->next;
        while(r)
        {
            if(strcmp(r->data.name,findmess)==0)/*若找到 findmess 学生姓名*/
            return r;
            r=r->next;
        }
    }
    return 0; /*若未找到，返回一个空指针*/
}
```

6. 格式化输入输出数据

```
/*输入字符串，并进行长度验证(长度<lens)*/
void stringinput(char *t,int lens,char *notice)
{
    char n[255];
    do{
        printf(notice);  /*显示提示信息*/
        scanf("%s",n);  /*输入字符串*/
        if(strlen(n)>lens)printf("\n exceed the required length! \n");
                /*进行长度校验，超过 lens 值重新输入*/
```

```
    }while(strlen(n)>lens);
    strcpy(t,n); /*将输入的字符串拷贝到字符串 t 中*/
}

/*输入分数，0<=分数<=100)*/
int numberinput(char *notice)
{
    int t=0;
    do{
        printf(notice);  /*显示提示信息*/
        scanf("%d",&t);  /*输入分数*/
        if(t>100 || t<0) printf("\n score must in [0,100]! \n");
                         /*进行分数校验*/
    }while(t>100 || t<0);
    return t;
}
```

7. 增加学生记录

增加的结点始终添加到单链表的尾部。

```
/*增加学生记录*/
void Add(Link l)
{   Node *p,*r,*s;  /*实现添加操作的临时的结构体指针变量*/
    char ch,flag=0,num[10];
    r=l;
    s=l->next;
    system("cls");
    Disp(l); /*先打印出已有的学生信息*/
    while(r->next!=NULL)
        r=r->next; /*将指针移至于链表最末尾，准备添加记录*/
    while(1) /*一次可输入多条记录，直至输入学号为 0 的记录结点添加操作*/
    {
        while(1) /*输入学号，若输入学号为 0，则退出添加记录操作*/
        {
            stringinput(num,10,"input number(press '0'return menu):");
                /*格式化输入学号并检验*/
            flag=0;
            if(strcmp(num,"0")==0) /*输入为 0，则退出添加操作，返回主界面*/
                {return;}
            s=l->next;
            while(s) /*查询该学号是否已经存在，若存在则要求重新输入未被占用的学号*/
            {
                if(strcmp(s->data.num,num)==0)
                {
                    flag=1;
                    break;
                }
                s=s->next;
            }
            if(flag==1) /*提示用户是否重新输入*/

            {   getchar();
                printf("=====>The number %s is not existing,
                    try again?(y/n):",num);
                scanf("%c",&ch);
                if(ch=='y'||ch=='Y')
                    continue;
                else
                return;
            }
            else
                {break;}
```

```
        }
        p=(Node *)malloc(sizeof(Node)); /*申请内存空间*/
        if(!p)
        {
            printf("\n allocate memory failure "); /*如没有申请到，打印提示*/
            return ;              /*返回主界面*/
        }
        strcpy(p->data.num,num); /*将字符串 num 拷贝到 p->data.num 中*/
        stringinput(p->data.name,15,"Name:");
        p->data.cgrade=numberinput("C language Score[0-100]:");
                /*输入并检验分数，分数必须在 0-100 之间*/
        p->data.mgrade=numberinput("Math Score[0-100]:");
                /*输入并检验分数，分数必须在 0-100 之间*/
        p->data.egrade=numberinput("English Score[0-100]:");
                /*输入并检验分数，分数必须在 0-100 之间*/
        p->data.total=p->data.egrade+p->data.cgrade+p->data.mgrade;
                /*计算总分*/
        p->data.ave=(float)(p->data.total/3);  /*计算平均分*/
        p->data.mingci=0;
        p->next=NULL; /*表明这是链表的尾部结点*/
        r->next=p;  /*将新建的结点加入链表尾部中*/
        r=p;
        saveflag=1;
    }
    return ;
}
```

8. 查询学生记录

用于在单链表 l 中按学号或姓名查找满足条件的学生记录，并显示出来。

```
void Qur(Link l) /*按学号或姓名，查询学生记录*/
{
    int select; /*1:按学号查，2：按姓名查，其他：返回主界面（菜单）*/
    char searchinput[20]; /*保存用户输入的查询内容*/
    Node *p;
    if(!l->next) /*若链表为空*/
    {
        system("cls");
        printf("\n=====>No student record!\n");
        getchar();
        return;
    }
    system("cls");
    printf("\n    =====>1 Search by number   =====>2 Search by name\n");
    printf("     please choice[1,2]:");
    scanf("%d",&select);
    if(select==1)   /*按学号查询*/
    {
        stringinput(searchinput,10,"input the existing student number:");
        p=Locate(l,searchinput,"num");
                /*在 l 中查找学号为 searchinput 值的结点，并返回结点的指针*/
        if(p) /*若 p!=NULL*/
        {
            printheader();
            printdata(p);
            printf(END);
            printf("press any key to return");
            getchar();
        }
        else
            Nofind();
        getchar();
```

```
    }
    else if(select==2) /*按姓名查询*/
    {
        stringinput(searchinput,15,"input the existing student name:");
        p=Locate(l,searchinput,"name");
        if(p)
        {
            printheader();
            printdata(p);
            printf(END);
            printf("press any key to return");
            getchar();
        }
        else
            Nofind();
        getchar();
    }
    else
        Wrong();
    getchar();
}
```

9. 删除学生记录

用于先在单链表 l 中找到满足条件的学生记录结点，然后删除该结点。

```
void Del(Link l)
{
    int sel;
    Node *p,*r;
    char findmess[20];
    if(!l->next)
    {   system("cls");
        printf("\n=====>No student record!\n");
        getchar();
        return;
    }
    system("cls");
    Disp(l);
    printf("\n       =====>1 Delete by number       =====>2 Delete by name\n");
    printf("       please choice[1,2]:");
    scanf("%d",&sel);
    if(sel==1)
    {
        stringinput(findmess,10,"input the existing student number:");
        p=Locate(l,findmess,"num");
        if(p)  /*p!=NULL*/
        {
            r=l;
            while(r->next!=p)
                r=r->next;
            r->next=p->next;/*将 p 所指结点从链表中去除*/
            free(p); /*释放内存空间*/
            printf("\n=====>delete success!\n");
            getchar();
            saveflag=1;
        }
        else
            Nofind();
        getchar();
    }
    else if(sel==2) /*先按姓名查询到该记录所在的结点*/
    {
```

```
        stringinput(findmess,15,"input the existing student name");
        p=Locate(l,findmess,"name");
        if(p)
        {
            r=l;
            while(r->next!=p)
                r=r->next;
            r->next=p->next;
            free(p);
            printf("\n=====>delete success!\n");
            getchar();
            saveflag=1;
        }
        else
            Nofind();
        getchar();
    }
    else
        Wrong();
    getchar();
}
```

10. 修改学生记录

用于在单链表 l 中修改学生记录。系统会先按用户输入的学号查找到相应记录，然后提示用户修改学号之外的其他字段值，学号不允许修改。

```
void Modify(Link l)
{
    Node *p;
    char findmess[20];
    if(!l->next)
    {
        system("cls");
        printf("\n=====>No student record!\n");
        getchar();
        return;
    }
    system("cls");
    printf("modify student recorder");
    Disp(l);
    stringinput(findmess,10,"input the existing student number:");
        /*输入并检验该学号*/
    p=Locate(l,findmess,"num"); /*查询到该结点*/
    if(p) /*若 p!=NULL,表明已经找到该结点*/
    {
        printf("Number:%s,\n",p->data.num);
        printf("Name:%s,",p->data.name);
        stringinput(p->data.name,15,"input new name:");
        printf("C language score:%d,",p->data.cgrade);
        p->data.cgrade=numberinput("C language Score[0-100]:");
        printf("Math score:%d,",p->data.mgrade);
        p->data.mgrade=numberinput("Math Score[0-100]:");
        printf("English score:%d,",p->data.egrade);
        p->data.egrade=numberinput("English Score[0-100]:");
        p->data.total=p->data.egrade+p->data.cgrade+p->data.mgrade;
        p->data.ave=(float)(p->data.total/3);
        p->data.mingci=0;
        printf("\n=====>modify success!\n");
        Disp(l);
        saveflag=1;
    }
    else
```

```
        Nofind();
    getchar();
}
```

11. 插入学生记录

用于在单链表 l 中插入学生记录。系统会先找到要插入的结点位置，然后在该学号之后插入一个新结点。

```
void Insert(Link l)
{
    Link p,v,newinfo; /*p 指向插入位置，newinfo 指新插入记录*/
    char ch,num[10],s[10];
        /*s[]保存插入点位置之前的学号,num[]保存输入的新记录的学号*/
    int flag=0;
    v=l->next;
    system("cls");
    Disp(l);
    while(1)
    {
        stringinput(s,10,"please input insert location  after the Number:");
        flag=0;v=l->next;
        while(v) /*查询该学号是否存在，flag=1 表示该学号存在*/
        {
            if(strcmp(v->data.num,s)==0)  {flag=1;break;}
            v=v->next;
        }
       if(flag==1)
            break; /*若学号存在，则进行插入之前的新记录的输入操作*/
       else
        {    getchar();
             printf("\n=====>The number %s is not existing,
                     try again?(y/n):",s);
             scanf("%c",&ch);
             if(ch=='y'||ch=='Y')
                 {continue;}
             else
             {return;}
         }
    }
    /*以下新记录的输入操作与 Add()相同*/
    stringinput(num,10,"input new student Number:");
    v=l->next;
    while(v)
    {
        if(strcmp(v->data.num,num)==0)
        {
            printf("=====>Sorry,the new number:'%s' is existing !\n",num);
            printheader();
            printdata(v);
            printf("\n");
            getchar();
            return;
        }
        v=v->next;
    }
    newinfo=(Node *)malloc(sizeof(Node));
    if(!newinfo)
    {
        printf("\n allocate memory failure "); /*如没有申请到，打印提示信息*/
        return ;                   /*返回主界面*/
    }
    strcpy(newinfo->data.num,num);
```

```
        stringinput(newinfo->data.name,15,"Name:");
        newinfo->data.cgrade=numberinput("C language Score[0-100]:");
        newinfo->data.mgrade=numberinput("Math Score[0-100]:");
        newinfo->data.egrade=numberinput("English Score[0-100]:"); newinfo->data.total=
newinfo->data.egrade+
                                        newinfo->data.cgrade+newinfo->data.mgrade;
        newinfo->data.ave=(float)(newinfo->data.total/3);
        newinfo->data.mingci=0;
        newinfo->next=NULL;
        saveflag=1; /*在 main()中有对该全局变量的判断，若为 1,则进行存盘操作*/
            /*将指针赋值给 p,因为 l 中的头结点的下一个结点才实际保存着学生的记录*/
        p=l->next;
        while(1)
        {
            if(strcmp(p->data.num,s)==0) /*在链表中插入一个结点*/
            {
                newinfo->next=p->next;
                p->next=newinfo;
                break;
            }
            p=p->next;

        }
        Disp(l);
        printf("\n\n");
        getchar();
    }
```

12. 统计学生记录

用于在单链表 l 中实现学生记录的统计工作，统计总分第一名、单科第一名以及各课程不及格的人数。

```
    void Tongji(Link l)
    {
        Node *pm,*pe,*pc,*pt; /*用于指向分数最高的结点*/
        Node *r=l->next;
        int countc=0,countm=0,counte=0; /*保存三门成绩中不及格的人数*/
        if(!r)
        {   system("cls");
            printf("\n=====>Not student record!\n");
            getchar();
            return ;
        }
        system("cls");
        Disp(l);
        pm=pe=pc=pt=r;
        while(r)
        {
            if(r->data.cgrade<60) countc++;
            if(r->data.mgrade<60) countm++;
            if(r->data.egrade<60) counte++;

            if(r->data.cgrade>=pc->data.cgrade)    pc=r;
            if(r->data.mgrade>=pm->data.mgrade)    pm=r;
            if(r->data.egrade>=pe->data.egrade)    pe=r;
            if(r->data.total>=pt->data.total)     pt=r;
            r=r->next;
        }
        printf("\n------------------the TongJi result----------------------\n");
        printf("C Language<60:%d (ren)\n",countc);
        printf("Math      <60:%d (ren)\n",countm);
        printf("English   <60:%d (ren)\n",counte);
```

```
    printf("\n----------------the TongJi result------------------------\n");
    printf("The highest student by total  scroe  name:%s totoal score:%d\n",
                                 pt->data.name,pt->data.total);
    printf("The highest student by English score name:%s totoal score:%d\n",
                                 pe->data.name,pe->data.egrade);
    printf("The highest student by Math score  name:%s totoal score:%d\n",
                                 pm->data.name,pm->data.mgrade);
    printf("The highest student by C  score   name:%s totoal score:%d\n",
                                 pc->data.name,pc->data.cgrade);
    printf("\n\npress any key to return");
    getchar();
}
```

13. 学生记录

用于在单链表 l 中用插入排序法实现对单链表按总分字段降序排序的操作。

```
void Sort(Link l)
{
    Link ll;
    Node *p,*rr,*s;
    int i=0;
    if(l->next==NULL)
    {   system("cls");
        printf("\n=====>Not student record!\n");
        getchar();
        return ;
    }
    ll=(Node*)malloc(sizeof(Node)); /*用于创建新的结点*/
    if(!ll)
    {
        printf("\n allocate memory failure "); /*如没有申请到，打印提示信息*/
        return ;                 /*返回主界面*/
    }
    ll->next=NULL;
    system("cls");
    Disp(l);  /*显示排序前的所有学生记录*/
    p=l->next;
    while(p) /*p!=NULL*/
    {
        s=(Node*)malloc(sizeof(Node)); /*新建结点保存从原链表中取出的结点信息*/
        if(!s) /*s==NULL*/
        {
            printf("\n allocate memory failure "); /*如没有申请到打印提示*/
            return ;               /*返回主界面*/
        }
        s->data=p->data; /*填数据域*/
        s->next=NULL;    /*指针域为空*/
        rr=ll;  /*rr 链表存储于插入单个结点后保持排序的链表，ll 是这个链表的头指针，
                  每次从头开始查找插入位置*/
        while(rr->next!=NULL && rr->next->data.total>=p->data.total)
         {rr=rr->next;} /*指针移至总分比 p 所指的结点的总分小的结点位置*/
        if(rr->next==NULL)/*若新链表 ll 中的所有结点的总分值
                          都比 p->data.total 大时，就将 p 所指结点加入链表尾部*/
            rr->next=s;
        else /*否则将该结点插入至第一个总分字段比它小的结点的前面*/
        {
            s->next=rr->next;
            rr->next=s;
        }
        p=p->next; /*原链表中的指针下移一个结点*/
    }
    l->next=ll->next; /*ll 中存储的是已排序的链表的头指针*/
```

```
    p=l->next;            /*已排好序的头指针赋给 p，准备填写名次*/
    while(p!=NULL)  /*当 p 不为空时，进行下列操作*/
    {
        i++;       /*结点序号*/
        p->data.mingci=i;   /*将名次赋值*/
        p=p->next;   /*指针后移*/
    }
    Disp(l);
    saveflag=1;
    printf("\n    =====>sort complete!\n");
}
```

14. 存储学生记录

用于将单链表 l 中的数据写入磁盘中的数据文件。

```
/*数据存盘,若用户没有专门进行此操作且对数据有修改，在退出系统时， 会提示用户存盘*/
void Save(Link l)
{
    FILE* fp;
    Node *p;
    int count=0;
    fp=fopen("c:\\student","wb");/*以只写方式打开二进制文件*/
    if(fp==NULL) /*打开文件失败*/
    {
        printf("\n=====>open file error!\n");
        getchar();
        return ;
    }
    p=l->next;
    while(p)
    {
        if(fwrite(p,sizeof(Node),1,fp)==1)/*每次写一个结点信息至文件*/
        {
            p=p->next;
            count++;
        }
        else
        {
            break;
        }
    }
    if(count>0)
    {
        getchar();
        printf("\n\n\n\n\n=====>save file complete,total saved's record
                number is:%d\n",count);
        getchar();
        saveflag=0;
    }
    else
    {
    system("cls");
        printf("the current link is empty,no student record is saved!\n");
        getchar();
    }
    fclose(fp); /*关闭此文件*/
}
```

11.4.2 运行结果

1. 主界面

系统主界面如图 11-3 所示。用户可输入 0～9 之间的整数，调用相应功能实现操作。

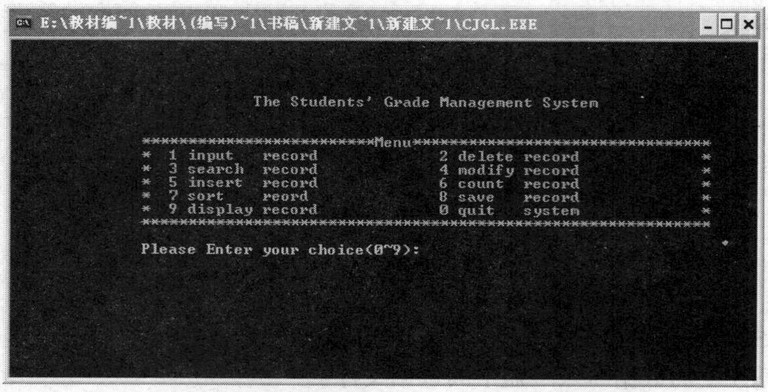

图 11-3　学生成绩管理系统主界面

2. 输入记录

用户输入数字 1 并按 Enter 键后，即可进入数据输入界面。具体输入过程如图 11-4 所示。

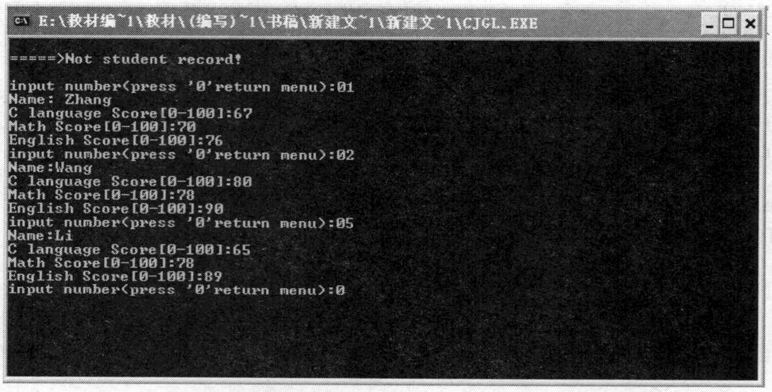

图 11-4　输入过程

3. 显示记录

用户输入数字 9 并按 Enter 键后，即可查看链表中的所有当前学生记录。如图 11-5 所示。

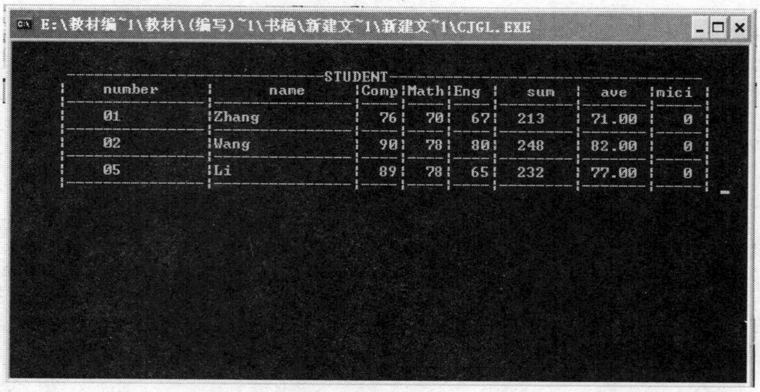

图 11-5　显示学生记录界面

4. 删除记录

用户输入数字 2 并按 Enter 键后，即可进入记录删除界面。具体删除过程如图 11-6 所示，图中删除的是学号为 02 的学生记录。

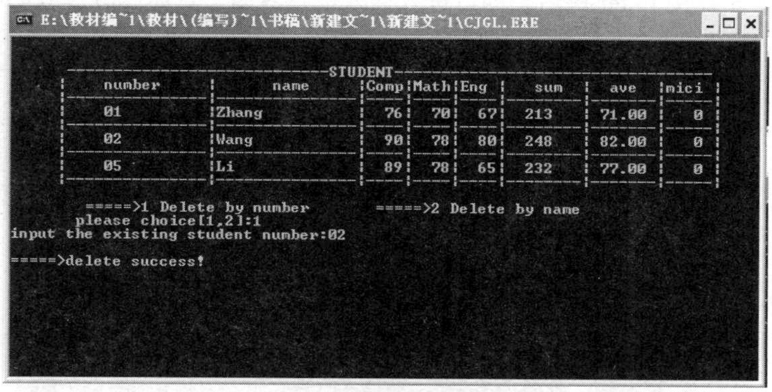

图 11-6　删除学生记录

5. 查找记录

用户输入数字 3 并按 Enter 键后，即可进入查找记录界面。具体查找过程如图 11-7 所示，用户可自行选择按姓名或学号查找。

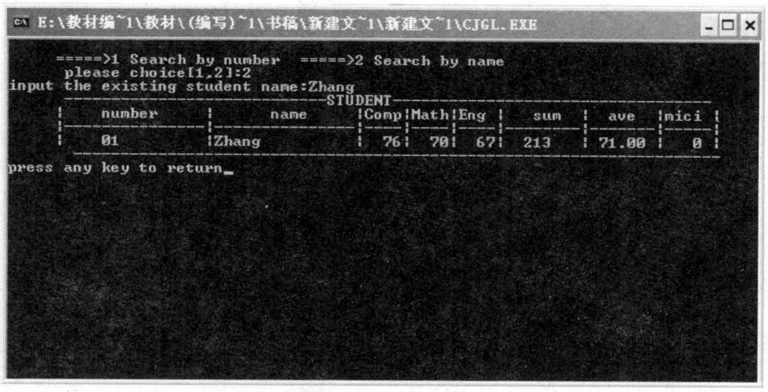

图 11-7　查找学生记录

6. 修改记录

用户输入数字 4 并按 Enter 键后，即可进入记录修改界面。具体修改过程如图 11-8 所示。

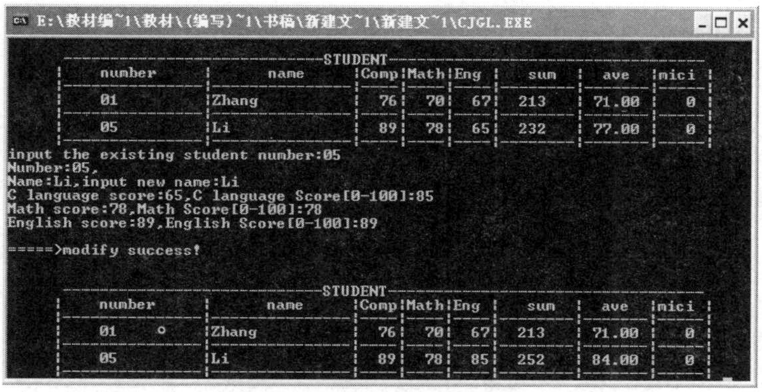

图 11-8　修改学生记录

7. 插入记录

用户输入数字 5 并按 Enter 键后，即可进入插入记录界面。具体修改过程如图 11-9 所示。图中是在学号为 01 的记录之后插入了一条学号为 02 的记录。

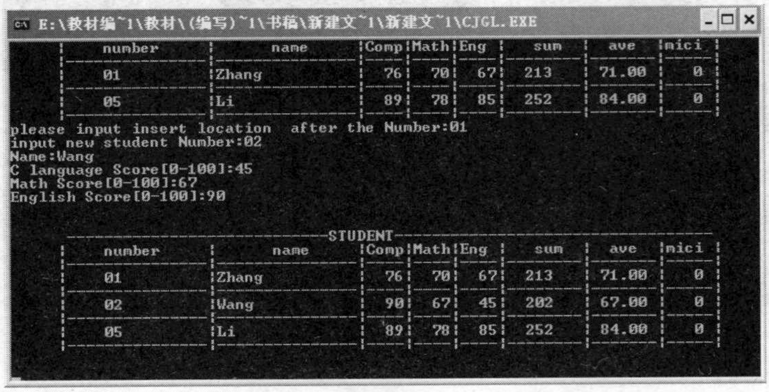

图 11-9 插入学生记录

8. 统计记录

用户输入数字 6 并按 Enter 键后，即可进入记录统计界面。统计结果如图 11-10 所示。

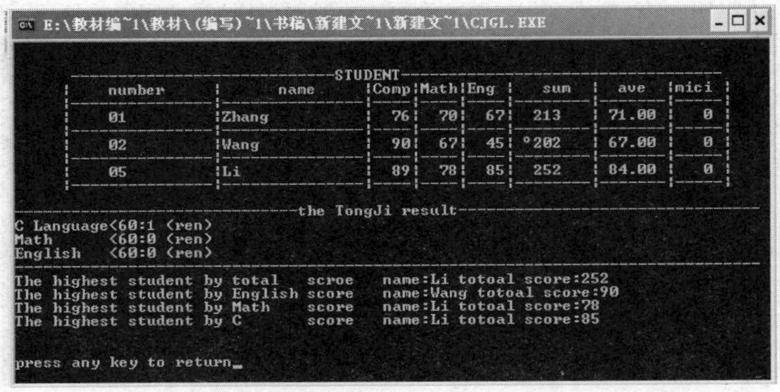

图 11-10 统计学生记录

9. 记录排序

用户输入数字 7 并按 Enter 键后，即可进入记录排序界面。排序结果如图 11-11 所示，将分别显示排序前和排序后的结果。

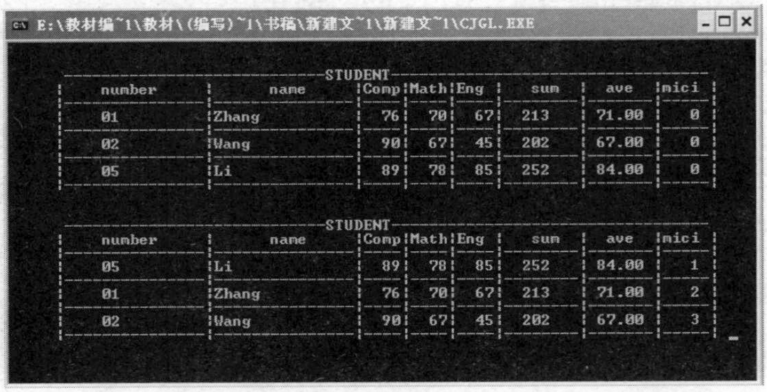

图 11-11 学生记录排序

10. 保存记录

用户输入数字 8 并按 Enter 键后，即可进入记录保存界面。保存结果后的提示信息如图 11-12 所示。

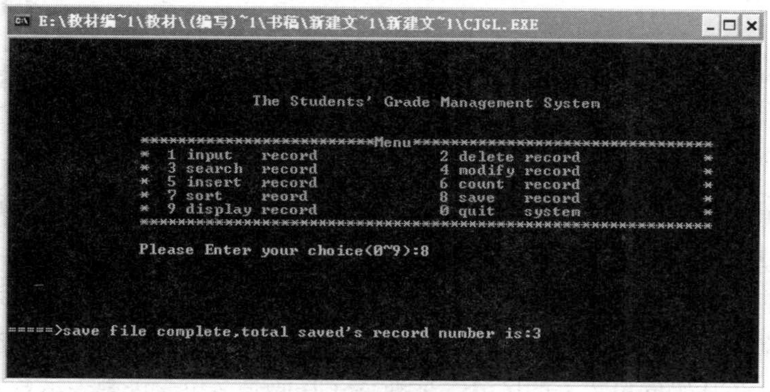

图 11-12　保存学生记录

11.5 小结

本章介绍了学生成绩管理系统的设计思路及其编程实现，着重介绍了各功能模块的设计原理和利用单链表存储结构实现对学生成绩管理的过程，引导读者熟悉 C 语言的文件和单链表的操作。

利用本章开发的学生成绩管理系统可以对学生成绩进行简单的日常维护和管理。读者可在此程序的基础上进行功能扩展和界面美化等，也可考虑使用不同的方法来实现。

附录 1

常用字符与 ASCII 代码对照表

ASCII 码（美国信息交换标准码）使用指定的 7 位或 8 位二进制数组合来表示 128 或 256 种可能的字符，这是由美国国家标准学会（American National Standard Institute，ANSI）制定的标准的单字节字符编码方案。标准 ASCII 码也叫基础 ASCII 码，使用 7 位二进制数来表示所有的大写和小写字母，数字 0 到 9、标点符号以及在美式英语中使用的特殊控制字符。需要特别注意的是，ASCII 码与标准 ASCII 码的位数上的区分，标准 ASCII 码是 7 位二进制表示。

ASCII 值	控制字符	ASCII 值	控制字符	ASCII 值	控制字符	ASCII 值	控制字符
0	NUL	32	(space)	64	@	96	、
1	SOH	33	!	65	A	97	a
2	STX	34	"	66	B	98	b
3	ETX	35	#	67	C	99	c
4	EOT	36	$	68	D	100	d
5	END	37	%	69	E	101	e
6	ACK	38	&	70	F	102	f
7	BEL	39	'	71	G	103	g
8	BS	40	(	72	H	104	h
9	HT	41	)	73	I	105	i
10	LF	42	*	74	J	106	j
11	VT	43	+	75	K	107	k
12	FF	44	,	76	L	108	l
13	CR	45	–	77	M	109	m
14	SO	46	.	78	N	110	n
15	SI	47	/	79	O	111	o
16	DLE	48	0	80	P	112	p
17	DC1	49	1	81	Q	113	q
18	DC2	50	2	82	R	114	r
19	DC3	51	3	83	S	115	s
20	DC4	52	4	84	T	116	t
21	NAK	53	5	85	U	117	u
22	SYN	54	6	86	V	118	v
23	ETB	55	7	87	W	119	w
24	CAN	56	8	88	X	120	x
25	EM	57	9	89	Y	121	y
26	SUB	58	:	90	Z	122	z
27	ESC	59	;	91	[	123	{
28	FS	60	<	92	\	124	|
29	GS	61	=	93	]	125	}
30	RS	62	>	94	^	126	～
31	US	63	?	95	—	127	Δ

注：本表只列出 000-127 标准 ASCII 代码，IBM-PC 上扩展的 128-255 没有列出。

附录 2
C 语言常用关键字

数据声明关键字	基本类型	char double enum float int long short signed unsigned
	构造类型	struct union
	空类型	void
	类型定义	typedef
数据存储类别关键字	auto extern register static	
命令控制语句	分支控制	case default else if switch
	循环控制	do for while
	转向控制	break continue goto return
运算符	sizeof	
常量修饰	const volatile	

附录3 C语言运算符优先级与结合性

优先级	运算符	含义	用法	结合方向	说明
1	()	圆括号	(表达式)/函数名(形参表)	自左至右	
	[]	数组下标	数组名[常量表达式]		
	->	成员选择(指针)	对象指针->成员名		
	.	成员选择(对象)	对象.成员名		
2	!	逻辑非	!表达式	自右至左	单目运算符
	~	按位取反	~表达式		
	+	正号	+表达式		
	–	负号	–表达式		
	(类型)	强制类型转换	(数据类型)表达式		
	++	自增	++变量名/变量名++		
	– –	自减	– –变量名/变量名– –		
	*	取内容	*指针变量		
	&	取地址	&变量名		
	sizeof	求字节数	sizeof(表达式)		
3	*	乘	表达式*表达式	自左至右	双目运算符
	/	除	表达式/表达式		
	%	取余(求模)	整型表达式%整型表达式		
4	+	加	表达式+表达式	自左至右	双目运算符
	–	减	表达式–表达式		
5	<<	左移	变量<<表达式	自左至右	双目运算符
	>>	右移	变量>>表达式		
6	<	小于	表达式<表达式	自左至右	双目运算符
	<=	小于等于	表达式<=表达式		
	>	大于	表达式>表达式		
	>=	大于等于	表达式>=表达式		
7	==	等于	表达式==表达式	自左至右	双目运算符
	!=	不等于	表达式!=表达式		
8	&	按位与	表达式&表达式	自左至右	双目运算符

续表

<table>
<tr><th>优先级</th><th>运算符</th><th>含义</th><th>用法</th><th>结合方向</th><th>说明</th></tr>
<tr><td>9</td><td>^</td><td>按位异或</td><td>表达式^表达式</td><td>自左至右</td><td>双目运算符</td></tr>
<tr><td>10</td><td>|</td><td>按位或</td><td>表达式|表达式</td><td>自左至右</td><td>双目运算符</td></tr>
<tr><td>11</td><td>&&</td><td>逻辑与</td><td>表达式&&表达式</td><td>自左至右</td><td>双目运算符</td></tr>
<tr><td>12</td><td>||</td><td>逻辑或</td><td>表达式||表达式</td><td>自左至右</td><td>双目运算符</td></tr>
<tr><td>13</td><td>? :</td><td>条件运算符</td><td>表达式 1?表达式 2:表达式 3</td><td>自右至左</td><td>三目运算符</td></tr>
<tr><td rowspan="11">14</td><td>=</td><td>赋值</td><td>变量=表达式</td><td rowspan="11">自右至左</td><td rowspan="11">双目运算符</td></tr>
<tr><td>+=</td><td>加后赋值</td><td>变量+=表达式</td></tr>
<tr><td>–=</td><td>减后赋值</td><td>变量–=表达式</td></tr>
<tr><td>*=</td><td>乘后赋值</td><td>变量*=表达式</td></tr>
<tr><td>/=</td><td>除后赋值</td><td>变量/=表达式</td></tr>
<tr><td>%=</td><td>取模后赋值</td><td>变量%=表达式</td></tr>
<tr><td><<=</td><td>左移后赋值</td><td>变量<<=表达式</td></tr>
<tr><td>>>=</td><td>右移后赋值</td><td>变量>>=表达式</td></tr>
<tr><td>&=</td><td>按位与后赋值</td><td>变量&=表达式</td></tr>
<tr><td>^=</td><td>按位异或后赋值</td><td>变量^=表达式</td></tr>
<tr><td>|=</td><td>按位或后赋值</td><td>变量|=表达式</td></tr>
<tr><td>15</td><td>,</td><td>逗号运算符</td><td>表达式,表达式,…</td><td>自左至右</td><td></td></tr>
</table>

附录 4

C 语言常用输入输出库函数

凡使用下列函数，应该使用预处理命令#include <stdio.h>把头文件包含至源程序。

函数名	函数原型	功能及返回值	说明
clearerr	void clearerr(FILE *stream);	使 stream 所指文件的错误标志和文件结束标志置 0	
close	int close(int handle);	关闭 handle 所表示的文件处理，成功返回 0，否则返回–1	可用于 UNIX 系统
creat	int creat(char *filename,int permiss);	建立一个新文件 filename，并以 permiss 设定读写方式	permiss 为文件读写性，值可为： S_IWRITE（允许写） S_IREAD（允许读） S_IREAD|S_IWRITE（允许读、写）
eof	int eof(int *handle);	检查文件是否结束，结束返回 1，否则返回 0	
fclose	int fclose(FILE *stream);	关闭 stream 所指的文件，释放文件缓冲区	stream 可以是文件或设备（例如 LPT1）
feof	int feof(FILE *stream);	检测 stream 所指文件位置指针是否在结束位置	
fgetc	int fgetc(FILE *stream);	从 stream 所指文件中读一个字符，并返回这个字符	
fgets	char *fgets(char *string,int n,FILE *stream);	从 stream 所指文件中读 n 个字符存入 string 字符串中	
fopen	FILE *fopen(char *filename,char *type);	打开一个文件 filename，打开方式为 type，并返回这个文件指针	
fprintf	int fprintf(FILE *stream,char *format [,argument,…]);	以格式化形式将一个字符串输出到指定的 stream 所指文件中	
fputc	int fputc(int ch,FILE *stream);	将字符 ch 写入 stream 所指文件中	
fputs	int fputs(char *string,FILE *stream);	将字符串 string 写入 stream 所指文件中	
fread	int fread(void *ptr,int size,int nitems,FILE *stream);	从 stream 所指文件中读入 nitems 个长度为 size 的字符串存入 ptr 中	
fscanf	int fscanf(FILE *stream,char *format [,argument,…]);	以格式化形式从 stream 所指文件中读入一个字符串	

续表

函数名	函数原型	功能及返回值	说明
fseek	int fseek(FILE *stream,long offset,int wherefrom);	把文件指针移到 wherefrom 所指位置的向后 offset 个字节处	wherefrom 的值：SEEK_SET 或 0(文件开头)，SEEK_CUR 或 1(当前位置)，SEEK_END 或 2(文件结尾)
ftell	long ftell(FILE *stream);	返回 stream 所指文件中的文件位置指针的当前位置，以字节表示	
fwrite	int fwrite(void *ptr,int size,int nitems,FILE *stream);	向 stream 所指文件中写入 nitems 个长度为 size 的字符串，字符串在 ptr 中	
getc	int getc(FILE *stream);	从 stream 所指文件中读取一个字符，并返回这个字符	
getchar	int getchar(void);	从标准输入设备读取一个字符	
getw	int getw(FILE *stream);	从 stream 所指文件中读取一个整数，若错误返回 EOF	
open	int open(char *pathname,int access[,int permiss]);	打开一个文件，然后按 access 来确定文件的操作方式	
printf	int printf(char *format[,argument,…]);	产生格式化的输出到标准输出设备	
putc	int putc(int ch,FILE *stream);	向 stream 所指文件中写入一个字符 ch	
putchar	int putchar(int ch);	向标准输出设备写入一个字符 ch	
puts	int puts(char *string);	把 string 所指字符串输出到标准输出设备	
putw	int putw(int w,FILE *stream);	向 stream 所指文件中写入一个整数	
read	int read(int handle,char *buf,int nbyte);	从文件号为 handle 的文件中读 nbyte 个字符存入 buf 中	
rename	int rename(char *oldname,char *newname);	将文件 oldname 的名称改为 newname	
rewind	int rewind(FILE *stream);	将 stream 所指文件的位置指针置于文件开头	
scanf	int scanf(char *format[,argument, …]);	从标准输入设备按 format 格式输入数据	
write	int write(int handle,char *buf,int nbyte);	将 buf 中的 nbyte 个字符写入文件号为 handle 的文件中	

附录5 C语言常用数学库函数

凡使用下列函数，应该使用预处理命令#include <math.h>把头文件包含至源程序。

函数名	函数原型	功能及返回值	说明
abs	int abs(int x);	返回整型参数 x 的绝对值	
acos	double acos(double x);	返回 x 的反余弦 $\cos^{-1}(x)$值	$x \in [-1.0,1.0]$
asin	double asin(double x);	返回 x 的反正弦 $\sin^{-1}(x)$值	$x \in [-1.0,1.0]$
atan	double atan(double x);	返回 x 的反正切 $\tan^{-1}(x)$值	
atan2	double atan2(double y,double x);	返回 y/x 的反正切 $\tan^{-1}(y/x)$值	
cos	double cos(double x);	返回 x 的余弦 cos(x)值	x 的值为弧度
cosh	double cosh(double x);	返回 x 的双曲余弦 cosh(x)值	x 的值为弧度
exp	double exp(double x);	返回指数函数 e^x 的值	
exp2	double exp2(double x);	返回指数函数 2^x 的值	
fabs	double fabs(double x);	返回双精度参数 x 的绝对值	
floor	double floor(double x);	返回不大于 x 的最大整数	
fmod	double fmod(double x,double y);	返回 x/y 的余数	
frexp	double frexp(double val,int *eptr);	将双精度数 val 分解成尾数 f 和以 2 为底的指数 2^n(即 val=f*2^n)。返回尾数部分，并把 n 存放在 eptr 指向的位置	
log	double log(double x);	返回 $\log_e x$(即 lnx)的值	
log10	double log10(double x);	返回 $\log_{10} x$ 的值	
modf	double modf(double x,double *nptr);	将双精度数 x 分解成整数部分 n 和小数部分 f(x=n+f)。返回小数部分 f，并把整数部分 n 存于 nptr 指向的位置	
pow	double pow(double x,double y);	返回 x^y 的值	
rand	int rand(void);	返回一个 0 到 32767 之间的随机整数	
sin	double sin(double x);	返回 x 的正弦 sin(x)值	x 的值为弧度
sinh	double sinh(double x);	返回 x 的双曲正弦 sinh(x)值	x 的值为弧度
sqrt	double sqrt(double x);	返回 x 的平方根	x 应大于等于 0
tan	double tan(double x);	返回 x 的正切 tan(x)值	x 的值为弧度
tanh	double tanh(double x);	返回 x 的双曲正切 tanh(x)值	x 的值为弧度

附录 6
C 语言常用字符函数和字符串函数

凡使用字符串函数时需在源程序文件中包含头文件 string.h，使用字符函数时需包含头文件 ctype.h。

函数名	函数原型	功能及返回值	说明
isalnum	int isalnum(int c);	若 c 是字母('A'～'Z'，'a'～'z')或数字('0'～'9')，返回非 0 值，否则返回 0 值	字符函数
isalpha	int isalpha(int c);	若 c 是字母('A'～'Z'，'a'～'z')，返回非 0 值，否则返回 0 值	字符函数
iscntrl	int iscntrl(int c);	若 c 是 ASCII 码值为 0～31 或 127 的字符，返回非 0 值，否则返回 0 值	字符函数
isdigit	int isdigit(int c);	若 c 是数字('0'～'9')，返回非 0 值，否则返回 0 值	字符函数
isgraph	int isgraph(int c);	若 c 是可打印字符（不包含空格，其 ASCII 码值为 33～126)，返回非 0 值，否则返回 0 值	字符函数
islower	int islower(int c);	若 c 是小写字母，返回非 0 值，否则返回 0 值	字符函数
isprint	int isprint(int c);	若 c 是可打印字符(含空格，其 ASCII 码值为 32～126)，返回非 0 值，否则返回 0 值	字符函数
ispunct	int ispunct(int c);	若 c 是否为标点字符(不包括空格)，即除字母、数字和空格以外的所有可打印字符，返回非 0 值，否则返回 0 值	字符函数
isspace	int isspace(int c);	若 c 是空格(' ')、水平制表符('\t')、回车符('\r')、走纸换行符('\f')、垂直制表符('\v')、换行符('\n')，返回非 0 值，否则返回 0 值	字符函数
isupper	int isupper(int c);	若 c 是大写字母('A'～'Z')，返回非 0 值，否则返回 0 值	字符函数
isxdigit	int isxdigit(int c);	若 c 是十六进制数数码('0'～'9','A'～'F','a'～'f')，返回非 0 值，否则返回 0 值	字符函数
strcat	char *strcat(char *dest, char *src);	将字符串 src 添加到字符串 dest 末尾	字符串函数
strchr	char *strchr(char *s, int c);	检索并返回字符 c 在字符串 s 中第一次出现的位置，如找不到，则返回空指针	字符串函数
strcmp	int strcmp(char *s1, char *s2);	比较字符串 s1 与 s2 的大小，若二者相等，返回 0 值；若 s1>s2 返回一个正数；若 s1<s2 返回一个负数	字符串函数

续表

函数名	函数原型	功能及返回值	说明
strcpy	char *strcpy(char *dest, char *src);	将字符串 src 的内容复制到字符串 dest，覆盖 dest 中原有的内容	字符串函数
strlen	size_t strlen(char *s);	返回字符串 s 的长度	字符串函数
strstr	char *strstr(char *src, char *sub);	扫描字符串 src，并返回第一次出现 sub 的位置	字符串函数
tolower	int tolower(int c);	若 c 是大写字母('A'～'Z')，返回相应的小写字母('a'～'z')	字符函数
toupper	int toupper(int c);	若 c 是小写字母('a'～'z')，返回相应的大写字母('A'～'Z')	字符函数

附录 7
C 语言动态存储分配函数

凡使用下列函数，应该使用预处理命令#include <stdlib.h>把头文件包含至源程序。但也有许多 C 编译系统要求使用<malloc.h>，请根据编译系统的要求自行验证。

函数名	函数原型	功能及返回值
calloc	void *calloc(unsigned nelem,unsigned elsize);	分配 nelem 个长度为 elsize 的内存空间，并返回所分配内存空间的起始地址
free	void free(void *ptr);	释放先前所分配的内存空间，ptr 指向所要释放的内存空间
malloc	void *malloc(unsigned size);	分配 size 个字节的内存空间，并返回所分配内存空间的起始地址
realloc	void *realloc(void *ptr, unsigned newsize);	改变已分配内存空间的大小，ptr 为已分配内存空间的指针，newsize 为新的长度，返回重新分配的内存空间的起始地址

参考文献

[1] 谭浩强. C程序设计[M]. 4版. 北京：清华大学出版社，2010.

[2] 谭浩强. C程序设计教程[M]. 2版. 北京：清华大学出版社，2007.

[3] 谭浩强. C程序设计学习辅导[M]. 4版. 北京：清华大学出版社，2010.

[4] 占跃华. C语言程序设计[M]. 北京：北京邮电大学出版社，2008.

[5] 李春葆. C语言习题与解析[M]. 北京：清华大学出版社，2004.

[6] 张曙光，刘英，周雅洁，胡岸琪. C语言程序设计[M]. 北京：人民邮电出版社，2014.

[7] 谢乐军. C语言程序设计及应用习题解析与上机指导[M]. 北京：冶金工业出版社，2004.

[8] 李丽娟. C语言程序设计教程[M]. 4版. 北京：人民邮电出版社，2013.

[9] 苏小红，王宇颖，孙志岗等. C语言程序设计[M]. 北京：高等教育出版社，2011.

[10] 夏宽理. C程序设计实例详解[M]. 上海：复旦大学出版社，1998.

[11] 马鸣远. 程序设计与C语言[M]. 西安：西安电子科技大学出版社，2003.

[12] 高屹. C语言程序设计与实践[M]. 北京：机械工业出版社，2005.

[13] 章义来，冯洁. C语言程序设计实验与习题[M]. 长沙：国防科技大学出版社，2011.

[14] 恰汗·合孜尔. C语言程序设计习题集与上机指导[M]. 北京：中国铁道出版社，2010.

[15] 姜灵芝. C课程设计案例精编[M]. 北京：清华大学出版社，2010.

[16] Brian W. Kernighan & Dennis M. Ritchie. The C Programming Language[M]. 2nd Ed. 北京：机械工业出版社，2007.

[17] Herbert Schildt. C语言大全[M]. 2版. 戴健鹏，译. 北京：电子工业出版社，1994.